Die

europäischen Arten

der Gattung

Primula.

_____

Von

E. Widmer.

_____

Mit einer Einleitung von C. v. Nägeli.

München.
Druck und Verlag von R. Oldenbourg.
1891.

Vorliegende Arbeit wurde auf Wunsch meines verehrten Lehrers, des verstorbenen

Herrn Professors C. v. Nägeli

in Angriff genommen und von demselben mit Rat und Hilfe unterstützt.

———————

Vorwort.

Die letzte Monographie der Gattung *Primula* hat sich bezüglich der europäischen Sippen wesentlich darauf beschränkt, die bisherige Forschung zusammenzustellen Eine neue Bearbeitung derselben, gestützt auf die Untersuchung umfassenden Materials, schien mir wünschenswert Die bisherige Charakteristik beruhte, wie die angegebenen Merkmale zeigten, offenbar auf der Kenntnis eines unvollständigen, oft eines dürftigen Materials Die frühzeitige Blütezeit der Primeln und das seltene Vorkommen einiger Species ist schuld, dass die Gattung teilweise weniger zugänglich ist. Mehrere Formen sind nur durch die aus der Vermehrung durch Knospenbildung gewonnenen Abkömmlinge eines oder weniger von Gärtnern gesammelten Exemplaren bekannt, so dass den Merkmalen derselben nur ein individueller Wert zukommt.

Ich habe darnach getrachtet, die europäischen Primeln so viel als möglich auf den Standorten selbst zu sehen oder in grösserer Menge mit den nötigen Beobachtungen sammeln zu lassen Ersteres war ausser bei den gewöhnlichen Arten möglich mit *P. Auricula* Var. *nuda* in den Dolomiten von Sexten, *P. marginata* in den Seealpen, *P. latifolia* (*viscosa* All) in den Seealpen und im Engadin, *P. pedemontana* an mehreren Orten in Piemont, *P. oenensis* im Muranzathal, *P. villosa* in Steiermark, *P. viscosa* an verschiedenen Orten in Tirol und in der Schweiz, die hieher gehörige *P. decipiens* Stein und *P. confinis* Schott, Rchb. auf den Originalstandorten bei Aosta, *P. Allionii* in den Seealpen, *P. integrifolia* in der Schweiz und in Tirol, *P. Clusiana* in Steiermark, *P. calycina* auf den Corni di Canzo, *P. minima* und *P. glutinosa* an mehreren Orten in Tirol; *P. longiflora* am Brenner, in den Dolomiten von Sexten und im Engadin; *P. intricata* in Piemont. Ferner verschiedene Bastarde.

In grosser Menge wurden für mich gesammelt *P. latifolia, P. pedemontana, P. cottia* in Piemont (von Dr. Rostan), *P. apennina*

auf dem Mte. Orsajo im nördlichen Apennin (von Prof. Caruel),
P. carniolica bei Idria, *P. commutata* in Herberstein, *P. villosa* Var.
norica auf der Stubalpe in Steiermark, *P. tirolensis* in Paneveggio,
P. Kitaibeliana in Kroatien, *P. Wulfeniana* auf dem Obir in Kärnten,
P. spectabilis im Ledrothal, *P. Tommasinii* auf dem Mte. Maggiore
bei Fiume. Ausserdem hatte ich Einsicht in das kgl. Staatsherbarium
zu München, die Herbarien in Turin und Zürich und in einige
Privatsammlungen. Der kgl. bot. Garten zu München, der eine
ausserordentlich grosse Sammlung kultivierter Primeln besitzt und
·jedes Jahr welche sammeln lässt, stellte dieselben in liebenswürdigster
Weise zur Verfügung.

München, im Oktober 1891.

E. Widmer.

Inhalt.

Die europäischen Arten der Gattung Primula.

Einleitung.

Von **Carl v. Nägeli**.

Da ich während der Entstehung der vorliegenden Monographie fort-
während Zeuge der ausserordentlich genauen und gewissenhaften Untersuchung war, welche hier den Primeln zugewendet wurde, so habe ich
es gern übernommen, in einigen einleitenden Worten die allgemeinen
Grundsätze zu besprechen, die bei der systematischen Bearbeitung überhaupt und namentlich auch der Primeln von besonderer Wichtigkeit sind.

1. Species, Varietät.

Diese beiden systematischen Einheiten sind für historische Zeiträume
konstant. Species ist nichts anderes, als eine weiter entwickelte Varietät,
und Varietät eine entstehende Species. An und für sich ist es gleichgültig, ob eine Sippe als Species oder als Varietät betrachtet werde.
Mit Rücksicht auf die systematische Gliederung aber ist es wünschbar,
dass die Unterscheidung nach gleichen Grundsätzen, also nach einem
bestimmten Mass geschehe. Dem Beispiel der besseren und exakten
Systematiker folgend, halte ich daran fest, dass Sippen, zwischen denen
es keine oder nur hybride Übergänge gibt, als Species, solche dagegen,
die in einander übergehen als Subspecies und Varietäten zu betrachten sind.

Dieser Unterschied ist nicht anwendbar für Gattungssektionen, die
in einem frühen Entwicklungsstadium begriffen sind, wo noch keine
wirklichen Arten durch Unterdrückung der Mittelformen sich heraus-
gebildet haben und doch zu umfassend sind, als dass man sie als eine
einheitliche Art betrachten könnte. Dieser Fall kommt z. B. bei *Hieracium,
Rosa, Rubus* vor.

Es gibt Autoren, welche alle Sippen, die sich unterscheiden lassen,
als besondere Species aufstellen. Es ist nun sicher von wissenschaftlichem
Interesse, alle Verschiedenheiten zu fixieren, aber ebenso sehr, dass dies
in grundsätzlicher Weise geschehe, dass man individuelle, varietätliche
und spezifische Verschiedenheiten unterscheide. Es gibt nun wohl zur
Zeit kein anderes, sicheres Merkmal für Species einerseits, für Subspecies
und Varietät anderseits, d. h. für vollendete und entstehende Species als das
vorhin angegebene. Wenn wir diesen Grundsatz zur Richtschnur nehmen,

dürfen wir unter den Primeln *P. Auricula* und *P. Balbisii*, ferner *P. villosa* und *P. commutata*, ebenso *P. elatior* und *P. intricata* u. a. nicht spezifisch trennen.

Wollte man alle Formen, die sich sicher erkennen und beschreiben lassen, als Species betrachten, so würden wir sogar individuellen Verschiedenheiten, wie den weissblütigen Formen der Primeln (*P. viscosa albiflora etc.*) spezifische Bedeutung zuerkennen müssen.

Eine hierher gehörige, besonders interessante Frage ist die, ob zwei Sippen, die in einem Gebiet spezifisch getrennt sind, in einem andern durch nicht hybride Übergänge verbunden sein können. Für die Gattung *Primula* erhebt sich diese Frage vielleicht für *P. elatior* und *P. officinalis*. Diese zwei Sippen sind in Mitteleuropa permanent verschieden, nur selten kommen einzelne Bastarde vor. *P. officinalis* geht im Süden in die Subspecies *Columnae* über und diese in Var. *Tommasinii* mit Blumenkronen von *P. elatior*. Zur Erklärung der Var. *Tommasinii* reichen die bekannten Thatsachen nicht aus. Es giebt aber in jenen Gegenden, östlich vom Mte. Maggiore, wie es scheint, Zwischenformen zwischen *P. Tommasinii* und *P. elatior*. Sollte sich dies durch fernere Beobachtungen bestätigen, so würden *P. elatior* und *P. officinalis*, die in Mitteleuropa spezifisch getrennt sind, im südlichen Europa durch eine Reihe von Formen verbunden sein. Der Forschung, welche als Zukunftssystematik mehr auf solche Verhältnisse achten und ihre Aufgabe mehr in der Betrachtung des lebendigen Zusammenhangs der Sippen als in einer abstrakten Gliederung in so und soviele Species erblicken wird, steht ein weites und fruchtbares Feld offen. Auch die vorliegende, spezielle Frage wird durch umfassende, genaue Untersuchungen zu lösen sein.

Die Thatsache aber, dass zwei hier spezifisch getrennte Sippen an einem andern Orte durch nicht hybride Zwischenglieder in einander übergehen, erklärt sich ohne Zweifel folgendermassen. In Mitteleuropa sind *P. elatior* und *P. officinalis* sehr häufig; im allgemeinen bewohnen sie verschiedene Lokalitäten und grenzen beim raschen Wechsel derselben bloss aneinander. Bei langsamem Wechsel der äusseren Verhältnisse wachsen sie auf der mittleren Lokalität durcheinander. Die Häufigkeit des Vorkommens bedingt notwendig eine lebhafte Konkurrenz und eine vollständige Verdrängung der Zwischenformen. Im südlichen Europa ist das Vorkommen viel spärlicher, die Verbreitung eine mehr zerstreute, die Konkurrenz daher schwach oder ganz mangelnd. Wir würden daher leicht begreifen, dass im südlichen Europa die Zwischenformen erhalten geblieben sind, während sie im mittleren durch die extremen Formen verdrängt wurden. — Ich habe diese Frage weniger wegen des angeführten Beispieles, wo sie vielleicht hinfällig ist, aufgeworfen, als weil sie auch bei anderen Primeln und bei anderen Pflanzen zur Erklärung unbequemer Thatsachen dienen kann.

2. Systematische Behandlung der Bastarde.

Wenn zwei verschiedene Pflanzenarten durch künstliche Befruchtung mit einander gekreuzt werden, so entsteht, wie zahlreiche Versuche gezeigt haben, ein hybrides Produkt, welches in den äusseren (sichtbaren) Merkmalen bald in der Mitte zwischen den beiden Arten steht, bald sich der einen oder andern derselben nähert. Die einzelnen Merkmale haben entweder gleich viel von jeder Stammart geerbt, oder die Pflanze gleicht in den einen Merkmalen mehr der einen, in den anderen der andern Stammart. Dabei macht es keinen Unterschied, welches die befruchtende und welches die befruchtete Art ist. A durch B befruchtet gibt die gleichen Produkte, wie wenn B durch A befruchtet wird.

Die aus der hybriden Befruchtung der beiden Stammarten entstehenden Produkte werden die primären Bastarde genannt. Sind dieselben fruchtbar, so können sie sich teils untereinander (Inzucht), oder mit einer der beiden Stammarten befruchten. Wiederholt sich letzterer Prozess, so nähern sich die (sekundären) Bastarde der Stammart immer mehr, gehen in dieselbe über.

In der freien Natur kommen ebenfalls Zwischenglieder zwischen zwei verschiedenen Arten vor, von deren Entstehungsweise wir unmittelbar nichts wissen, die wir aber als Bastarde zu betrachten berechtigt sind, weil sie sich in ihren mittleren Merkmalen so verhalten, wie die künstlichen Bastarde und weil sie nur in Gesellschaft der beiden Stammarten, sowie auch nur in verhältnismässig geringer Zahl vorkommen.

Diese natürlichen Bastarde stellen sich dem aufmerksamen Beobachter in zweierlei Weise dar. Die einen bilden eine ununterbrochene Reihe zwischen den beiden Stammarten. Wir finden den Grund dieser Erscheinung sogleich in der Thatsache, dafs die Bastarde fruchtbar sind, wie wir aus ihren ausgebildeten Samenkapseln mit allerdings beschränkter Zahl von reifen und keimfähigen Samen oder aus der beschränkten Zahl von keimfähigen einsamigen Früchten schliefsen können. Diese Bastarde befruchten sich mit den beiden Stammarten und auch untereinander. Dadurch entsteht dann zuletzt eine ununterbrochene und gleitende Reihe, welche die beiden Stammarten verbindet, und von deren letzten Gliedern sich oft nicht entscheiden lässt, ob sie noch hybrid sind oder schon der reinen Art angehören.

Von hybriden Primeln gehören z. B. hierher *P. Auricula + viscosa* Vill., *P. glutinosa + minima, P. latifolia + viscosa* Vill., *P. acaulis + elatior.*

Die andere Art von Bastarden kommt meistens nur in einer oder einigen wenigen Formen vor, gleichsam nur als Fragmente der hybriden Reihe, manchmal indes stellen sie eine hybride Reihe dar, die in einiger Entfernung von den beiden Stammarten endigt, so dass die die Annäherung und die Übergänge in diese Arten bildenden Glieder fehlen. Solche Bastarde sind unfruchtbar, und wir müssen sie somit als primär aus den Stammarten entstanden ansehen. Sie können sich nur auf vegetativem Wege vermehren, und man findet daher Rasen, deren Individuen ganz gleich sind. Indem aber die primäre Entstehungsweise fortdauert, können die Bastardformen so zahlreich und mannigfaltig werden, dass sie eine ganze Reihe bilden. Die Endglieder dieser hybriden Reihen zeigen, dass

die primären Bastarde sich in ihren sichtbaren Merkmalen sehr einer
Stammart nähern können. Beispiele bei *Primula* sind: *P. integrifolia +
latifolia, P. integrifolia + viscosa* Vill. etc.

––––––––––

Vorstehende, die Bastardbildung betreffenden Thatsachen sind alle
längst bekannt, sie ergeben sich aus den künstlichen Versuchen unzweifelhaft und befinden sich mit den Beobachtungen an den wild vorkommen-
den Hybriden in vollkommener Übereinstimmung. Ich würde daher hier gar
nicht davon sprechen, wenn nicht, namentlich auch mit Rücksicht auf
die Gattung *Primula*, ein abweichendes Verfahren von K e r n e r und dessen
Schule, die sich übrigens um die Erforschung der Formen in dieser
Gattung besonders verdient gemacht haben, eingeschlagen würde.

K e r n e r unterscheidet zwei primäre Bastarde, von denen einer der
einen, der andere der andern elterlichen Art näher stehen soll. Es
handle sich um die hybriden Formen zwischen *P. glutinosa* und *P. minima;*
so sollen die beiden primären Bastarde *P. subglutinosa + minima* mit geringerem Erbschaftsanteil von *P. glutinosa* und *P. superglutinosa + minima*
mit grösserem Erbe von *P. glutinosa* bedacht sein. K e r n e r Österr. bot.
Zeitschrift 1875 p. 164 sagt deutlich, dass in den meisten Fällen der
Wechsel von Vater und Mutter die Verschiedenheit bedinge, ohne eine
bestimmte Meinung darüber abzugeben, ob es der Vater oder die Mutter
sei, dem das Kind die grössere Ähnlichkeit verdanke.

Diese Theorie steht im Widerspruch mit allen künstlichen Versuchen,
die wir G ä r t n e r, W i c h u r a und H i l d e b r a n d verdanken, welche
mehrfach die wechselseitige Befruchtung künstlich vollzogen haben. Dieselben fanden, dass es gleichgültig sei, welche der beiden Stammarten
die befruchtende, welche die befruchtete gewesen ist. Das nämliche
Resultat ergaben auch die von Abt M e n d e l in Brünn gezüchteten
hybriden Hieracien und die im Münchener bot. Garten spontan auf-
gehenden Hieracienbastarde, bei denen man mit Bestimmtheit auf den
Vater und die Mutter schliessen konnte. Kein Züchter von hybriden
Pflanzen hat die Theorie K e r n e r s als Ergebnis ausgesprochen. Dieser
behauptet im Gegensatz zu W i c h u r a, dass die von jenem Züchter durch
wechselseitige Kreuzung erhaltenen Weidenbastarde doch gewisse Verschiedenheiten zeigten und in den meisten Fällen als zwei verschiedene
Typen leicht auseinander zu halten wären. Dieses Resultat ist nach den
jetzigen Erfahrungen vollkommen verständlich; als besonders bemerkenswert muss ich aber den Umstand hervorheben, dass die von K e r n e r
gefundenen Verschiedenheiten offenbar nicht einen bestimmten Charakter
bezüglich der Abstammung hatten, so dass er nicht zu sagen vermag, ob
die Weidenbastarde dem Vater oder der Mutter ähnlicher sehen, und
somit keine Stütze für seine Theorie beibringen kann.

Nach den künstlichen Versuchen, besonders von H i l d e b r a n d
(Über einige Pflanzenbastardierungen 1889), ergibt sich, dass jedes hybride
Produkt im Vergleich mit anderen hybriden Produkten derselben Stamm-

arten nur einen individuellen Wert hat. Wenn die Art A die Art B befruchtet, so entsteht eine Zahl hybrider Individuen, die alle unter einander verschieden sind. Wenn dann das Umgekehrte geschieht, und die Art A ihrerseits von der Art B befruchtet wird, so entsteht wieder eine Zahl von untereinander verschiedenen Individuen. Zwischen der Gesamtheit der Produkte AB besteht kein Unterschied gegenüber der Gesamtheit der Produkte BA; d. h. die wechselseitige Kreuzung ergibt keine ungleichen Resultate.

Gegen den bevorzugten Einfluss des einen Geschlechts auf die Kinder sprechen auch die menschlichen Familien, wo die einen Geschwister dem Vater, die anderen der Mutter ähnlicher sein können.

Zwischen den bereits angeführten Arten *P. glutinosa* und *P. minima* unterscheidet Kerner vier hybride Arten, nämlich ausser den zwei genannten noch eine, die zwischen *P. Floerkeana* (*P. superglutinosa + minima*) und *P. glutinosa* steht und von ihm *P. Huteri* (*P. Floerkeana + glutinosa* vel *glutinosa + salisburgensis*) genannt wird, ferner eine, die zwischen *P. salisburgensis* (*P. subglutinosa + minima*) und *P. minima* sich befindet, und *P. biflora* Huter (*P. Floerkeana + minima* vel *minima + salisburgensis*) genannt wird.

Man könnte auch noch mehr Formen, namentlich eine genau die Mitte zwischen den beiden Stammarten haltende und wirklich vorhandene Form als besondere Art in Anspruch nehmen wollen und man könnte ebenso bei anderen fruchtbaren Primelbastarden verfahren. Aber einerseits wissen wir nichts über den Ursprung der abgeleiteten Bastarde, und es ist die Sache überhaupt nicht so einfach, als es nach der Theorie Kerners zu sein scheint, da bei diesen Bastarden, wie früher ausgeführt wurde, eine gleitende Reihe zwischen den beiden Stammarten vorhanden ist. Anderseits könnten die genannten, abgeleiteten Bastarde Kerners auch primär sein, da ja auch zwischen den Primelarten, welche bloss unfruchtbare Hybride hervorbringen, zuweilen eine kontinuierliche Reihe von primären Bastarden, deren Endglieder sich den Stammarten nähern, vorkommt.

Da die verschiedenen hybriden Pflanzen, die aus der Kreuzung zweier bestimmter Arten A + B entstanden sind, nur individuellen Wert haben, so kann man sie nur als eine Bastardspecies A + B aufführen. Dieselbe muss beschrieben, und es müssen ihre Eigentümlichkeiten hervorgehoben werden. Besonders scheint es wichtig, ob die hybriden Individuen, namentlich die in der Mitte stehenden, in ihren Merkmalen eine mittlere Bildung zeigen, oder ob und welche Merkmale mehr der einen oder der andern Stammart gleichen. So gibt es manche Bastarde, die in den mittleren Formen entschieden die Blüten mehr von A, die Laubblätter mehr von B haben, es gibt selbst solche, die in einzelnen Individuen das Umgekehrte zeigen. *P. latifolia + viscosa* hat gewöhnlich dunkel purpurne Blüten mehr wie *P. latifolia*. Im Gegensatz hierzu hat Obrist, früher Alpenpflanzengärtner im Münchener botanischen Garten in der Gesellschaft von *P. latifolia* und *P. viscosa* Vill. am Piz Ott im Oberengadin einen Bastard derselben mit den rosenroten Blüten von *P. viscosa* Vill. entdeckt, den er fälschlich *P. ciliata* Schrank nannte; derselbe hat als Kompensation mehr die Blätter von *P. latifolia*.

Stehen die Stammarten morphologisch weiter von einander ab, so mag es zweckmässig erscheinen, die hybride Reihe in 3 Varietäten zu sondern:

1. A + B Var. *media* oder lediglich A + B,
2. A + B *accedens ad* A und
3. A + B *accedens ad* B.

Ist die hybride Reihe (wie bei *P. viscosa + minima*) ganz unvollständig und nur in einzelnen Fragmenten vorhanden, so müssen diese Bruchstücke auch einzeln beschrieben werden. Treten noch besondere Abweichungen von Var. *media* auf, wie in dem vorhin angeführten Beispiele von *P. latifolia + viscosa* Vill., so verdienen auch diese als besondere Varietäten aufgeführt zu werden.

Benennung der Species, Varietäten und Bastarde.

Als man die Species für unveränderlich hielt, betrachtete man die Varietät als etwas Gleichgültiges und hielt sich berechtigt, jede Kleinigkeit, irgend eine auffallende Erscheinung, eine individuelle Besonderheit, eine Bildungsabweichung, eine durch Nahrungsmangel verursachte Verkümmerung oder durch Nahrungsüberfluss bewirkte Üppigkeit als eine Varietät zu benennen und manchmal ganze Reihen von Varietäten aufzustellen. So wie man aber die Species als durch Variation geworden betrachtete, so musste die Varietät naturgemäss als werdende Species, als systematische Einheit einer bestimmten Ordnung aufgefasst werden. Sie ist demgemäss eine Zusammenfassung vieler Individuen, die von im Vergleich mit den übrigen die Species zusammensetzenden Individuen bestimmte Verschiedenheiten zeigen, aber noch durch Übergänge mit ihr zusammenhängen. Dieselben sind mehr oder weniger ausgeprägt und stellen sich umsomehr als etwas Besonderes dar, je besser sie räumlich getrennt sind. Die Subspecies ist die am weitesten entwickelte, aber die Species noch nicht ganz erreichende Varietät. Ausnahmsweise muss man, in Ermanglung eines andern Namens als Varietäten auch einzelne besondere Erscheinungen bezeichnen, die zuweilen in einer Species auftreten und in einzelnen, wesentlichen Merkmalen von derselben abweichen, deren Bedeutung aber noch unbekannt ist. Beispiele hierfür sind unter den Primeln *P. viscosa* Var. *angustata*, *P. integrifolia* Var. *gavarnensis*, *P. officinalis* Subsp. *Columnae* Ten. Var. *Tommasinii*.

Was die Benennung betrifft, scheint mir das einzig Natürliche, die Varietäten, da sie als werdende Species zu betrachten sind, wie diese mit einem unveränderlichen Namen zu belegen, das umsomehr, da sie oft, namentlich von der Kernerschen Schule wirklich als Species behandelt werden. Dann muss man die Varietäten als etwas Selbständiges neben, nicht als einen integrierenden Teil unter die Species stellen, wie dies übrigens schon von manchen Autoren geschieht. Dies muss sich auch in den Diagnosen geltend machen, sodass in der Diagnose der Species diejenigen der Varietäten nicht enthalten sind. Was dagegen die ausführlichen Beschreibungen betrifft, so scheint es mir zur Vermeidung von weitläufigen Wiederholungen zweckmässig, wenn die Varietäten wegen ihrer nahen Verwandtschaft in diejenigen der Species einbezogen werden, und nur allenfalls die Subspecies wieder ausführliche Beschreibungen erhalten.

Wenn die Varietäten mit unveränderlichen, innerhalb der Gattung anderweitig nicht gebrauchten Namen belegt werden, so hindert nichts, dass für praktische Zwecke, wie z. B. die des Gärtners, der Varietätenname allein zur Verwendung kommen und dass man statt *P. latifolia* var. *cuneata* einfach sage *P. cuneata*, statt *P. integrifolia* Var. *gavarnensis* bloss *P. gavarnensis*, statt *P. officinalis* Subsp. *Columnae* Var. *Tommasinii* nur *P. Tommasinii*.

Was die Benennung der Bastarde betrifft, so ist, wie mir scheint, eine verschiedene Behandlung angezeigt, je nach dem phylogenetischen Stadium, in welchem sich die Sippen eines Genus befinden. Wenn, was seltener vorkommt, die Species zum grössten Teil nicht scharf geschieden, sondern durch nicht hybride Übergänge verbunden sind, wie bei *Hieracium*, so gleichen diesen Übergängen die künstlich erzeugten Bastarde, und in manchen Fällen lässt sich nicht feststellen, ob eine natürliche Übergangsform hybrid sei oder nicht. Für solche Gattungen gibt es keinen andern Ausweg, als den Mittelformen einfache Namen zu geben und dabei es jedesmal zu bemerken, wenn sie sicher oder wahrscheinlich einen hybriden Ursprung haben. — Sind dagegen, was bei vielen Gattungen, *Primula, Gentiana, Cirsium* u. s. w. der Fall ist, die Arten scharf geschieden, so ist kein Grund für einfache Namen der Bastarde vorhanden, und der den Ursprung bezeichnende Doppelname ist weit vorzuziehen; durch *Primula Auricula* + *viscosa* ist die Gartenaurikel weit besser charakterisiert als durch *P. pubescens*. Es muss daher der Doppelname jedenfalls vorangestellt, und bloss des allgemeinen Gebrauchs wegen der einfache Name beigefügt werden.

___

Bezüglich der Benennung der Species will ich nur von dem Gesetz der Priorität sprechen. Dieses Gesetz wurde gegeben, um bestehende Streitigkeiten über zwei oder mehrere Namen, welche der gleichen Pflanze gegeben waren, zu entscheiden. So hat *P. acaulis*, welche bei Linné nur als eine der drei Varietäten von *P. veris* vorkommt, von Hudson den Namen *P. vulgaris*, dessen man sich namentlich in England bediente, von Scopoli den Namen *P. silvestris*, welchen Reichenbach fil. annahm, und von Lamarck den Namen *P. grandiflora*, der in Frankreich gebräuchlich wurde, bekommen. In Deutschland und Österreich wurde von jeher mit wenig Ausnahmen das Beispiel Jacquins befolgt, und der Name *P. acaulis* angewendet, welcher als der älteste auch der alleingültige ist, wenn er auch bei Linné bloss als Varietät erscheint.

Das Gesetz der Priorität darf aber nicht dazu benutzt werden, um neue Verwirrungen in die Nomenklatur zu bringen. Man darf nicht alte, vergessene, zweifelhafte und zu Verwirrung Anlass gebende Namen aus dem Staube der Bibliotheken ausgraben, um damit den bestehenden und allgemein gebräuchlichen den Krieg zu erklären. Was gewährt es für einen Vorteil, dass wir *Crepis terglouensis* Hacq. statt *C. hyoseridifolia* Vill. sagen, *Gentiana terglouensis* Hacq. statt *G. imbricata* Fröl., *Eritrichium terglouense* Hacq. statt *E. nanum* Vill., *Veronica latifolia* L. statt *V. urticifolia* Jacq., *Veronica fruticans* Jacq. statt *V. saxatilis* Scop., *Tofieldia palustris* Huds. statt *Tofieldia borealis* Wahlenb., *Luzula nemorensa* Poll. statt *L. albida* Hoffm. D. C. —

Die Botanik hat keine historischen, sondern nur naturwissenschaftliche Interessen. Der Name einer Pflanze hat keinen andern Wert, als dass er zur Verständigung unter den Botanikern dient; wenn er allgemein bekannt und gebraucht wird, gibt es gar keinen Grund, ihn zu ändern. Das Gesetz der Priorität hat nur den Zweck, diese Einheit der Benennung herbeizuführen, und wenn sie erreicht ist, bringt ein älterer Name, ebenso wie ein neuer, Verwirrung hervor.

Ein Beispiel aus der Gattung *Primula*, welches zeigt, dass auch andere Gründe sich der Namensänderung widersetzen können, möge hier nachfolgen. Die rosenrot blühende Species, die in Tirol und Salzburg, in der Schweiz, in der Dauphiné und in den Pyrenäen wächst, wurde in der Mitte dieses Jahrhunderts in Frankreich, der Schweiz und auch in Deutschland, soweit man sie als besondere Species unterschied, *P. viscosa* Vill. genannt, während die andere in der östlichen Schweiz, in Piemont, der Dauphiné und den Pyrenäen wachsende Species mit dunkleren, violetten und nickenden Blüten *P. latifolia* Lap. hiess. Kerner glaubte, im Jahre 1857 diese Benennungen wegen der Priorität umändern zu müssen, und zwar *P. viscosa* in *P. hirsuta* All., *P. latifolia* in *viscosa* All. Das Ungeeignete dieser Änderung wurde schon von den Autoren dieser Monographie, in der »Flora« von 1889 dargethan. Seitdem sind wir zusammen in Turin gewesen und haben das Herbarium von Allioni durchgesehen, und zwar die Pflanzen in Verbindung mit den Beschreibungen Allionis, wodurch der erhobene Einwand unwiderleglich bestätigt wurde. In dem Herbarium von Allioni befinden sich im ganzen vier Species von roten Primeln: *P. Auricula* All. = *P. marginata* Curt., *P. integrifolia* All. = *P. pedemontana* Thom., *P. viscosa* All. mit der Diagnose *P. viscosa* und *P. hirsuta* All. mit der Diagnose *P. hirsuta*. Die bei diesen zwei letzten Species liegenden Pflanzen zeigen, dass in der Praxis Allioni beide Arten nur durch die Ganzrandigkeit oder resp. die Gezähntheit der Blätter unterschieden hat. Demgemäss liegen in dem Umschlag von *P. viscosa* bloss Pflanzen mit ganzrandigen, in demjenigen von *P. hirsuta* Pflanzen mit gezähnten Blättern, nämlich bei den ersteren *P. latifolia* Var. *cynoglossifolia* aus Valdieri, bei den letzteren *P. latifolia*, *P. pedemontana* und andere, nicht mehr bestimmbare, wahrscheinlich *P. cottia*.

Allgemeiner Teil.

Es liegt nicht in meiner Absicht, alles das, was man in dem allgemeinen Teil einer Monographie der Gattung *Primula* erörtert wünschen
könnte, zu besprechen; ich beschränke mich auf einzelne Punkte, die
teils spezielles systematisches Interesse haben, teils von früheren Primel-
monographen gar nicht oder nicht genügend berücksichtigt worden sind.
Aber auch dasjenige, was ich von morphologischen und anatomischen
Untersuchungen hier mitteile, will durchaus keinen Anspruch auf Voll-
kommenheit und Abgeschlossenheit machen.

Was bisher über Anatomie und Morphologie dieser Gattung bekannt
geworden ist, findet sich in der monographischen Übersicht der Gattung
Primula von Pax zusammengestellt, auf welche ich hiermit zur Orientierung
hinweise.

Morphologische Verhältnisse.

Aufbau des Pflanzenstockes.

Alle europäischen Primeln sind ausdauernd. Im Leben der Pflanze
folgt also eine Reihe gleichwertiger Achsen aufeinander. Jede besteht
aus einem basilaren, vegetativen und einem apikalen reproduktiven Teil.
Der vegetative Teil ist kurz und dicht mit Laubblättern, zum Teil auch
mit Niederblättern besetzt. Der reproduktive Teil trägt Hochblätter, in
deren Achseln sich die einzelnen Blüten befinden. Er stirbt jährlich ab
und geht zu Grunde. Aus der Achsel des obersten Laubblattes des vegetativen Teils entspringt eine neue Achse; dieselbe steht also seitlich an
der Mutterachse. Die vegetativen Teile der so aufeinanderfolgenden
Achsen bilden zusammen den sympodialen Wurzelstock.

Sowie der Wurzelstock an seinem apikalen Ende durch Ansatz neuer
Glieder sich verlängert, verkürzt er sich an seinem basilaren Ende durch
Verwesung der ältesten Glieder. Es gibt Wurzelstöcke, die nur aus einem
Gliede bestehen, indem dasjenige des vorhergehenden Jahres regelmässig
abstirbt und verschwindet, so bei *P. farinosa, P. longiflora*. Die höchste
Zahl der Glieder dürfte zehn betragen. Der Wurzelstock ist niederliegend,
bald in, bald dicht an der Erde und wurzelnd, oder er ist mehr oder
weniger aufrecht und über die Erde hervorragend, und dann ohne
Wurzeln.

Gewöhnlich bildet sich jedes Jahr ein neues Glied des sympodialen Wurzelstockes, indem jeder Jahrestrieb in eine reproduktive Spitze aus-geht und in der Achsel des obersten Laubblattes eine Knospe für den nächstjährigen Blütentrieb erzeugt. Es kann aber auch das apikale Glied während zwei und mehreren oder selbst vielen Jahren fortwachsen, indem die Jahrestriebe vegetativ bleiben und erst ein späterer reproduktiv wird. Anderseits kann die Rosette der obersten Laubblattachsel noch im gleichen Jahre blühen, und es kann sich dieser Vorgang selbst noch einmal wiederholen, so dass in einem Jahr der Wurzelstock um zwei und drei Glieder sich verlängert. Der erstere Fall, die Verzögerung des Blühens um zwei bis viele Jahre, tritt bei mangelhafter Ernährung, also auf magerem Boden und namentlich auch auf den höchstliegenden Standorten, die eine Art zu erreichen vermag, ein. Der zweite Fall, die Beschleunigung in der Bildung neuer Achsengenerationen, beobachtet man bei reichlicher Ernährung, besonders auch in Gärten.

Wie bereits gesagt, entspringt aus der Achsel des obersten Laub-blattes ein Seitenspross; aber auch mehrere (1—5) der zunächst nach unten folgenden Blätter tragen Axillarknospen, die von oben nach unten an Grösse abnehmen. Zuweilen wächst davon die mit Laubblättern be-ginnende Knospe des zweitobersten, seltener auch die des drittobersten Laubblattes in einen Spross aus; in diesem Falle wird der Wurzelstock verzweigt. Wiederholt sich die Verzweigung häufig, so wird er vielköpfig. Die übrigen mit Niederblättern umhüllten Knospen bleiben latent, bis sie durch ein abnormales Ereignis (z. B. Verlust des obersten Endes des Wurzelstockes) auswachsen. Es ist selbst nicht unwahrscheinlich, dass auch in den Achseln der übrigen Laubblätter sich mikroskopische Knospen befinden, da unter besonderen Umständen aus jeder Laubblattachsel ein Spross sich entwickeln kann. Da nur die obersten Blätter einer Achse sichtbare Knospen treiben, welche nach dem Verschwinden der Blätter zurückbleiben, so erkennt man daran die Grenze der einzelnen Glieder des Wurzelstockes und an den mehrere Jahre fortwachsenden Achsen die Grenzen der Jahrestriebe.

Wie schon erwähnt, trägt der apikale und reproduktive Teil einer Achse Hochblätter, gewöhnlich Hüllblätter genannt, und in deren Achseln Blütenstiele. Derselbe tritt in zweierlei Formen auf. Bei fast allen Arten ist das auf das oberste Laubblatt folgende Stengelglied dünn und mehr oder weniger verlängert, und heisst Schaft. Er trägt an seiner Spitze den kurzen, kegelförmigen Blütenboden, an demselben die Hochblätter und in deren Achseln die Blütenstiele. Bei einigen Arten kann der Schaft bis auf 1 mm verkürzt sein; aber er ist doch vorhanden. Es ist dies die *forma breviscapa*, die besonders bei den Hochgebirgspflanzen einiger Arten auffällig ist.

Die andere und wohl ursprüngliche Form des reproduktiven Teiles ist die, dass er bloss die sehr kurze, mit Hochblättern bedeckte Kuppe des vegetativen Teiles darstellt. Dies kommt normal nur bei einer einzigen europäischen Art vor *(P. acaulis)*, — abnormal und wohl als Rückschlag zu betrachten bei vereinzelten Pflanzen verschiedener anderer Arten (nach meiner Beobachtung bei *P. farinosa*, *P. longiflora*, *P. Auricula.* und *P. carniolica)* und ist als *forma exscapa* zu bezeichnen. Bisher ist die *breviscape* und *exscape* Form nicht unterschieden worden, man sagt, bei *P. acaulis* sei der Schaft verkürzt und nennt die kurzschaftigen Hochgebirgspflanzen *Var. exscapa.* Beide Formen sind aber wirklich verschieden und dürfen nicht verwechselt werden. Bei der *forma exscapa* ist der reproduktive Teil der Achse nicht von dem vegetativen geschieden, und der Blütenboden somit breit und flach, bei der *forma breviscapa* ist der reproduktive Teil geschieden und dünn. Bei der ersten sind die Blütenstiele sehr lang, bei der zweiten viel kürzer und von normaler Länge. Die Blütenstiele von *P. acaulis* haben eine Länge von 3,5 bis 13 cm, die der nahe verwandten *P. elatior* und *P. officinalis* 0,4—2,5 cm; diejenigen von *P. farinosa exscapa* sind 3,2—4,3 cm; die normalen *P. farinosa* 0,2—1,7 cm lang; dagegen haben die Blütenstiele von *P. viscosa, forma breviscapa* (*P. exscapa* Hegetschw.) die gleiche oder eher eine geringere Länge als die der gewöhnlichen *P. viscosa.*

Der Blütenboden, verkürzt und kegelförmig, ist bei einigen Arten (*P. farinosa)* symmetrisch, die Blüten sind aufrecht, und das Aufblühen geht streng von aussen nach innen, d. h. fast gleichmässig vor sich. Bei der grossen Mehrzahl der Arten aber ist das Receptaculum mehr oder weniger unsymmetrisch ausgebildet, die eine Seite länger als die gegenüberliegende, dadurch wird der Blütenstand einseitswendig, und das Aufblühen geht mehr oder weniger deutlich von der längeren nach der verkürzten Seite vor sich. Bei einigen *Auriculastrum*-Arten ist diese Einseitswendigkeit ausserordentlich deutlich, wiewohl die Anordnung der Blüten die normalspiralförmige bleibt. Bei reichblütigen Exemplaren von *P. Auricula* sind die Blüten auf der oberen Seite geöffnet, auf der unteren dagegen noch als kleine Knospen vorhanden; *P. Auricula + viscosa* zeigt dies in geringerem Grade. Bei *P. latifolia* sind die Blüten wirklich nickend.

Beblätterung.

Dieselbe besteht aus Niederblättern (*N*, nicht immer vorhanden), Laubblättern (*L*) und Hochblättern (*H*). Diese Blätter folgen in der angegebenen Reihenfolge *N. L. H.* an einer Achse nur dann aufeinander, wenn die ganze noch verkürzte Achse im Knospenzustande überwintert und im folgenden Jahre bis zur Blüte sich entwickelt. Dieser Fall ist im allgemeinen selten und kommt bei keiner Species ausschliesslich vor. Ich beobachtete ihn ziemlich häufig bei *P. latifolia*, seltener bei *P. elatior* und *P. officinalis.* — Es gibt zwar viele Achsen, die in gleicher Weise im Knospenzustande überwintern, nämlich die Knospen, die in den Achseln unter dem obersten oder den zwei obersten Laubblättern sich befinden, aber diese Achsen brauchen, nachdem sie ihre Entfaltung begonnen

haben, mehrere Jahre, bis sie zur Blütenbildung gelangen. Vorher bilden
sie jeden Herbst eine mit Niederblättern umhüllte Terminalknospe, so
dass also *N, L, N, L* u. s. w. bis zur Hochblattbildung aufeinander folgen.

Gewöhnlich entsteht in der Achsel des obersten Laubblattes eine
Blattrosette, welche nicht mit Niederblättern, sondern gleich mit Laubblättern beginnt. Blüht diese Achse im gleichen Jahr, so trägt sie bloss
L, H. Blüht sie nicht im gleichen Jahr, so kann zweierlei eintreten.
Im einen Fall überwintert sie, indem die Laubblätter, namentlich mit
ihrem Scheidenteil den Schutz für den inneren, knospenartigen Teil bilden.
Niederblätter bilden sich überhaupt nicht. So verhält es sich mit *P. integrifolia, P. minima, P. glutinosa* und häufig mit *P. viscosa* und wohl mit
allen Arten der *Rufiglandulae.*

Der andere, ebenso häufige Fall ist der, dass auf die Laubblätter der
Rosette Niederblätter folgen, welche die unentwickelten Organe der Terminalknospe umhüllen. In diesem Falle trägt also die Achse *L, N, L, H*
oder auch, wenn nämlich die Achse nicht zwei, sondern drei oder mehr
Jahre zur Entwicklung braucht, *L, N, L, N, L . . . . H.* So verhält es
sich mit *P. elatior, P. officinalis, P. farinosa.*

Die möglichen Fälle der Beblätterung einer Achse sind also folgende:
1. *N, L, H* oder *N, L, N, L . . . . H,*
2. *L, H,*
3. *L, N, L, H* oder *L, N, L, N, L . . . . H.*

Die Verschiedenheit dieser Fälle beruht darauf, ob Niederblätter gebildet werden oder nicht, und ferner, ob die Blattbildung mit Niederblättern oder Laubblättern beginne. Es scheinen dies keine spezifischen
Unterschiede zu begründen, namentlich springt es in die Augen, dass
das Anheben mit *N* oder *L* bloss auf der Zeit beruht. Im Sommer
werden die ersten *Phyllome* zu Laub, im Herbst zu Niederblättern.
Schwieriger ist die Entscheidung der Frage, wie das gänzliche Fehlen von
Niederblättern wie bei Fall 2 zu deuten sei. Es scheint mir, dass daran
die Kürze der jährlichen Vegetationsdauer schuld ist; den Hochgebirgs-
arten *P. integrifolia, P. minima, P. glutinosa,* der in den höheren Regionen
wachsenden *P. viscosa* fehlen die Niederblätter. Jedes junge Blatt wird
von dem Scheidenteil des vorhergehenden Blattes umhüllt, so dass die
Terminalknospe bei dem jeweiligen Eintritt des Frostes nie des Schutzes
entbehrt.

Der Übergang der Niederblätter in die Laubblätter geht meist ziemlich
plötzlich, zuweilen aber durch einige Mittelbildungen vor sich, letzteres
sah ich beispielsweise bei *P. latifolia.* Der Übergang der Laubblätter in
Niederblätter erfolgt plötzlich. — Die Laubblätter gehen bei *P. acaulis*
ziemlich allmählich, bei den schaftartigen Species gewöhnlich unvermittelt
in die Hochblätter über. Durch einen Rückschlag kommt es indessen
vor, dass ein, zwei oder drei äusserste Hüllblätter ausnahmsweise grösser
und laubblattartig sind.

Die Laubblätter bilden eine Rosette am Grunde des Blütenschaftes;

dieser ist central oder excentrisch in der Rosette oder ganz seitlich; central, wenn alle Blätter in der Achse des Schaftes befestigt sind; excentrisch, wenn die Knospen in der Achse des obersten Blattes bereits ihre Entfaltung begonnen hat und daher ein Teil der Blätter ihr angehört; lateral, wenn die Blätter an der Hauptachse abgestorben, und alle Blätter einer oder zwei Seitenachsen angehören.

Die Laubblätter dauern im allgemeinen eine Vegetationsperiode, diejenigen der Untergattungen *Primulastrum* und *Aleuritia* gehen im Herbst und Winter zu Grunde, und die überwinternden Knospen entwickeln im Frühjahr gleichzeitig mit den Blättern die Blüten. Etwas Ähnliches kommt bei der Untergattung *Auriculastrum* nur selten vor (*P. latifolia* und *P. integrifolia + latifolia*). Bei den anderen Arten dieser Untergattung überwintern die Blätter wie bei immergrünen Pflanzen, gehen aber in der nächsten Vegetationsdauer bald zu Grunde.

Die Laubblätter fallen nicht ab, sondern sie verwelken und gehen früher oder später in Verwesung über. Es hängt dies teils von der Beschaffenheit der Blätter, vorzüglich aber von den äusseren Umständen ab. An Felsen, die vor dem Regen geschützt sind, können sie mehrere, selbst sieben Jahre lang am Rhizom stehen bleiben. Am ausgesprochensten beobachtet man diese Erscheinung an *P. Allionii*, im geringeren Grade an *P. tirolensis*, und in noch geringerem an *P. viscosa* und anderen.

Grösse und Gestalt der Organe.

Im folgenden will ich die Grundsätze darlegen, nach denen ich betreffs dieser für die beschreibende Botanik so wichtigen Punkte verfahren bin. Die Grössenverhältnisse eines jeden Organs schwanken im ausgewachsenen Zustande zwischen bestimmten Grenzen, es sind also Maximum und Minimum, sowie durchschnittliche Grösse anzugeben. Beim Schaft ist die Höhe besonders wichtig, weil davon der Habitus der Pflanze abhängt. Bei vielen Arten gibt es neben den langschaftigen Pflanzen auch kurzschaftige. Wenn dieselben vereinzelt auftreten, so sind sie wohl als abnormale Hemmungsbildungen zu betrachten. Sind sie aber auf den höchsten Standorten allein vorhanden, so ist das eine Folge der geringen Nahrung und der kurzen Vegetationsdauer, sie bleiben nur so lange konstant, als sie nicht auf bessere Standorte gelangen, und bilden keine systematische Sippe (so bei *P. viscosa*). Kommen sie aber auf niederen Standorten in Menge vor, so kann man sie als kurzschaftige Varietät betrachten. Die Höhe des Schaftes ist für die Unterscheidung der Arten oft von Wichtigkeit, sofern die Pflanzen auf annähernd gleichen Standorten gewachsen sind. So hat *P. viscosa* Vill. fast stets einen kurzen, die verwandten Species (*P. villosa, P. pedemontana* etc.) einen verlängerten Schaft. Noch grösser ist die Ungleichheit bei manchen verschiedenen Typen, indem die einen Typen sehr kurzschaftig, die anderen langschaftig sind.

Die Blütenstiele fahren fort, in die Länge zu wachsen, bis vor der Fruchtreife, sie eignen sich also bloss, wenn sie die Früchte tragen, voll-kommen zur Vergleichung, und es sind, soweit man sie besitzt, die Frucht-stiele immer anzumerken. Da aber fast alle Herbariumexemplare blühende Pflanzen sind, so muss man die Vergleichung auf die Blütenstiele gründen und dabei Bedacht darauf nehmen, dass man sie nur im vollkommen entwickelten Blütenzustande misst, weil soeben geöffnete Blüten oft noch viel kürzere Stiele besitzen. Die Länge der Blütenstiele ist ein wichtiges Merkmal für die Unterscheidung der Species.

Die Laubblätter an einem Pflanzenstock sind sehr ungleich gross; von der Grösse einer Schuppe gibt es eine Stufenreihe bis zur Dimension der grössten, am meisten entfalteten Blätter. Ich habe bei der Be-schreibung einer Species immer nur die 2—3 längsten Laubblätter, die der Blütenbildung vorausgehen, berücksichtigt. Wenn es beispielsweise heisst: Länge des Laubblattes 2,5 bis 7 cm, so soll damit gesagt werden, dass die Länge bei den verschiedenen Individuen der genannten Species zwischen den angegebenen Massen sich bewegt, dass also die grössten Laubblätter bei den einen Pflanzen nur 2,5, bei den anderen aber 7 cm lang sind. Diejenigen Individuen, bei denen die Laubblätter nicht ausgewachsen waren, oder bei denen die grössten derselben aus irgend einem Grunde fehlten, habe ich gar nicht berücksichtigt. Obgleich die Grösse der Laub-blätter (Maxima und Minima, sowie die durchschnittlichen Dimensionen) bei verschiedenen Species sehr ungleich sind, so eignet sie sich doch wenig zur Unterscheidung, da sie ja erst nach Untersuchung einer grossen Menge von Exemplaren der verschiedensten Standorte festgestellt werden kann.

Bei der Beurteilung der Hüllblätter (Tragblätter der Blüten) ist zu berücksichtigen, dass die 1—2 äussersten ausnahmsweise grösser und blattartig werden können, was als Rückschlag zu betrachten ist. Es gibt nur eine europäische Primelspecies, welche normal blattartige Hüllblätter besitzt (*P. Palinuri*), woran ihr ganz ungewöhnlicher Standort (nämlich am Meeresufer des südlichen Italiens) vielleicht mit die Schuld trägt, indes alle anderen Arten ihrer Untergattung Gebirgspflanzen sind.

Die Länge der Hüllblätter ist in Verbindung mit der Länge der Blütenstiele eines der wichtigsten diagnostischen Merkmale für die grösseren Gruppen von *Auriculastrum*.

Was die Gestalt der Organe betrifft, so kommt dieselbe nur bei den blattartigen Organen in Betracht.

Die Form der Blattspreite mit Rücksicht auf das Verhältnis von Länge und Breite, ob rundlich, oval, länglich, lanzettlich, lineal oder keilförmig, ist bei den Hüllblättern ein sehr wichtiges Merkmal. Bei den Laubblättern dagegen ist sie wenig beständig und nur mit Vorsicht zu benutzen. Wenn darauf von manchen Autoren bei gewissen Species Gewicht gelegt wird, so kann dies nur von einer mangelhaften Kenntnis der Pflanzen her-rühren. Dieser Einsicht verschliesst man sich unmöglich, wenn man Tausende von Pflanzen auf einem oder mehreren Standorten gesehen hat.

Es gibt wenige Arten mit breiten Laubblättern, bei denen nicht auch schmalblättrige Exemplare mehr oder weniger selten vorkommen. Dagegen ist sicher, dass die Gestalten der Blattspreiten jeder Art sich innerhalb bestimmter ihr eigentümlicher Grenzen bewegen und dass bei jeder gewisse Formen am häufigsten vorkommen.

Nur die Form des Blattscheitels, ob gerundet, stumpf, spitz, gestutzt, ist zuweilen permanent und als Unterscheidungsmerkmal für Species sehr brauchbar.

Als ein vorzügliches Merkmal gilt die Gestaltung der Blattbasis, aber mit Unrecht wird von manchen Autoren für die Unterscheidung von verwandten Species als wichtigstes Merkmal vorangestellt, ob die Spreite plötzlich oder allmählich in den Blattstiel verschmälert ist. Für die Anwendung dieser Merkmale ist bei den alpenbewohnenden Primeln einmal darauf zu achten, ob die Pflanzen auf tieferen oder auf hochgelegenen Standorten gewachsen sind. Auf den letzteren verkürzen sich die Blätter und besonders die Blattstiele immer mehr, bis auf den höchstgelegenen die letzteren ganz fehlen. Mit der Verkürzung werden die Blattstiele breiter, und wenn die Blattspreite auf den tieferen Lokalitäten plötzlich zusammengezogen ist, verschmälert sie sich in der Höhe allmählich in den Blattstiel und geht zuletzt unmittelbar und fast ohne Verschmälerung in die Blattscheide über (so bei *P. viscosa* Vill).

Man darf also zur Vergleichung der Species nur vollkommen entwickelte Pflanzen, also nur solche von tieferen und mittleren Localitäten benutzen, aber auch hier ist die plötzliche Zusammenziehung der Blattspreiten in den Blattstiel nicht vollkommen permanent; bei allen Arten, die sich durch dieses Merkmal auszeichnen, gibt es mehr oder weniger häufige Ausnahmen, wo die Blattspreite allmählich verschmälert ist.

Es gibt Species, bei denen der Blattrand permanent ganz, nur wenige, bei denen er permanent geteilt und viele, bei denen er geteilt ist, aber auch ganz sein kann. Bei den letzteren wird die Teilung des Randes allmählich kleiner, zuletzt sind nur noch winzige, vorragende Knötchen vorhanden, welche schliesslich vollends dem Auge entschwinden.

Was die Art der Teilung des Blattrandes betrifft, so zeigt sie sich bei der gleichen Species verschieden, indem die Vorsprünge spitz, stumpf, selbst abgerundet, die Einschnitte zwischen denselben gerundet, stumpf und spitz sind. Bei derselben Species, selbst auf dem gleichen Standort, ja sogar zuweilen an der nämlichen Pflanze findet man gezähnte, gesägte und gekerbte Blätter, und wenn die Autoren einen verschiedenen Ausdruck anwenden, so rührt dies von ungenügendem Material her. So heissen die Laubblätter von *P. Auricula serrata* in Lehmann Monogr., *crenato-serrata* in Reichenbach fl. excurs., Koch Syn., Duby in De Candolle Prodr., Grenier Godron Fl. de France, *modo latissime crenata*, *modo dentata* in Gaudin fl. helv., *dentata* in Fl. ital. von Parlatore und Caruel. — Ferner heissen die Blätter von *P. marginata crenato-dentata* in Lehm., *grosse serrato-dentata* in Duby, *crenato·serrata* in Rchb., *arcuato-dentata* oder statt dessen *profunde crenata* in Gaudin, gleichmässig sägezähnig in Rchb. fil. icon., *inaequaliter obtuseque dentata* in der Fl. ital.

Ich könnte die Beispiele vielfach vermehren, beschränke mich aber auf diese zwei Species, bei denen eine Verwechslung nicht möglich ist. Jeder der angeführten Autoren hat vollkommen recht, aber nur für eine Partie der Exemplare.

Bei diesem Sachverhalt schien es mir angezeigt, einen andern Weg einzuschlagen. Ich habe den geteilten Rand immer gezähnt und die Vorsprünge ohne Rücksicht auf ihre Gestalt Zähne genannt, dann aber immer angemerkt, was für eine Gestalt die Zähne und die Einschnitte zwischen denselben haben, ob sie spitz, stumpf oder abgerundet seien.

Ganzrandige Blätter mit wellig verbogenem Rande erhalten beim Pressen leicht Einkerbungen oder stumpfe Vorsprünge, welche man als falsche Zähne bezeichnen kann. Beispiele hierfür liefern *P. integrifolia* und *P. deorum*, welch letzterer deshalb ihr Autor *folia integra vel apice obsolete pauci-dentata* zuerteilte.

Dimorphismus der Blüten.

Der Dimorphismus tritt bei den Primeln bekanntlich als *Heterostylie* (Ungleichgriffligkeit) auf. In den einen Blüten stehen die Narben höher als die Staubkolben, in den anderen die Staubkolben höher als die Narben. Die Blüten, in denen die Geschlechtsorgane die erstere Lage zeigen (*longstyled* bei Darwin) nennt man „langgrifflige" g y n o d y n a m e, die Blüten mit der letztgenannten Lage „kurzgrifflige" a n d r o d y n a m e. Bei jeder Primelspecies bleibt die Höhenlage der Staubgefässe und Narben für die Blüten verschiedener Exemplare, die der gleichen, lang- oder kurzgriffligen Form angehören, sich ziemlich gleich.

Am weitesten ausgebildet ist die *Heterostylie* bei den Untergattungen *Auriculastrum* und *Primulastrum*. Hier beträgt der Unterschied in der Höhenlage ziemlich die halbe Kronröhrenlänge, so dass also im einen Extrem die Staubkolben der androdynamen Blüten im oberen Ende, die Narben in der Mitte der Kronröhre, — die Narben der gynodynamen im oberen Ende, die Staubkolben in der Mitte der Kronröhre sich befinden, — während im andern Extrem die Staubkolben der androdynamen Blüten in der Mitte, die Narben im Grunde, die Narben der gynodynamen in der Mitte, die Staubkolben im Grunde der Kronröhre liegen. — Viel weniger weit ausgebildet ist die Heterostylie in der Untergattung *Aleuritia*. Hier beträgt der Abstand der Staubkolben und Narben durchschnittlich 1 mm. Bei einer Species dieser Untergattung (*P. longiflora*) herrscht Homostylie (Gleichgriffligkeit); alle Blüten sind einander gleich, die Staubkolben haben alle die gleiche Höhenlage, ebenso ihrerseits die Narben. Diese liegen aber durchschnittlich 0,5—5 mm über den Staubkolben.

Es sollen von verschiedenen ungleichgriffligen Primelarten in der Natur auch gleichgrifflige Varietäten vorkommen. Um eine homostyle

Form zu erkennen, muss man genau wissen, wie sie sich von der heterostylen unterscheidet, und es ist auch nützlich, sich eine Vorstellung darüber
zu machen, wie die heterostylen Arten bei der Entwicklungsgeschichte
der Gattung *Primula* entstanden sind. Ohne Zweifel ist die ursprüngliche
Primelspecies, aus der die übrigen hervorgingen, gleichgrifflig gewesen,
und zwar wie bei den anderen *Primulaceen*-Gattungen mit ziemlich gleich
hoch liegenden Narben und Staubkolben in der einzelnen Blüte. Es be-
gannen dann diese Organe auf zweierlei Art räumlich auseinander zu
gehen, so dass in den Blüten der einen Pflanzen die Staubkolben höher
zu liegen kamen als die Narben, in den anderen die Narben höher als
die Staubkolben. Auf der ersten Stufe dieses Weges befindet sich die
Untergattung *Aleuritia*. Die beiden Geschlechtsorgane sind hier noch
nicht weiter von einander entfernt als in vielen gleichgrifflligen Pflanzen,
und der Unterschied diesen gegenüber besteht nur darin, dass ungefähr
bei der Hälfte der Individuen die Staubkolben höher als die Narben,
bei der anderen Hälfte die Narben höher als die Staubkolben liegen.

Wenn es sich in dieser Untergattung darum handelt, ob man eine
homostyle oder eine heterostyle Sippe vor sich habe, genügt es nicht,
bloss 6 oder 12 Pflanzen zu untersuchen, denn es kommt häufig vor, dass
von einer ungleichgrifflligen Art eine eben solche Individuenzahl der
gleichen Geschlechtsform beisammen steht. Erst eine grössere Zahl gewährt ein sicheres Urteil. Von *P. farinosa* habe ich 132 Pflanzen mit
657 Blüten untersucht. Davon waren

70 Pflanzen mit 350 Blüten gynodynamisch,

62 „   „ 307. „   androdynamisch.

In der Untergattung *Aleuritia* werden homostyle Varietäten angegeben
von *P. farinosa*, *P. scotica*, *P. stricta* und *P. sibirica*. Zu diesen Angaben
können (a) einzelne mit den anderen wachsende Pflanzen oder (b) ganze
Völker von Pflanzen (die einen Standort oder ein Gebiet bewohnen) Anlass gegeben haben.

Zu *a* bemerke ich, dass bei Durchmusterung einer grossen Zahl von
Pflanzen man einmal eine Blüte oder die Blüten einer Dolde mit ganz
gleich hohen Narben und Staubkolben findet. Die genauere Untersuchung
zeigt dann aber, dass die Narbe und der Griffel verkümmert, und dass
die Blüten eigentlich langgrifflig sind.

Zu *b* ist zu bemerken, dass möglicherweise auf einer Lokalität oder
in einer ganzen Gegend bloss langgrifflige oder bloss kurzgrifflige Pflanzen
vorkommen. Diese Erscheinung kann auf zweierlei Weise erklärt werden.
Es kann die eine Geschlechtsform einer heterostylen Art sein, indem aus
irgend einer Ursache die andere mangelt. Es kann aber auch die homostyle Varietät einer heterostylen Art sein. Bei einer solchen würden in
der Untergattung *Aleuritia* höchst wahrscheinlich die Narben höher liegen
als die Staubkolben, da dies ja auch bei der einzigen homostylen Art
(*P. longiflora*) der Fall ist.

Ich habe früher gesagt, dass die Ungleichgriffligkeit ohne Zweifel aus gleich hoch liegenden Geschlechtsorganen durch doppelsinniges Aus-einanderrücken derselben entstanden ist. Während nun dieser Vorgang bei den übrigen *Aleuritia* sich vollzog, blieb die gleichgrifflig bleibende Art derselben *P. longiflora* nicht still stehen, bei ihr wurden allein die Narben in die Höhe getragen.

Eine viel höhere Stufe der Ungleichgriffligkeit als die Untergattung *Aleuritia* haben die beiden anderen Untergattungen *Auriculastrum* und *Primulastrum* erreicht, wo Staubkolben und Narben weit von einander entfernt sind. Über einen Rückschlag zur Gleichgriffligkeit ist bei *Au-riculastrum* nichts Sicheres bekannt. Von *Primulastrum* sollen *P. officinalis*. *P. elatior* und *P. acaulis* gleichgrifflig vorkommen. W. Breitenbach hat nach Darwin (*cross and self fertilisation* 362) an der Lippe auf zwei Standorten unter 894 Blüten der *P. elatior* 16 gleichgrifflige gefunden, und zwar entweder allein oder zugleich mit langgriffligen, oder auch zusammen mit lang- und kurzgriffligen Blüten in der nämlichen Dolde. Ich habe 1010 Blüten von *P. elatior* untersucht.

Am 25. April fand ich unter 250 Blüten 5 scheinbar homostyle. In einer Dolde befanden sich neben mehreren normalen, langgriffligen Blüten (Narbe im Schlunde, Staubgefässe in der Mitte der Röhre) 4 ab-weichende: in 1 Blüte die Narbe in der Mitte zwischen dem Schlunde und den Staubkolben, bei 2 Blüten am oberen Rande der Staubkolben, in 1 Blüte genau neben denselben. Nur die letzteren 3 wurden als gleich-grifflig gezählt; in allen 4 aber waren die Narben kleiner und der Griffel etwas schwächer als in den normalen Blüten, 2 waren schon ganz welk.

Die Untersuchung am 29. April ergab unter 410 Blüten 1 scheinbar homostyle, die Narbe neben den Staubkolben, auch hier waren Narbe und Griffel verwelkt.

Am 2. Mai fand ich alle 350 untersuchten Blüten heterostyl. An den beiden letzten Tagen waren unter den gynodynamischen mehrere, welche die Narben nicht im Schlunde, sondern tiefer hatten, und zwar in der Regel bei allen Blüten einer Pflanze in gleicher Höhe, so in den 11 Blüten einer Dolde in der Mitte zwischen dem Schlunde und den Staubkolben, doch etwas näher den letzteren. Griffel und Narben dieser Blüten waren teils scheinbar frisch, teils aber deutlich im Verwelken begriffen. Damit hängt zusammen, dass an diesen Standorten nicht selten die Frucht-kapseln von *P. elatior* nicht zur Ausbildung gelangen.

Von *P. officinalis* untersuchte ich nahezu 300 Blüten, die alle normal heterostyl waren.

Aus meinen Beobachtungen an verschiedenen Arten von *Auriculas-trum* und *Primulastrum* glaube ich, schliessen zu dürfen, dass bei diesen Untergattungen im wildwachsenden Zustande keine homostyle Varietäten vorkommen. Bei *Aleuritia* mag es solche Varietäten bei den ungleich-griffligen Arten geben, aber es ist mir gar nicht wahrscheinlich.

Anatomische Verhältnisse.

Spaltöffnungen der Blätter.

Bezüglich der Verteilung der Spaltöffnungen an den Blättern zeigen die Primelarten bemerkenswerte Verschiedenheiten. Bei der Untergattung *Auriculastrum* sind an der oberen Blattfläche zahlreiche, an der unteren weniger zahlreiche, oft sehr spärliche oder keine, bei der Untergattung *Aleuritia* dagegen sind an der unteren Blattfläche zahlreiche, an der oberen sehr spärliche oder keine Spaltöffnungen, bei *Primulastrum* sind dieselben an der unteren Blattfläche ebenfalls reichlich, an der oberen weniger reichlich oder spärlich.

Ich teile im Folgenden meine Beobachtungen an den Arten der Untergattung *Auriculastrum* mit, ohne damit definitive Resultate geben zu wollen. Von jeder Art wurden nur ein oder wenige Blätter mikroskopisch untersucht. Man sieht die Spaltöffnungen auch schon mit scharfer Lupe als feine, weisse Punkte. Aus den Angaben wird man ersehen, dass die Verteilung der Spaltöffnungen, wenn sie einmal durch ausreichende Untersuchungen festgestellt sein wird, bedeutende Unterscheidungsmerkmale zu liefern verspricht.

Zu der folgenden Aufzählung bemerke ich, dass an jedem Blatt an mehreren Stellen durch Oberflächenschnitte die Epidermis abgetrennt und durch 5—10 Zählungen an der oberen und ebensoviele an der unteren Seite auf gleichen Flächenräumen (dem Gesichtsfeld des Mikroskops) die Zahl der Spaltöffnungen bestimmt und dann die durchschnittlichen Werte daraus berechnet wurden. $0 : \infty$, $1 : 22$ und $1 : 7$ heisst also, dass an den Blättern einer Art für die Verteilung der Spaltöffnungen die Durchschnittszahl der unteren zu der der oberen Blattfläche sich verhält wie 0 zu vielen, 1 zu 22 und 1 zu 7.

1. *P. Auricula* L. von verschiedenen Standorten. $0 : \infty$, 1 7, $1 : 6$, $1 : 4{,}5$, $1 : 2{,}7$.
1b. *P. Balbisii* Lehm. aus den Dolomiten bei Sexten $1 : 14$, $1 : 10$, von Paneveggio, Südtirol $1 : 22$ und aus Judicarien $0 : \infty$, 1 70, von Belluno $0 : \infty$.
2. *P. Palinuri* Pet. $1 : 2{,}7$, $1 : 2{,}2$.
3. *P. marginata* Curt. $1 : 4$ und $1 : 2$.
4. *P. carniolica* Jacq. $1 : 1{,}5$, $1 : 1{,}5$.
5. *P. latifolia* Lap. von verschiedenen Standorten $1 : 2{,}5$, $1 : 2$, $1 : 1{,}7$.
6. *P. pedemontana* Thom. $0 : \infty$, $1 : 8{,}6$.
7. *P. apennina* nsp. 1 5.
8. *P. oenensis* Thom. 0 ∞, $1 : 40$.
9. *P. villosa* Jacq. $1 : 6$.
9b. *P. commutata* Schott $1 : 3{,}5$.
10. *P. cottia* Widm. $0 : \infty$, $1 : 4$.

2*.

11. *P. viscosa* Vill. vom Arlberg 0 : ∞, aus dem Gschnitz 1 · 37,
 vom Maloja 1 : 6,4, Mte. Legnone am Comersee 0 : ∞, Val
 Seriana 1 6, Gressoney am Mte. Rosa 0 : ∞, über Aosta
 0 : ∞, 0 : ∞, 0 : ∞,1 : 30, 1 · 8.
12. *P. Allionii* Loisl. 1 : 60, 1 : 40, 1 : 4.
13. *P. tirolensis* Schott 0 : ∞, 0 : ∞.
14. *P Kitaibeliana* Schott 0 : ∞, 0 : ∞.
15. *P. integrifolia* L. 0 : ∞, 0 : ∞.
16. *P. Clusiana* Tausch 0 : ∞, 0 : ∞.
17. *P. Wulfeniana* Schott 0 : ∞, 0 : ∞.
18. *P. calycina* Duby 0 · ∞, 0 ∞.
19. *P. spectabilis* Tratt. 0 ∞, 0 ∞.
20. *P. minima* L. 0 ∞, 0 : ∞.
21. *P. glutinosa* Wulf. 0 : ∞, 0 ∞.
22. *P. deorum* Vel. 0 : ∞.

Knorpelrand und Knorpelspitzchen der Blätter.

Es gibt in der Untergattung *Auriculastrum* Species, bei denen der
Rand der Laubblätter oder die Spitze der Blattzähne statt grün weisslich
oder gelblich sind und ein knorpelartiges Aussehen haben. Innerhalb
der Epidermis finden sich dann keine grünen, sondern farblose Zellen,
die verschieden aussehen, je nachdem es sich um einen Knorpelrand
oder ein Knorpelspitzchen handelt.

Der Knorpelrand der Blätter wird durch eine oder mehrere Reihen
parallel dem Rande gestreckter, dickwandiger Parenchymzellen gebildet.
Sie gehen nach innen zu plötzlich oder allmählich in die grünen Pallisadenzellen und das mehr oder weniger chlorophyllarme Schwamm-
parenchym über. Den breitesten und am schönsten ausgebildeten Knorpelrand besitzt mit Ausnahme von *P. Clusiana* die Gruppe der *Cartilagineo-
marginatae*, wo er auch mehr oder weniger gezäkelt ist. Undeutlich
wird der Knorpelrand, wenn die Knorpelzellen noch etwas grün sind,
ich sah dies an einem kultivierten. Exemplar von *P. Balbisii*, — oder,
wenn die Pallisadenzellen am Rande ganz kurz und heller werden, ohne
dickwandig zu sein, wie das an den Blättern von *P. glutinosa*, besonders
gegen die Spitze hin und an den Spitzen der Zähne vorkommt.

Ist man im Zweifel, ob man einen Knorpelrand vor sich habe oder
nicht, so kann man sich sofort durch die mikroskopische Betrachtung
des Querschnittes Sicherheit verschaffen. Reichen die grünen Parenchymzellen bis zur Epidermis, so mangelt er. Sind zwischen den grünen
Zellen und der Epidermis farblose, dickwandige Zellen, so ist der Knorpelrand vorhanden. Pax (Monogr. S. 149) sagt von *P. integrifolia*, ebenso
von *P. Kitaibeliana:* »Folia vix cartilagineo-marginata«, und zwar ohne
Zweifel, weil beide Arten in eine Sektion mit dem hauptsächlichsten
Merkmal »folia limbo cartilagineo manifesto marginata« gestellt werden.

Beide Species haben aber folia non cartilagineo-marginata, indem die Knorpelzellen mangeln, und die grünen Parenchymzellen bis an den Rand gehen. Sie begründen auch wegen dieses und wegen anderer Merkmale verschiedene Typen.

Als Knorpelspitzchen bezeichne ich in Ermangelung eines besseren Namens Blattzähnchen oder Spitzen grösserer Blattzähne, in denen die Gefässbündelendigung unter der Wasserspalte ein aussergewöhnlich stark entwickeltes farbloses, aus dünnwandigen Zellen bestehendes »Epithem«[1] aufweist, durch welches das chlorophyllführende Parenchym stark zurückgedrängt wird. Bei der Mehrzahl der Auriculastren ist das Epithem schwächer entwickelt, die Blattzähne erscheinen dann bis in die Spitze grün.

Haare.

Die Primeln sind mehr oder weniger mit im allgemeinen drüsentragenden Trichomen besetzt, deren Entwicklungsgeschichte bei allen Arten folgende ist. Eine Epidermiszelle wölbt sich vor und teilt sich in eine obere und eine untere Zelle. Die untere Zelle, welche den Fuss des Drüsenhaares bildet, ragt im ausgebildeten Zustande zuweilen nicht über die angrenzenden Epidermiszellen hervor, häufig überragt sie dieselben mehr oder weniger. Sie kann sich in letzterem Falle in zwei oder mehrere hinter einander liegende Zellen teilen. Die obere Zelle teilt sich in eine untere, oder Trägerzelle, und in eine obere Zelle, die zur Drüse wird. Beide zeichnen sich auch im ausgebildeten Zustande durch ihre dünnen Membranen gegenüber dem dickwandigen Fuss aus. Die Trägerzelle bleibt meist kurz und ungeteilt, selten teilt sie sich nochmals durch eine Querwand. Die Drüsenzelle bleibt stets ungeteilt und hat, so lange sie lebensfähig ist, kuglige Form. Bei den einen Arten scheidet sie ein klebriges Sekret aus, welches oft balsamisch oder harzig riecht und zuweilen gefärbt ist. Bei anderen Arten secerniert sie einen wachsartigen Stoff, den Mehlstaub. Die Drüse kann verkümmern und klein bleiben, was bei den langen Haaren der Untergattung *Primulastrum* vorkommt. Bei dieser Untergattung können auch nicht nur die Fusszellen, sondern ebenfalls die Träger und die Drüsenzelle sich querteilen, wodurch ein langes, dünnes, wohl auch verzweigtes spinnewebartiges Haar entsteht. Es lassen sich, wenn bloss die morphologische Ausbildung berücksichtigt wird, folgende Typen unterscheiden:

1. Das Drüsenhaar besteht aus drei Teilen. Fuss, Träger und Drüse. Der Fuss entspricht in seiner Höhe genau der Epidermiszelle. So verhalten sich die kürzesten Drüsenhaare, die bisher oft übersehen worden sind, wo dann die Oberfläche als kahl angegeben wurde. Solche Drüsenhaare finden sich auf den grünen Organen der *P. minima*, *P. marginata*, *P. frondosa*, *P. farinosa*, *P. longiflora* und bei *P. spectabilis*, *P. glutinosa* und

[1]) De Bary, Vergl Anatomie S 391

P. deorum, bei welch letzteren drei Species die Drüsenhaare in einer Ver-
tiefung der Epidermis eingesenkt sind.

2. Wie Typus 1, aber die Fusszelle ist in einen längeren oder kürzeren
Fortsatz verlängert. So bei *P. Clusiana*, *P. tirolensis*, *P. pedemontana*, *P.
latifolia* und mit 1 gemengt bei *P. Wulfeniana*.

3. Das Drüsenhaar besteht aus 4 und mehr Zellen, indem die Fusszelle sich ein oder mehrmals quergeteilt hat: Drüsenhaar 4 zellig, mit 2
gemengt, bei *P. Auricula*, *P. villosa*, *P. viscosa*, *P. cottia*, *P. oenensis*, *P.
Kitaibeliana*; Drüsenhaar 4—10 zellig bei *P. integrifolia*.

4. Die Trägerzelle in zwei geteilt, also das Haar 4 zellig: vorzüglich
bei Typus 2, *P. Allionii*, *P. carniolica*.

5. Drüsenzelle mehr oder weniger verkümmert, Drüsenhaar 5—10 zellig.
Daneben kleine dreizellige Drüsenhaare wie Typus 1: bei der Untergattung
Primulastrum.

6. Haare ohne Drüse, dünn, sehr lang und vielzellig, ab und zu verzweigt, hin- und hergebogen und miteinander verfilzt: Bei der Untergattung *Primulastrum* auf der unteren Blattfläche einiger Formen.

Diese Typen sind um so schärfer geschieden, je einfacher sie sind;
sie haben teils spezifische Bedeutung, teils gehören sie ganzen Gruppen an.

Samenepidermis.

Die Zellen der Samenepidermis wurden von S c h o t t (die Sippen der
österreichischen Primeln 1851) als unterscheidendes Merkmal in die Syste-
matik der Primeln eingeführt, namentlich trennt er vermittelst desselben
die zwei Sektionen der Untergattung *Auriculastrum*, welche einzig durch
die Samenepidermis charakterisiert werden, nämlich: »A. Saniculina: Seminum epidermis cellulas hemiooideas exserens und B. Nothobritanica:
Seminum epidermis complanata, cellulas non exserens.« R e i c h e n b a c h
fil. (icones fl. germ. et helv.) und P a x (Monograph.) treten in die Fuss-
stapfen von S c h o t t, ohne eigene Prüfung.

Ich habe die Samen von allen Species untersucht. Die meisten habe
ich selber gesammelt, die übrigen aus dem botanischen Garten in München
erhalten, einige dem Herbar entnommen. Viele standen mir in grosser
Menge, andere nur in geringer Zahl zu Gebote. Es zeigte sich dabei,
dass die Alternative von S c h o t t nur bei einzelnen Arten oder bei kleineren
Gruppen zu treffen ist. Es gibt Species bei einer Gruppe, welche das
Merkmal der anderen besitzen. Es gibt auch solche, welche die Mitte
halten. S c h o t t wurde irregeführt, weil er nur zu wenig umfangreiches
Material untersuchte. Auch die Gestalt der Samen und die Cuticula der
Samenepidermis verhalten sich bei den verschiedenen Species ungleich.
Die Samen sind prismatisch, bei den einen Arten mit stumpfen und flügel-
losen, bei den anderen mit geflügelten Kanten. Es sind besonders die
Kanten, ebenso die (der Anheftungsstelle an dem Samenträger abgekehrte)
Aussenfläche der Samen, deren Zellen sich papillös erheben, im all-

gemeinen sind es am meisten die Aussenkanten, etwas weniger die Aussenfläche, noch weniger die Seitenkanten und am wenigsten die Seitenflächen,
welche zu papillöser Erhebung der Membran geneigt sind.   Die Cuticula
der Samenepidermis ist bald glatt, bald mit Cuticularfalten gezeichnet. —
Ich gebe im Folgenden die Ergebnisse meiner Beobachtungen, wobei zu
berücksichtigen, dass bei den Epidermiszellen nur die Aussenwand ge-
meint ist.

P. *Auricula* L. von verschiedenen Standorten. Epidermiszellen stark
papillös, mit Cuticularfalten.   Samen flügellos, ziemlich stumpfkantig.
Ebenso P. *Balbisii* Lehm.

P. *Palinuri* Pet. Epidermiszellen ziemlich flach, mehr oder weniger
tafelförmig, nicht cuticularfaltig.   Samen flügellos.

P. *marginata* Curt.   Epidermiszellen mehr oder weniger papillös,
ziemlich schwach cuticularfaltig.   Samen scharfkantig.

P. *carniolica* Jacq. Epidermiszellen flach bis ziemlich papillös, ohne
Cuticularfalten.   Samen stumpfkantig.

P. *latifolia* Lap. von verschiedenen Standorten. Epidermiszellen an
den Seiten schwach, an den Endkanten mehr oder weniger stark papillös,
cuticularfaltig. Samen ziemlich scharfkantig, mehr oder weniger geflügelt.

Rufiglandulae.   Alle hierher gehörigen Arten P. *pedemontana*, P.
apennina, P. *oenensis*, P. *villosa* mit P. *commutata*, P. *cottia* und P. *viscosa*
stimmen überein.   Epidermiszellen papillös, meist stark papillös, stark
cuticularfaltig.   Samen stumpf oder scharfkantig.

P. *Allionii* Loisl. Epidermiszellen ziemlich papillös, ohne Cuticularfalten.   Samen scharfkantig.

P. *tirolensis* Schott. Epidermiszellen ziemlich flach, ohne Cuticularfalten.   Samen scharfkantig.

P. *Kitaibeliana* Schott.   Epidermiszellen sehr flach, mit ziemlich
deutlichen Cuticularfalten.   Samen scharfkantig.

P. *integrifolia* L. Epidermiszellen ziemlich papillös, manchmal flach,
deutlich cuticularfaltig.   Samen geflügelt.

P. *Clusiana* Tausch. Epidermiszellen ziemlich flach, kaum cuticularfaltig.   Samen stark geflügelt.

P. *Wulfeniana* Schott. Epidermiszellen sehr flach, stark cuticularfaltig.
Samen stark geflügelt.

P. *calycina* Duby. Epidermiszellen etwas papillös oder flach, deutlich
cuticularfaltig.   Samen scharfkantig bis deutlich geflügelt.

P. *spectabilis* Tratt.   Epidermiszellen etwas papillös mit Cuticularfalten.   Samen schmal geflügelt.

P. *minima* L. Epidermiszellen flach. seltener etwas papillös, deutlich
cuticularfaltig.   Samen gegen die Endfläche stark geflügelt.

P. *glutinosa* Wulf. Epidermiszellen flach, mit zarten Cuticularfalten.
Samen ziemlich stark geflügelt.

Diese Beobachtungen sind weit entfernt davon, Anspruch auf Voll-
ständigkeit und strenge Vergleichsarbeit zu machen. Die Samen waren
wohl nicht alle in gleichem Reifezustand, die meisten zwar diesjährig oder
vorjährig, aber diejenigen von *P. calycina* 45 Jahre lang im Herbarium
gelegen. Es war ferner unmöglich, immer die Regionen an den Samen
zu bestimmen und die Beobachtungen an der gleichen Region vor-
zunehmen. Eine ausreichende Untersuchung, die aber viel Zeit erforderte,
müsste die Entwicklungsgeschichte wenigstens bei einigen Haupttypen
studieren, dann in gleichem Reifezustande bei den Samen aller Species
und Varietäten das Verhalten der verschiedenen Regionen, Endkanten,
Endflächen, Seitenkanten, Seitenflächen feststellen. Es wäre das eine
eigene Monographie der Samenoberfläche.

Spezieller Teil.

Primula.

Die europäischen Arten der Gattung *Primula* gehören drei Untergattungen an: *Auriculastrum, Aleuritia* und *Primulastrum.*

I. Auriculastrum. Blätter in der Knospenlage vorwärts eingerollt,
mehr oder weniger fleischig, glatt; Spaltöffnungen auf der oberen Blattfläche zahlreich, auf der unteren weniger zahlreich, spärlich oder 0. —
Kelch nicht kantig. — Blüten rosa bis violett oder gelb, letztere beim
Trocknen nicht blau werdend, — heterostyl; Staubkolben und Narbe
ungefähr um die halbe Kronröhrenlänge von einander entfernt. — Keine
Wölbschüppchen im Schlunde der Blumenkrone. — Hüllblätter kurz und
queroval bis lang und lineal. — Kapsel kurz, kugelig oder eiförmig. —
Mehlstaub bald fehlend, bald vorhanden, besonders an den oberen Teilen
der Pflanze.

II. Aleuritia. Blätter in der Knospenlage rückwärts eingerollt, etwas
häutig, wenig runzelig; — Spaltöffnungen auf der oberen Blattfläche
wenige oder 0, auf der unteren zahlreich. — Kelch kantig. — Blüten
rotlila, meist fleischfarben; — bald homostyl, bald heterostyl und dann
Staubkolben und Narbe genähert, kaum mehr als 1 mm von einander
entfernt. — Wölbschüppchen im Schlunde der Blumenkrone mehr oder
weniger deutlich. — Hüllblätter an der Basis meist sackförmig verdickt.
— Mehlstaub oft die Unterseite der Blätter und die Innenfläche des
Kelches dicht bedeckend.

III. Primulastrum. Blätter in der Knospenlage rückwärts eingerollt, häutig, runzelig; — Spaltöffnungen auf der oberen Blattfläche
weniger zahlreich oder spärlich, auf der unteren zahlreich. — Kelch
scharfkantig. — Blüten gelb, beim Trocknen oft blau werdend, ausnahmsweise purpurn, — heterostyl, Staubkolben und Narbe durchschnittlich
um die halbe Kronröhrenlänge von einander entfernt. — Wölbschüppchen
im Schlunde der Blumenkrone undeutlich. — Hüllblätter aus eiförmigem
Grund pfriemlich. — Kein Mehlstaub.

Die drei Subgenera sind sehr natürlich und scharf geschieden. Schon
Duby, besonders aber Koch, haben sie richtig getrennt, während ältere
Autoren die *Auriculastrum*- und *Aleuritia*-Arten durcheinander würfelten.
Schott (Sippen der österr. Primeln) teilt die europäischen Primeln in

zwei Sektionen: *Primulastrum* und *Auriculastrum*, und *Primulastrum* in
zwei Subsektionen: *Euprimula* und *Aleuritia*. Dies geschah, weil die
beiden Subsektionen in der Knospenlage und einigen anderen Merkmalen
übereinstimmen. Gleichwohl scheint es mir, dass die innere Verwandtschaft von *Aleuritia* zu *Auriculastrum* wenigstens ebenso gross ist als zu
Primulastrum und dass die Anordnung von Schott mehr künstlich als
natürlich ist.

Auriculastrum (S. 25).

Der Wurzelstock dauert mehrere, oft viele Jahre aus, und die Jahrestriebe sind verkürzt oder verlängert. Dem entsprechend bleibt der Wurzelstock bald kurz, bald erreicht er eine Länge bis zu 30 cm und darüber
(*P. marginata* Curt., *P. latifolia* Lap. und *P. Palinuri* Pet.). Er ist niederliegend oder aufrecht, bald spärlich, bald stark verzweigt und vielköpfig.
Blattnarben linienförmig, horizontalliegend und mehr oder weniger ge-
drängt stehend.

Blätter im jüngsten Zustande mit den Rändern nach vorn eingerollt,
welches Merkmal oft noch in ziemlich entwickeltem Zustande angedeutet
ist. Sie sind mehr oder weniger dick und fleischig, ganzrandig bis ge-
lappt-gezähnt und haben eine glatte Oberfläche. Adern auf der unteren
Blattfläche nicht vorspringend. — Sehr bemerkenswert ist es, dass die
Spaltöffnungen vorzüglich auf der oberen Blattfläche sich befinden, nur
bei einer Art sind sie oberseits wenig reichlicher als unterseits (*P. carniolica* Jacq.), bei vielen fehlen sie unten gänzlich.

Hüllblätter kurz und breiter als lang, bis lang und lineal, am Grunde
nicht sackartig vorgezogen.

Kelch cylindrisch oder eirund, ohne Kanten, im allgemeinen kurz.

Oberfläche der grünen Teile teils kahl, teils drüsig behaart, oder mit
Mehlstaub bedeckt, letzterer vorzugsweise an den oberen Teilen der Pflanze,
spärlicher an den Blättern und hier mehr an der oberen als an der
unteren Fläche derselben.

Blüten rosa bis violett, sehr selten weiss, nur bei zwei Arten gelb
und dann beim Trocknen nicht blau werdend. Im Schlunde der Blumenkrone keine Wölbschüppchen, derselbe ist mit kürzeren oder längeren,
oft Mehlstaub absondernden Drüsenhärchen besetzt. Heterostylie streng
durchgeführt. Die Staubkolben und die Narbe weit von einander entfernt,
bald mehr, bald weniger als die halbe Kronröhrenlänge. Fruchtkapsel
kurz, kugelig oder eiförmig.

Die Arten von *Auriculastrum* gehören mit Ausschluss von *P. Palinuri*,
die an der Mittelmeerküste vorkommt, den Gebirgen des mittleren und
südlichen Europas an. Das Hauptverbreitungsgebiet liegt in den Alpen.

Die Untergattung *Auriculastrum* umfasst 22 Species, welche 14 Typen
darstellen. Die diagnostische Übersicht der Typen folgt hier.

Übersicht der Typen.

A. Luteae.

Blüten gelb. Meist Mehlstaub an den Pflanzen.

I. *P. Auricula.* Hüllblätter kurz, vielmal kürzer als die Blütenstiele; Blätter mit deutlichem Knorpelrand. Sp. 1.

II. *P. Palinuri.* Hüllblätter lang, die äusseren blattartig, so lang oder länger als die Blütenstiele; Blätter mit undeutlichem Knorpelrand. Sp. 2.

B. Purpureae Brevibracteae.

Blüten rosenrot, lila oder violett. Hüllblätter kurz, breit-eiförmig oder aus breiter Basis länglich, zwei- bis vielmal kürzer als die Fruchtstiele, das unterste seltener länger und blattartig. Kronzipfel bis auf ¼, seltener bis ⅓ und ⅖ ausgerandet. Kelch im allgemeinen kurz. — Pflanzen oft vielblütig. Spaltöffnungen an der unteren Blattfläche weniger zahlreich als an der oberen, oder sehr spärlich.

III. *P. marginata.* Die grünen Pflanzenteile mit so winzigen Drüsenhärchen besetzt, dass sie kahl erscheinen; meist mit Mehlstaub, besonders an dem enggezähnten, nicht knorpeligen Blattrande. Blüten hellblaulila, seltener rosa; Schlund und Innenfläche der Röhre gleichfarbig mit dem weit trichterförmigen, allmählich sich verjüngenden Saum. Staubkolben im Kronschlund oder dicht an demselben. Sp. 3.

IV. *P. carniolica.* Die grünen Pflanzenteile ganz kahl. Blätter fast ganzrandig, mit Knorpelrand. Blüten rosa, seltener lila; Schlund und Innenfläche der Röhre gleichfarbig mit dem weit trichterförmigen, allmählich sich verjüngenden Saum. Schlund meist mit reichlichem Mehlstaub. Staubkolben im Kronschlund oder dicht an demselben. Sp. 4.

V. *P. latifolia.* Die grünen Pflanzenteile dicht mit Drüsenhaaren besetzt; Drüsen farblos. Blüten violett; Schlund und Innenfläche der Röhre gleichfarbig mit dem meist ziemlich eng trichterförmigen, allmählich sich verjüngenden Saum. Schlund mit spärlichem Mehlstaub. Staubkolben im Kronschlund oder dicht an demselben. Sp. 5.

VI. *Rufiglandulae.* Die grünen Pflanzenteile dicht mit Drüsenhaaren besetzt. Drüsen rot oder doch beim Trocknen rot abfärbend. Blüten rosa oder lila, Schlund und Innenfläche der Röhre weiss, Saum zuletzt flach. Staubkolben unter dem Schlunde. Nirgends Mehlstaub. *P. pedemontana, P. apennina, P. oenensis, P. villosa, P. cottia* und *P. viscosa.* Sp. 6—11.

VII. *P. Allionii.* Die grünen Pflanzenteile äusserst dicht mit Drüsenhaaren besetzt. Drüsen farblos. Blüten rosa, Schlund und Innenfläche der Röhre weiss, Saum zuletzt flach. Staubkolben unter dem Schlunde. Nirgends Mehlstaub. Schaft kaum 1 mm lang. Sp. 12.

C. Purpureae Longibracteae.

Blüten rosenrot, lila, schmutzig- oder dunkel-violett bis blau. Hüll-blätter lang, lanzettlich oder lineal, meistens länger als die Fruchtstiele, seltener oval oder länglich und dann die sehr kurzen Blütenstiele weit überragend. Kronzipfel auf ¹/₅—¹/₂ eingeschnitten. Kelch im allgemeinen lang, wenn ausnahmsweise die Hüllblätter bloss ¹/₂ so lang als die Blüten-stiele sind, so entscheidet der lange Kelch. — Drüsen farblos, kein Mehl-staub. — Pflanzen wenigblütig im Verhältnis zu ihrer Grösse. — Spalt-öffnungen auf der unteren Blattfläche 0.

Ein abweichender Typus (*P. deorum*) hat kurze Kelche mit schmalen, spitzen Zähnen.

VIII. *P. tirolensis*. Blätter klein, rundlich, mit Knorpelspitzchen auf den kleinen Zähnchen an dem nicht knorpeligen Rande, nebst den übrigen grünen Teilen sehr dicht drüsenhaarig. Blütenstiele 0—2 mm lang. Blüten rotlila. Hüllblätter schmal, im allgemeinen länger als die Blütenstiele.   Sp. 13.

IX. *P. Kitaibeliana*. · Blätter gross, elliptisch bis lanzettlich, ge-zähnelt, ohne Knorpelrand und Knorpelspitzchen, nebst den übrigen grünen Teilen dicht drüsenhaarig. Blütenstiele über 4 mm lang. Blüten rosa. Hüllblätter schmal, im allgemeinen so lang als die Blütenstiele. Sp. 14.

X. *P. integrifolia*. Blätter weich, immer streng ganzrandig, etwas glänzend, ohne Knorpelrand, nebst den übrigen grünen Teilen mit langen (bis ³/₅ mm), gegliederten Haaren locker bestreut. Blütenstiele 0—1¹/₂ mm lang. Blüten schmutzig rot. Hüllblätter schmal, die Basis des Kelches stets überragend.   Sp. 15.

XI. *Cartilagineo-marginatae*. Blätter mehr oder weniger steif, immer streng ganzrandig, glänzend, mit deutlichem Knorpelrand, ganz kahl oder mit kurzen Drüsenhärchen am Rande. Blütenstiele 2—30 mm lang. Hüllblätter schmal. Blüten rosenrot oder lila.

P. Clusiana, P. Wulfeniana, P. calycina, P. spectabilis. Sp. 16—19.

XII. *P. minima*. Blätter keilförmig, am oberen, gestutzten Rande mit grossen, in eine Knorpelspitze endigenden Zähnen, glänzend, ohne Knorpelrand, nebst den übrigen grünen Teilen mit so winzigen zerstreuten Drüsenhärchen besetzt, dass sie kahl erscheinen. Schaft 1—2blütig, Blütenstiele fast 0. Hüllblätter schmal. Blüten rosenrot.   Sp. 20.

XIII. · *P. glutinosa*. Blätter keilig-lanzettlich, klein gezähnt, ohne Knorpelrand (nur nach dem Scheitel hin etwas knorpelig berandet), glänzend, sehr klebrig, scheinbar ganz kahl, mit etwas eingesenkten Drüsen. Blütenstiele fast 0. Hüllblätter oval oder länglich, die Kelche fast überragend. Blüten blau bis schmutzig-violett, klein und trichter-förmig.   Sp. 21.

XIV. *P. deorum*. Blätter steif, immer streng ganzrandig, glänzend, ·mit deutlichem Knorpelrand, scheinbar ganz kahl, bloss mit etwas eingesenkten Drüsen. Blütenstand einseitswendig mit nickenden Blüten. Blütenstiele 2—5 mm lang. Kelch kurz (3—4 mm), mit schmalen, zugespitzten Zähnen. Hüllblätter länglich-lineal, länger als die Blütenstiele, Blüten dunkel purpurrot-violett, klein, trichterförmig. Sp. 22.

Die vorstehende Übersicht enthält die Diagnosen der *Auriculastrum*-Species. Nur zweimal steht an Stelle einer Species eine ganze Gruppe von solchen, nämlich VI *Rufiglandulae* und XI *Cartilagineo-marginatae*. Die Arten der *Rufiglandulae* sind einander sehr nahe verwandt und nur schwer definierbar, und nicht ihre einzelnen Arten, sondern die ganze Gruppe ist den anderen mit römischen Zahlen bezeichneten Species systematisch koordiniert, so wie sie auch früher häufig als eine Art aufgefasst wurde. Ebenso verhält es sich mit den Arten der *Cartilagineo-marginatae*. — Die mit römischen Zahlen bezeichneten Species der Übersicht können als ebenso viele Typen aufgefasst werden; die *Rufiglandulae* zusammen bilden einen solchen Typus, ebenso die *Cartilagineo-marginatae*. Fassen wir die mit römischen Ziffern bezeichneten Species als Äste eines Stammbaumes auf, so stellen die *Rufiglandulae* und die *Cartilagineo-marginatae* zwei solcher Äste dar, die sich aber in Zweige geteilt haben.

Die drei Abteilungen der Übersicht A, B und C sollen nicht etwa natürliche Sektionen darstellen, sondern nur künstliche Gruppen, denen einzelne hervorstechende Merkmale gemeinsam sind, um die Bestimmung zu erleichtern und die Diagnosen zu vereinfachen. Es lassen sich überhaupt keine natürlichen Sektionen unterscheiden. Wir haben vielmehr eine Anzahl Typen vor uns, deren jeder verschiedene nächste Verwandte besitzt. So ist z. B. *P. Auricula* auf der einen Seite sehr nahe mit *P. Palinuri* verwandt, auf der anderen ebenso nahe mit *P. marginata* und *P. carniolica*. So hat ferner *P. latifolia* einerseits nahe Verwandtschaft zu *P. marginata* und *P. carniolica*, anderseits zu den *Rufiglandulae*. — *P. Auricula*, *P. Palinuri*, *P. marginata*, *P. carniolica* und *P. latifolia* stimmen in der Form der Blumenkronen, des Kelches und in den mehlstaubabsondernden Härchen des Kronschlundes überein. — *P. latifolia*, die *Rufiglandulae*, *P. Allionii*, *P. tirolensis* und *P. Kitaibeliana* haben die dichte drüsige Behaarung der grünen Teile gemeinsam, — *P. integrifolia* und die *Cartilagineo-marginata* die streng ganzrandigen Blätter; — *P. Auricula*, *P. carniolica* und die *Cartilagineo-marginatae* den knorpeligen Blattrand u. s. w.

Man könnte für die Natürlichkeit der Abteilungen *Brevibracteae* und *Longibracteae* anführen, dass jene an der unteren Blattfläche Spaltöffnungen besitzt, während bei dieser keine gefunden wurden. Dies scheint mir aber kein so wichtiger Unterschied zu sein, weil bei den *Brevibracteae* die Zahl der Spaltöffnungen bis auf ein Minimum sich abstuft, und daher die Zahl 0 der *Longibracteae* nur als der extreme Fall der Abstufung betrachtet werden kann, um so mehr, als es auch bei den *Brevibracteen* mit sehr spärlichen Spaltöffnungen einzelne Blätter gibt, die an der unteren Fläche gar keine zu haben scheinen.

Schott hat die *Auriculastren* in zwei Hauptabteilungen und diese wieder in Sektionen abgeteilt. Ihm sind Reichenbach fil. und Pax genau gefolgt. Die zwei Hauptabteilungen sind *Saniculina* und *Nothobritanica*, die erstere mit halbeiförmig vorstehenden Epidermiszellen der Samen; die letzteren mit flachen Epidermiszellen. *Saniculina* stimmt im Umfange mit meinen *Brevibracteen* und *P. Auricula* der Abteilung *Luteae*, *Nothobritanica* mit meinen *Longibracteen* und *P. Palinuri* überein, da letztere Species ziemlich flache Samen-Epidermiszellen hat. Ich habe bereits oben, S. 22 meine Untersuchungen hierüber mitgeteilt, und gezeigt, dass die Gestalt der Epidermiszellen der Samen sich nicht wohl zur Charakterisierung zweier Gruppen der *Auriculastren* benutzen lässt, da ich bei einzelnen *Saniculinen* (bes. *P. carniolica*) fast flache, bei einzelnen *Nothobritanica* (bes. *P. integrifolia*) hingegen ziemlich papillöse Samen-Epidermiszellen beobachtet habe.

Die *Nothobritanica* von Schott zerfällt in vier Sektionen: *Arthritica*, *Rhopsidium*, *Chamaecallis* und *Cyanopis*. Dieselben sind sehr natürlich, da sie ebenso vielen Typen entsprechen. Drei derselben enthalten nur je eine Species, nämlich *Cyanopis* = *P. glutinosa*, *Chamaecallis* = *P. minima* und *Rhopsidium* = *P. tirolensis*, und die vierte *Arthritica* ist synonym mit meinen *Cartilagineo - marginatae*. Bei den neueren Autoren haben zwei dieser Sektionen eine Erweiterung erfahren durch Arten, welche Schott zur Zeit der Aufstellung seines Systems noch zum Teil unbekannt waren. Zu *Rhopsidium* wird jetzt noch *P. Allionii* gestellt, welche Schott nur andeutungsweise aufführte. Diese Species hat aber nur habituelle Ähnlichkeit mit *P. tirolensis*, und kann, da die wesentlichen Merkmale, Hüllblätter, Blütenstiele und Samenepidermis sie als einen verschiedenen Typus kennzeichnen, nicht in die gleiche Sektion gestellt werden. Zu *Arthritica* wird jetzt *P. integrifolia* und *P. Kitaibeliana* gestellt. Schott kannte entweder *P. integrifolia*, als er *Arthritica* definierte, nicht, oder er nahm Anstand, die Schieferpflanze ohne Knorpelrand der Blätter zu den kalkbewohnenden, mit knorpelig berandeten Blättern versehenen *Arthritica* zu stellen. In der That müsste für die der Knorpelzellen entbehrenden und einen andern Typus darstellenden *P. integrifolia* eine eigene Sektion gegründet werden. *P. Kitaibeliana* gehört noch weniger zu *Arthritica*, sowohl wegen der fehlenden Knorpelzellen am Blattrande, als wegen der dichten Behaarung; wegen der letzteren und wegen der gezähnten Blätter kann sie auch nicht mit *P. integrifolia* zu einer Sektion vereinigt werden; sie hat eher Verwandtschaft zu *P. tirolensis*. Das Resultat dieser Betrachtung ist, dass, um ganz natürliche Sektionen der *Nothobritanica* zu haben, man jede Species mit Ausnahme der *Cartilagineo-marginatae* zu einer solchen erheben müsste.

Die *Saniculinen* zerfallen in zwei Sektionen: *Auricula* und *Erythrodrosum*. Die letztere entspricht, nach den Species, die Schott ihr zuschreibt, mit Ausnahme des Bastardes, einem einfachen Typus, sie ist synonym mit meinen *Rufiglandulae*. Die späteren Autoren stellten *P. lati-*

folia, welche S c h o t t nicht kannte, wegen der dichten Behaarung ebenfalls zu *Erythrodrosum,* wohin sie aber nicht gehören kann, da ihre Drüsen
kein gefärbtes Sekret absondern, und auch andere Merkmale in der Blüte
bedeutend abweichen, wie ich bei der Beschreibung dieser Pflanze erörtern
werde. Sie steht als besonderer Typus zwischen *Erythrodrosum* und der
Sektion *Auricula* in der Mitte. Die letztere stellt keine einheitliche Gruppe
dar, da das wichtigste Merkmal, das ihr zugeschrieben wird, nämlich die
Knorpelzellen am Blattrande, nur bei der Hälfte der Arten vorkommt.
Eine Trennung in die beiden Hälften 1. mit Knorpelzellen (*P. Auricula* und
P. carniolica) und 2. ohne Knorpelzellen (*P. Palinuri* und *P. marginata*)
gäbe zwei unnatürliche Gruppen. Auch hier kann eine natürliche An-
ordnung nur durch Scheidung der einzelnen Typen erreicht werden.

1. P. Auricula L. = Typ. I (S. 27).

Mehlstaub entweder auf allen grünen Pflanzenteilen, oder bloss am
Schaftende, an den Blütenstielen und am Kelche. Drüsenhaare kurz, am
Blattrande bis ¹/₆, höchstens ¹/₄ mm. Blüten meist hellgelb und meistens
wohlriechend. — Blätter rundlich oder verkehrteiförmig, ziemlich rasch
in den Blattstiel verschmälert.

Var. *monacensis.* Blattspreite meist schmal, ganz allmählich verschmälert,
höchstens dreimal so breit als der sehr breite Blattstiel.

Var. *albocincta.* Die Blattränder mit dichtem, weissem Mehlstaub
bedeckt.

Var. *nuda.* Mehlstaub nur in den Ausschnitten und an der Innenfläche des Kelches.

Subsp. *P. Balbisii* Lehm. Mehlstaub auf den grünen Pflanzenteilen
gänzlich mangelnd, dagegen vorhanden im Kronschlunde. Drüsenhaare
etwas länger, an den Blatträndern dicht und bis ¹/₃ mm lang. Blüten
dunkelgelb und geruchlos.

Var. *bellunensis* Venzo. Blätter dunkelgrün mit sehr lockeren Wimpern.

P. Auricula L.

Wurzelstock mehr oder weniger lang, strauchartig.

Spreite der Laubblätter dick und fleischig, dunkelgrün oder graugrün, mit deutlichem Knorpelrande[1]), rundlich, verkehrteiförmig bis länglich-lanzettlich, bald allmählich, bald ziemlich rasch in den Blattstiel
verschmälert; am Scheitel abgerundet bis spitzlich, ganzrandig oder geschweift-gezähnelt oder gezähnt. Zähne bald fast am ganzen Rande,
bald nur gegen den Scheitel hin, 2 bis 42, spitz oder stumpf. Durchschnittliche Entfernung zweier Zähne 2—5 mm, Höhe derselben 1—3 mm;

---

¹) Im Höllenthal bei Freiburg wächst an schattigen, feuchten Felsen eine
P. Auricula, die ihrer weichen, stark und lang behaarten unbepuderten Blätter
und des sehr undeutlich vorhandenen Knorpelrandes wegen eine eigentümliche
Erscheinung darbietet.

Einschnitte zwischen denselben meist spitz, seltener gerundet. Länge des ganzen Blattes 1,5—15 cm, Breite 1—6,5 cm.

Blütenschaft meist länger als die Blätter (bis dreimal so lang), seltener kürzer, 1- bis 23 blütig. Länge 3—21 cm. Blütenstand bei Vielblütigkeit deutlich einseitswendig.

Blütenstiele 3—23 mm lang; Fruchtstiele 6—30 mm.

Hüllblätter mehr oder weniger trockenhäutig, seltener krautig, quer-oval bis oval, stumpf, seltener spitzlich, 1—4 mm lang, 3- bis vielmal kürzer als die Blütenstiele, das unterste bisweilen länger, von länglicher Gestalt.

Kelch 2—6,5 mm lang, auf $^1/_3$ bis fast $^2/_3$ eingeschnitten, Kelchzähne stumpf oder spitz, fest oder locker anliegend.

Oberfläche der grünen Teile: kurze Drüsenhaare reichlich an den Blatträndern, spärlicher auf den Blattflächen, noch spärlicher am unteren und mittleren Teil des Schaftes, meist reichlich am oberen Teil desselben, an den Hüllblättern, den Blütenstielen und dem Kelch. Drüsen farblos; Drüsenhaare $^1/_{10}$—$^1/_6$, seltener bis $^1/_4$ mm.

Der Mehlstaub bedeckt zuweilen alle grünen Teile, besonders reich-lich die Blattränder und den Kelch; er mangelt zuerst am Schafte mit Ausnahme des obersten Teiles, dann auf den Blattflächen, auch an den Blatträndern, später am obersten Teile des Schaftes und an den Blüten-stielen, zuletzt auf der äusseren Kelchfläche, während er allein noch auf der inneren Kelchfläche vorhanden ist.

Blüten hellgelb, seltener dunkelgelb, mehr oder weniger wohlriechend, zuweilen auch ohne Geruch. Röhre aussen und innen samt dem Schlund ebenso gefärbt wie der Saum. Im Schlunde wird die gelbe Farbe mehr oder weniger durch einen Mehlstaubring verdeckt. Röhre allmählich in den enger oder weiter trichterförmigen, seltener fast flachen Saum über-gehend, 7—13 mm lang, $1^1/_2$—$3^1/_2$ mal so lang als der Kelch. Radius der Blumenkrone 6—12 mm, Kronzipfel auf $^1/_7$—$^1/_5$ ausgerandet.

Röhre und unterer Teil des Saumes kahl oder spärlich mit mehl-staubabsondernden Drüsenhärchen, Schlund meist dicht mit denselben bedeckt.

Staubkolben der kurzgriffligen Blüten bald im Schlunde, bald $^1/_3$ der Kronröhrenlänge unter demselben.

Fruchtkapsel meist ziemlich länger, selten merklich kürzer als der Kelch, 4—6 mm lang.

P. Auricula Linné Spec. plant. I p. 143 part. — Lehm. p. 40. — Rchb. p. 405. — Duby p. 37. — Koch p. 674. — Gr. Godr. p. 451. — Rchb. fil. t. 52 p. 42. — Pax p. 152. — Fl. ital. p. 625.

P. lutea Villars Histoire des plantes du Dauphiné II p. 469.

Auf den Gebirgen des südlichen Europas, vom 6.—26. Längengrad ö. v. Greenwich, von 450—2500 m ü. M. „Scheint in den Pyrenäen zu mangeln, wo sie zwar von Lapeyrouse angegeben wurde", Gr. Godr. Nicht auf den Vogesen. — Schwarzwald (v. s.). — Jura (fehlt im süd-

lichen Teil desselben). — Zerstreut auf den Apenninen bis in die Abruzzen (v. s.). — Das Hauptverbreitungsgebiet liegt in den Alpen: Dauphiné,
Savoyen (v. s.), Piemont bloss in den Seealpen (nach Allioni) und im
östlichen Teil der penninischen Alpen (v. s.), Lombardei, Venetien (v. s.),
Schweiz (v. v.) mit Ausschluss der südlichen Walliser Alpen; Oberbayern
(v. v.), Süd- und Nordtirol (v. v.), Salzburg (v. s.), Österreich (v. s.), Steiermark (v. v.), Kärnthen (v. v.), Krain (v. s.), Istrien (v. s.), Kroatien (v. s.)
Serbien. — Karpathen: Ungarn, Siebenbürgen. [1]

Verschiedene Autoren, bis in die neueste Zeit, geben an, dass *P. Auricula* selten auch mit weissen (*P. Auricula* Var. *leucantha* Hegetschw.) und
noch seltener mit roten Blüten vorkomme. Beide Formen gehören der
hybriden Reihe *P. Auricula* + *Rufiglandulae* an und stammen von Lokalitäten
her, wo die betreffenden Bastarde vorkommen. Indessen soll die weiss-
blütige Form auch an Standorten sich finden, wo ein hybrider Ursprung
ausgeschlossen wäre, so bei Weesen am Wallensee, nach der Angabe von
Gaudin fl. helv. II. p. 86, welchem spätere Autoren folgten. Gaudin
entnahm die Notiz von Haller. Letzterer aber beruft sich auf Gesner,
der jedoch die weissblühende Aurikel am Wallensee nicht selbst gefunden
hatte, sondern bloss nach dem Hörensagen aufführte. So bilden sich
botanische Legenden.

Die grössere oder geringere Menge von Mehlstaub gibt den Pflanzen
ein sehr verschiedenartiges Ausschen. Zwei extreme Formen sind besonders
ausgezeichnet: Var. *albocincta* (*P. Auricula* Var. *marginata*, Kern.?),
Blätter mit dichtem, weissem Mehlstaubrand und mit leicht bestäubten
Flächen; — Var. *nuda*, Mehlstaub bloss an den Ausschnitten und an
der Innenfläche des Kelches, welche weiss bestäubt ist; im allgemeinen
mit etwas längeren Drüsenhaaren an den Blatträndern. Erstere Varietät
fand ich beispielsweise auf den Corni di Canzo am Comersee und auf
den Bergen bei Raibl in Kärnthen. Auch kommt sie sehr schön im
Ledrothal am Gardasee vor. Letztere Varietät habe ich vorzüglich in den
Dolomiten bei Sexten gesehen.

Bezüglich der Blattform ist die Var. *monacensis* hervorzuheben:
Blattspreite meist schmal, bald kaum breiter, bald 2 und 3 mal so breit
als der sehr breite Blattstiel. Diese Form kommt seltener und vereinzelt
in den Alpen, vorzüglich aber und in grosser Menge in den Mooren bei

---

[1] Die Primeln haben eine sehr frühe Blütezeit. Sie gehören in der Ebene
zu den ersten Frühlingsblumen, im Gebirge erscheinen sie unmittelbar nach dem
Schmelzen des Schnees. An sonnigen Felsen öffnen sie ihre Knospen natürlich
viel früher als im feuchten Rasen, an niedrig gelegenen Standorten, z. B. am
Südabhange der Alpen, hat die gleiche Species schon reife Fruchtkapseln, wenn
sie im Hochgebirge kaum ihre Vegetationsperiode aufgenommen hat. — Es ist
daher nicht möglich, eine bestimmte Zeit der Blüte für jede einzelne Species
anzugeben, wenn auch die in der Kultur befindlichen Arten geringe Unterschiede
zeigen, indem beispielsweise *P. latifolia* etwas später zur Blüte gelangt als *P.
viscosa* Vill.

München c. 520 m ü. M. vor. Sie ist hier ziemlich rein und dürfte wohl als selbständige Varietät betrachtet werden. Die Blätter sind bald mehlstaubig, bald schon in der Jugend grün; letztere besitzen etwas längere Drüsenhaare am Blattrand.

Die abnormale Form *exscapa* mit wurzelständigen Blütenstielen fand ich in einem Exemplare auf den Bergen bei Raibl.

Subsp. **P. Balbisii** Lehm.

Spreite der Laubblätter rundlich, seltener oval, meist plötzlich in den kurzen Blattstiel zusammengezogen, fast immer gezähnt. Länge des ganzen Blattes 1—5,5 cm, Breite 0,8—3 cm.

Blütenschaft bis gut doppelt so lang als die Blätter, 1—7 blütig. Blütenstiele 2—13 mm lang.

Oberfläche der grünen Teile: Drüsenhaare immer dicht an den Blatträndern; dagegen an den Blattflächen, am Schaft, an den Blütenstielen und am Kelche bald ebenfalls dicht, bald weniger dicht oder selbst spärlich. Nirgends Mehlstaub. Drüsenhaare am Blattrand bis ¹/₃ mm lang.

Blüten dunkelgelb, geruchlos.

Röhre und unter Teil des Saumes kahl oder sehr spärlich mit Drüsenhärchen, welche keinen Mehlstaub bilden, Schlund dicht mit Drüsenhärchen besetzt, welche bald sehr reichlichen, bald spärlichen Mehlstaub absondern.

Fruchtkapsel so lang oder etwas kürzer bis doppelt so lang als der Kelch. — Alles übrige wie bei *P. Auricula.*

P. Balbisii Lehm. p. 45. — Fl. ital. p. 627.

P. ciliata Moretti Notizia p. 7 icon. — Rchb. p. 404. — Duby p. 38. — Pax p. 152.

P. Auricula Var. *ciliata* Koch p. 675. — Rchb. fil. p. 43 t. 52.

Südtirol (v. s.) und im angrenzenden Venetien (v. s.). Zerstreut auf den Apenninen bis in die Abruzzen, wo sie nach Tenore mit *P. Auricula* vermischt vorkommt.

Die Benennung *P. Balbisii* habe ich angenommen, weil *P. ciliata* Schrank von verschiedenen Autoren als Species oder Varietät der *Rufiglandulae* gebraucht wird, obgleich ich glaube, dass dieser Name dort überflüssig ist.

P. Balbisii wird gewöhnlich als Species und die Übergangsformen zu *P. Auricula* werden als hybrid betrachtet:

P. Auricula + *Balbisii, P. Auricula* + *ciliata.*

P. Obristii (super *Balbisii* + *Auricula*) Stein.

P. similis (sub *Balbisii* + *Auricula*) Stein.

Es mag sein, dass auf gewissen Standorten ein solcher Bastard gebildet wird, aber es ist unzweifelhaft, dass es auch nichthybride Übergänge gibt, welche zeigen, dass *P. Balbisii* noch nicht zur scharf geschiedenen Art geworden ist. Diese nichthybriden Zwischenformen schliessen an *P. Auricula* Var. *nuda* an, welche selbst schon als dazugehörig betrachtet werden kann. Ich beobachtete derartige Pflanzen in den Dolomiten von Sexten.

Die Unterscheidungsmerkmale der *P. Balbisii* zeigen sich überhaupt als wenig permanent. Von einigen Autoren wird die Geruchlosigkeit der Blüten gegenüber den wohlriechenden Blüten von *P. Auricula* hervorgehoben; mit diesem Merkmal verhält es sich aber bei *P. Auricula* wie bei *P. officinalis*. Es gibt Gegenden, wo sie vollkommen geruchlos ist, so fand ich es auf den Bergen bei Raibl an der Var. *albocincta*, wo nur zwei Exemplare schwachen Geruch zeigten. — Die Blütenfarbe der *P. Balbisii* ist dunkelgelb, die der *P. Auricula* meist hellgelb, zuweilen aber ebenso dunkel wie bei der ersteren.

Als Merkmale für *P. Balbisii* bleiben somit nur der Mangel des Mehlstaubes auf den grünen Teilen und die längeren Drüsenhaare, aber auch an diesen beiden Merkmalen beobachtet man eine allmähliche Abstufung, so dass man oft im Zweifel ist, ob eine Pflanze zu *P. Balbisii* oder zu *P. Auricula* zu stellen ist.

Bei der Species *P. Auricula* gilt im allgemeinen die Regel, dass der Reichtum des Mehlstaubes und die Länge der Drüsenhaare im umgekehrten Verhältnis zu einander stehen, da die mehlstaubabsondernden Haare immer kurz sind. So haben die Formen, welche bloss an den oberen Teilen bestäubt sind, etwas längere Haare auf den Blättern, besonders am Rande derselben. *P. Balbisii* als mehlstaubfreieste Form hat auch die längsten Haare, doch gibt es auch hier wieder Abstufungen. Die Pflanzen aus Judicarien mit Ausschluss derjenigen, die der Übergangsreihe zu *P. Auricula* angehören, haben die dichteste und längste Behaarung. Weniger behaart sind die Pflanzen von Paneveggio im Fleimserthal, und noch weniger diejenigen aus den Dolomiten von Sexten. Ähnliche Pflanzen wie die vom letzteren Standort kommen auf den Bergen von Belluno vor, z. B. auf dem Mte. Serva, von wo ich Exemplare im botanischen Garten zu München mit starkglänzenden, dunkelgrünen Blättern, welche einen schönen, weissen Knorpelrand und sehr lockere Wimpern besassen, sah: Var. *bellunensis* (*P. bellunensis* Venzo).

2. P. Palinuri Pet. = Typ. II (S. 27).

Wurzelstock lang und dick, strauchartig, erhebt sich 6 cm und mehr über den Boden und trägt im Winter und Frühling eine reiche Blattrosette, welche beim Beginn des Sommers und der Ruhezeit grossenteils vertrocknet.

Spreite der Laubblätter dick, fleischig, etwas glänzend, mit undeutlichem Knorpelrand, rundlich- oder verkehrt eiförmig bis länglich, bald allmählich, bald ziemlich rasch in den langen oder kurzen Blattstiel verschmälert, am Scheitel abgerundet oder stumpf, beinahe am ganzen Rande gezähnt. Zähne 13—86, meist spitz und sehr genähert, seltener entfernt und stumpf, bisweilen ungleich, in eine deutliche Knorpelspitze endigend. Durchschnittliche Entfernung zweier Zähne 1—3, seltener bis

5 mm, Höhe derselben 1—3 mm, Einschnitte zwischen denselben stumpf
oder spitz. Länge des ganzen Blattes 5—20 cm, Breite desselben 3—6,5 cm.

Blütenschaft länger als die Blätter, in der Kultur 5—20blütig, in
der Heimat bis 40- und mehrblütig. Länge 9—25 cm. Blütenstand einseitswendig mit nickenden Blüten, deren Entwickelung langsam von aussen
nach innen fortschreitet.

Blütenstiele 7—20 mm lang, Fruchtstiele bis 23 mm.

Die äusseren Hüllblätter mehr oder weniger blattartig, eiförmig bis
oval-lanzettlich, spitz, nach dem Grunde verschmälert, 8—23 mm lang
und bis 11 mm breit, so lang oder länger als die Blütenstiele, die inneren
kleiner und schmäler, kürzer als die Blütenstiele.

Kelch 5—9 mm lang, auf $^2/_3$—$^1/_2$ eingeschnitten, Kelchzähne stumpf,
spitzlich oder etwas zugespitzt, anliegend.

Oberfläche der grünen Teile: Blätter und Schaft, besonders die Blattränder ziemlich dicht mit Drüsenhaaren bedeckt, welche keinen Mehlstaub absondern. Haare sehr kurz bis kaum $^1/_4$ mm lang. Schaftende,
Blütenstiele und Hüllblätter stets mit mehlstaubabsondernden Drüsenhärchen, der Kelch vollständig damit überdeckt, so dass er ganz weiss
erscheint.

Blüten dunkelgelb, wohlriechend. Röhre aussen und innen samt
dem Schlunde gleich gefärbt wie der Saum (Schlund durch den Mehlstaub weiss erscheinend). Röhre sehr allmählich in den ziemlich eng
trichterförmigen Saum übergehend, 9—12 mm lang. Radius der Blumenkrone ca. 6—10 mm. Kronzipfel kaum bis auf $^1/_7$ ausgerandet.

Röhre und unterer Teil des Saumes oft mit mehr oder weniger,
Schlund meist dicht mit Mehlstaub bedeckt.

Staubkolben der kurzgriffligen Blüten im Schlunde.

Fruchtkapsel so lang oder etwas länger als der Kelch.

P. Palinuri Petagna Inst. bot. II. p. 332. — Lehm. p. 43. —
Rchb. p. 405. — Duby p. 37. — Pax p. 152. — Fl. ital. p. 625.

An der Küste von Kalabrien, vorzüglich am Palinurischen Vorgebirge
(v. s. et vc.).

Zwischen *P. Palinuri* und *P. Auricula* besteht eine nahe Verwandtschaft. Die einzigen durchgreifenden Unterschiede beschränken sich
darauf, dass *P. Auricula* an den Blättern einen Knorpelrand und kurze
Hüllblätter, *P. Palinuri* dagegen statt des Knorpelrandes bloss Knorpelspitzen der Blattzähne und grosse blattartige Hüllblätter besitzt. Das
Unterscheidungsmerkmal, auf das bis jetzt ebenfalls Gewicht gelegt
worden ist, nämlich die scharfe Zähnung der Blätter bei *P. Palinuri*, ist
nicht permanent, da diese Art zuweilen auch stumpfe Blattzähne hat und
Blätter, deren Gestalt sich in nichts von denen der *P. Auricula* unterscheidet. Wohl aber bewegen sich die Formenkreise der beiden Arten
in verschiedenen Grenzen. *P. Palinuri* ist im allgemeinen die grössere
Pflanze mit stärkerem und längerem Wurzelstock; die Kelche erreichen
eine beträchtlichere Grösse und einen dichteren Mehlstaubüberzug.

Die Notiz der Flora italiana, dass die Fruchtkapsel kürzer sei als der Kelch, könnte wohl von der Beobachtung unreifer Früchte herrühren. Die Pflanzen im botanischen Garten von München haben am Ende des Sommers nur wenige reife und eine Menge unreifer Kapseln, welch letztere bloss halb so lang sind als der Kelch.

3. P. marginata Curt. = Typ. III (S. 27).

Wurzelstock strauchartig, sehr lang, bis 30 cm.

Spreite der Laubblätter graugrün, ohne Knorpelrand, länglich, seltener oval oder verkehrteiförmig, allmählich in den kurzen Blattstiel verschmälert, am Scheitel abgerundet, stumpf oder spitz, meist am ganzen Umfange gezähnt. Zähne 12—40, spitz oder stumpflich, meist sehr gleichmässig, zuweilen ein grosser Zahn regelmässig mit einem kleinen abwechselnd, gewöhnlich schmal und sehr genähert. Durchschnittliche Entfernung zweier Zähne 1—3 mm,. Höhe derselben 1—5 nm. Einschnitte spitz oder gerundet. Länge des ganzen Blattes 1,8—9,5 cm, Breite 0,8—4 cm.

Blütenschaft so lang bis fast doppelt so lang als die Blätter, seltener kürzer, 2—19 blütig. Länge 2,5—12 cm.

Blütenstiele 5—22 mm lang; Fruchtstiele 6—24 mm.

Hüllblätter krautig, seltener etwas trockenhäutig, queroval, eiförmig oder länglich-oval und dann nach oben breiter werdend, abgerundet, 2—6 mm lang, das untere bisweilen länger und blattartig.

Kelch mehr oder weniger rot überlaufen, 2—5,5 mm lang, auf $^2/_5$—$^2/_3$ eingeschnitten; Kelchzähne stumpf, seltener spitz, anliegend.

Oberfläche der grünen Teile: Mehlstaubabsondernde Drüsenhaare sehr dicht an den Blatt- und Kelchrändern, äusserst spärlich an den Blattflächen, dort kaum $^1/_{10}$ mm, hier kaum $^1/_{20}$ mm lang. Der Mehlstaub bedeckt, namentlich an jungen Pflanzen, zuweilen alle grünen Teile; im ausgewachsenen Zustande ist er auf der Oberfläche der Laubblätter meist 0 (diese erscheint dann von den kurzen Drüsenhaaren wie fein punktiert), dagegen dicht am Rande oder wenigstens in den Ausschnitten desselben, so dass die Blätter mit einem schmalen, schön weissen, meist unterbrochenen Saum umgeben sind; an alten Blättern kann dieser Saum fast ganz verschwinden. An Blättern von solchen Pflanzen, welche sehr schattige Örte bewohnen, fehlt er fast durchaus. Der Mehlstaub mangelt am Schafte mit Ausnahme des obersten Endes; er ist an den Hüllblättern, Blütenstielen und an der Aussenfläche des Kelches reichlich oder spärlich, meist dicht an den Kelchrändern und immer an dessen innerer Oberfläche.

Blüten hellblau-lila, bis seltener fast rosa; beim Trocknen violett werdend. Röhre ebenso gefärbt wie der Saum, oft dunkler, sehr selten heller; Schlund und innere Fläche der Röhre wie der Saum, selten etwas heller (Schlund durch den Mehlstaub weiss erscheinend), Röhre allmählich in den meist weit trichterförmigen, sehr selten flachen Saum übergehend, 6—12 mm lang, kaum 2—3½ mal so lang als der Kelch. Radius der Blumenkrone 7 bis selten 14 mm. Kronzipfel kaum bis selten auf ⅓ ausgerandet.

Röhre und unterer Teil des Saumes spärlich mit mehlstaubabsondernden Drüsenhärchen, Schlund meist dicht mit denselben bedeckt.

Staubkolben der kurzgriffligen Blüten im Schlunde oder dicht unter demselben.

Fruchtkapsel bald wenig, bald beträchtlich länger als der Fruchtkelch, 3—6 mm.

P. marginata Curtis Bot. Mag. t. 191. — Lehm. p. 47. — Duby p. 38. — Gr. Godr. p. 451. — Rechb. fil. p. 43. — Pax p. 152. — Fl. ital. p. 629.

P. Auricula Allioni Fl. pedemont. I. p. 92 part. — Villars, Histoire des plantes du Dauphiné II p. 469.

P. crenata Lamarck Illustrat. II p. 98 f. 3. — Rchb. p. 404.

P. microcalyx Lehm. p. 46 t. IV.

Dauphiné und südlicher Teil von Piemont, von 800—2000 m ü. M.: Seealpen (v. v.), Cottische Alpen vom Mte. Viso bis Val Pellice (v. s.). Irrtümlicherweise wird *P. marginata* von Hegetschweiler in der Schweiz (Wallis und Graubündten), von Thomas, Gaudin Fl. helv., Reichenbach im nördlichen Piemont (Penninische Alpen) angegeben.

Lehmann hat neben der *P. marginata* noch eine *P. microcalyx* aufgestellt, welche sich durch kleine Kelche, breite und namentlich mehlstaubfreie Blätter unterscheidet. Nur das letztere Merkmal kann stichhaltig sein, denn die beiden ersteren kommen auch bei der gewöhnlichen, bestäubten *P. marginata* vor. In den Seealpen habe ich *P. marginata* auf vielen Standorten gesammelt; diese Pflanzen haben immer mehr oder weniger Mehlstaub, der aber bei älteren Blättern fast ganz verschwinden kann. Dementsprechend sagt auch Reichenbach fil. von *P. microcalyx* Lehm., sie sei eine ältere Pflanze mit nacktem Blattrand. Dies ist aber nicht zutreffend, da die von Lehmann abgebildete Pflanze Blüten trägt. Vielmehr vermute ich, dass es die Schattenform ist. Ich habe bei den Bädern von Valdieri in einer engen, schattigen Schlucht bloss Pflanzen gefunden, deren Blätter sehr wenig oder keinen Mehlstaub besassen. Weitere Beobachtungen müssen zeigen, ob diese Form als Var. *denudata* zu unterscheiden ist. Die Blätter waren schmal, die Kelche nicht kleiner als bei der Hauptform. Gleichwohl gehört ohne Zweifel die Lehmann-sche *P. microcalyx* hierher.

Der Wurzelstock von *P. marginata* erreicht eine Länge wie bei keiner andern Primel. Er ist ohne vertrocknete Blätter, sondern nur mit den von denselben übriggebliebenen Fasern (Gefässbündeln) bedeckt; die Glieder, aus denen er besteht, haben an tiefer gelegenen Standorten eine Länge von 10—20 mm.

4. P. carniolica Jacq. = Typ. IV (S. 27).

Wurzelstock vielköpfig.

Spreite der Laubblätter glänzend, hellgrün, oft mit etwas welligen Rändern, mit deutlichem Knorpelrand, verkehrteiförmig bis länglich-lanzettlich, allmählich oder ziemlich rasch in den oft sehr langen Blatt-stiel verschmälert, am Scheitel abgerundet, stumpf oder spitz, ganzrandig oder randschweifig, selten mit entfernten stumpfen Zähnen. Länge des ganzen Blattes 3—15 cm, Breite 0,9—4,3 cm.

Blütenschaft bis dreimal so lang als die Blätter, selten nur wenig länger, 1—8 blütig. Länge 7—25 cm.

Blütenstiele 3—23 mm, Fruchtstiele bis 35 mm lang.

Hüllblätter etwas trockenhäutig, queroval, eiförmig oder aus ei-förmigem Grunde länglich und länglich-lanzettlich, stumpf oder spitz, 1—4 mm lang, 3- bis vielmal kürzer als die Blütenstiele, das unterste bis-weilen länger und etwas blattartig.

Kelch 2—6 mm lang, auf ⅓ — ½ eingeschnitten; Kelchzähne spitz oder stumpflich, anliegend.

Oberfläche der grünen Teile ganz kahl, bloss an den Blatträndern kommen hie und da vereinzelte äusserst kurze Drüsenhaare (Länge etwa ¹/₇ mm) vor. Der Kelch ist mit noch kürzeren Drüsenhaaren leicht be-streut. Der Mehlstaub mangelt gänzlich, auch auf der Innenfläche des Kelches.

Blüten rosa, mit einem Stich ins Blaue, oder lila, trocken violett. Röhre ebenso gefärbt wie der Saum, seltener weisslich. Schlund gleich-farbig (durch den Mehlstaub mehr oder weniger weiss erscheinend), Röhre allmählich in den meist weit trichterförmigen Saum übergehend, 6—10 mm lang, 1½ —2½ mal so lang als der Kelch. Radius der Blumenkrone 5—12 mm. Kronzipfel kaum bis auf ⅕ ausgerandet.

Röhre und unterer Teil des Saumes spärlich mit mehlstaubabson-dernden Drüsenhärchen, Schlund meist reichlich mit denselben besetzt.

Staubkolben der kurzgriffligen Blüten im Schlunde oder dicht unter demselben.

Fruchtkapsel bald wenig länger, bald fast doppelt so lang als der Fruchtkelch, sehr selten gleich lang; 3,5—6 mm.

P. carniolica Jacquin Fl. *austriaca* V. p. 28 app. t. 4. — Lehm. p. 72. — Rchb. p. 402. — Duby p. 37. — Koch p. 677. — Rchb. fil. p. 43 t. 53. — Pax p. 153. — Fl. ital. p. 628.

P. integrifolia Scopoli Fl. *carniolica* I. p. 133.

P. Freyeri Hladnick Hoppe.

P. multiceps Freyer.

P. Jellenkiana Freyer.

Krain, vorzüglich auf den Bergen um Idria, bis 1100 m ü. M. (v. s. et vc.). — Pax sagt: »in alpibus carinthiacis«, was, da Krain nicht genannt wird, wohl ein Schreibfehler sein dürfte; wenigstens ist mir von einem Standort in Kärnthen nichts bekannt.

P. carniolica ist schwer abzugrenzen von dem Bastard *P. Auricula +
carniolica.* Die Diagnose wurde vorzüglich nach Pflanzen vom Berge Jelenk
bei Idria angefertigt, wo sie von Dr. Correns gesammelt wurden. Sie
müssen rein sein, da derselbe trotz eifrigen Suchens auf dem von ihm
besuchten Teile dieses Berges keine *P. Auricula* auffinden konnte.

Reichenbach sagt, der Schlund sei weiss, auch Jacquin bildet
die Blüten mit einem weisslichen Auge ab. Ich vermute, dass der oft
reichliche Mehlstaub im Kronschlund die Farbe desselben verdeckt hat.
Dr. Correns, der am 1. Juni 1889 auf dem Jelenk war, fand noch etwa
ein halbes Dutzend Blüten und an denselben einen entschieden gleichfarbigen Schlund.

Pax sagt: Corolla haud farinosa. Dieser Irrtum rührt wahrscheinlich
davon her, dass Reichenbach fil. ebenfalls die Blume als nackt be-
schreibt, während seine von österreichischen Botanikern herrührenden
Abbildungen den mit Mehlstaub bestreuten Schlund wahrnehmen lassen.

5. P. latifolia Lap. = Typ. V (S. 27).

Blätter breit, rundlich bis verkehrt-eilänglich, von der Mitte an
gezähnt.

Var. *cynoglossifolia.* Ebenso, aber Blätter ganzrandig.

Var. *cuneata.* Blätter schmal, länglich-, oder lanzettlich-keilförmig,
nur gegen den Scheitel gezähnt.

P. latifolia Lap.

Wurzelstock strauchartig, lang (bis 20 cm).

Spreite der Laubblätter stark riechend, gelblichgrün, schlaff, sehr
oft wellig verbogen, ohne Knorpelrand, oval, selbst rundlich-oval, oder
länglich, auch verkehrteilänglich, bis lanzettlich-keilförmig, rasch oder
allmählich in den meist langen Blattstiel verschmälert, am Scheitel abgerundet, stumpf oder spitz, von der Mitte an oder nur gegen den Scheitel
gezähnt, seltener ganzrandig. Zähne 1—22, spitz, seltener stumpf, meist
breit und entfernt, oft ungleich gross, selten fast zu Lappen werdend.
Durchschnittliche Entfernung zweier Zähne 2—6 mm, Höhe derselben
1—4 mm, Einschnitte zwischen den Zähnen meist flachgerundet, sehr
selten spitz. Länge des ganzen Blattes 3—18 cm, Breite desselben 0,9
—5 cm.

Blütenschaft meist länger als die Blätter (bis doppelt so lang), seltener
kürzer, 1—25 blütig. Länge 1,2—18 cm. Blütenstand einseitswendig mit
nickenden Blüten.

Blütenstiele 3—18 mm lang; Fruchtstiele 6—25 mm.

Hüllblätter krautig oder mehr oder weniger trockenhäutig, queroval
oder oval, stumpf, seltener spitz, 1—4, selten 5 mm lang, 2- bis vielmal
kürzer als die Blütenstiele, das unterste oder die zwei untersten bisweilen länger und etwas blattartig.

Kelch 2—4 mm, selten bis 5,5 mm lang, auf $^1/_3$ bis fast $^2/_3$ ein-geschnitten. Kelchzähne spitz oder selbst zugespitzt, seltener stumpf, anliegend.

Oberfläche der grünen Teile ziemlich dicht mit Drüsenhaaren besetzt, mässig klebrig. Drüsen farblos, nie roten Farbstoff bildend, ziemlich klein, am Kelche zuweilen mit kleinen Mehlstaubkörnchen bedeckt. Drüsenhaare $^1/_8$—$^1/_4$, seltener bis $^1/_3$ mm lang.

Blüten wohlriechend, bald violett, bald heller oder dunkler rotviolett, beim Welken blauviolett, beim Aufblühen fast schwarz. Röhre wenigstens in der oberen Hälfte dunkler als der Saum; Schlund und innere Fläche der Röhre ebenso gefärbt wie der Saum oder meist dunkler. Röhre allmählich in den enger oder weiter trichterförmigen (nie flachen) Saum übergehend; 6—13 mm lang, 2—4$^1/_2$ mal so lang als der Kelch; Radius der Blumenkrone ca. 7—10 mm; Kronzipfel kaum bis auf $^1/_3$ ausgerandet.

Röhre und unterer Teil des Saumes mit kurzen Drüsenhaaren, der Schlund mit mehlstaubabsondernden Drüsenhärchen besetzt.

Staubkolben der kurzgriffligen Blüte im Schlund oder dicht unter demselben.

Fruchtkapsel wenig länger bis doppelt so lang als der Fruchtkelch, 3,5—6 mm.

P. latifolia Lapeyrouse Histoire abrégée des plantes des Pyrénées p. 97. — Rchb. p. 403 part. — Koch p. 676. — Gr. Godr. p. 452. — Fl. ital. p. 634.

P. viscosa Allioni Fl. pedemont. I. p. 93. — Lehm. p. 71. — Rchb. fil. p. 47, t. 57. — Kerner, Österr. bot. Zeitschrift 1875 p. 123. — Pax p. 156? (derselbe sagt von seiner Pflanze: stamina in flore brevistyli infra medium inserta). — Allioni und Lehmann verstehen unter *P. viscosa* nur die Form mit ganzrandigen Blättern.

P. hirsuta Villars. Histoire des plantes du Dauphiné II. p. 469.

P. graveolens Hegetschweiler. Flora der Schweiz p. 194, t. VI.

P. latifolia wird von den neueren österreichischen, deutschen und schweizerischen Autoren *P. viscosa* All. genannt. Dieser Name, der über-dies als nicht sehr passend erscheint, weil die Viscosität geringer ist, als bei den meisten *Rufiglandulae*, muss einer Species der letzteren bleiben (ich verweise auf *P. viscosa*). Den Namen *P. hirsuta* Vill., der nun der älteste wäre, halte ich für unpassend, weil er in neuerer Zeit fast all-gemein für eine Species der *Rufiglandulae* verwendet wurde und deshalb zu Verwechslung Anlass geben könnte, ferner weil er den Eigenschaften der Species durchaus nicht entspricht und von Villars nur desshalb angenommen wurde, weil derselbe den Sinn der Allionischen Diagnose missdeutete. Die Benennung von Lapeyrouse wurde bereits von Koch, Grenier und Godron u. a. gebraucht, sie passt zwar weniger für die schweizerischen Pflanzen, aber manche des Piemont erlangen

eine Breite der Blätter, wie sie andere rotblühende Primeln nicht erreichen.

Die geographische Verbreitung erstreckt sich von den Pyrenäen durch
die Alpenkette bis wenig über den 10. Längengrad (ö. v. Greenwich).
Ost-Pyrenäen (v. s.). Dauphiné, Savoyen (v. s.). Piemont: Seealpen (v. v.),
cottische Alpen (v. s.), grayische Alpen (Mt. Cenis v. s.) und penninische
Alpen (Col di Turlo, Col d'Ollen v. s.). Lombardei: Bergamasker Alpen
(Mte. Legnone v. vc.). Schweiz: Graubündten (besonders im Engadin
v. v.). Westlichstes Tirol: Paznaun. Irrtümlich werden von R e i c h e n-
b a c h die Alpen über Bex in der Westschweiz (Verwechselung mit
P. Auricula + viscosa) und von H e g e t s c h w e i l e r (Fl. d. Schw. p. 194)
die Walliser Alpen angegeben. — *P. latifolia* wächst auf kalkarmem Boden
(Schieferpflanze). In den Seealpen fand ich sie von 650 m (San Dalmazzo) bis 2500 m. In den cottischen Alpen findet sie sich in einer
Höhe von 1800—2800 m (nach Dr. R o s t a n), in Graubündten von 1800 bis
2500 m.

N y m a n unterscheidet *P. latifolia* Lap. aus den Pyrenäen, *P. hirsuta*
Vill. aus den westlichen Alpen und als zweifelhafte Art *P. graveolens*
Hegetschw. aus der Schweiz. Ich besitze zwar nur wenige Pflanzen aus
den Pyrenäen (Vallée d'Eynes), finde aber keinen Unterschied zwischen
denselben und Pflanzen aus den cottischen Alpen. Ebenso stimmen viele
Exemplare aus dem Engadin genau mit solchen aus den cottischen Alpen
überein. Doch zeigt die Primelflora der verschiedenen Gebiete gewisse
Eigentümlichkeiten, die sich in späteren Zeiten vielleicht zu Subspecies
und Species ausbilden werden. So gibt es im Engadin viele Pflanzen
von *P. latifolia*, die im Gegensatze zu ihrem Namen schmale, länglich-
keilförmige oder selbst lanzettlich-keilförmige, nur gegen den Scheitel
gezähnte Blätter haben, und die man als Var. *cuneata* bezeichnen kann·
— In den Seealpen dagegen kommen viele Pflanzen mit ganzrandigen
Blättern vor. A l l i o n i hatte von den Felsen über den Bädern von
Valdieri bloss diese Form »foliis linguiformibus integerrimis« und »quoad
formam Cynoglossi vulgaris foliis simillimis«. Auch L e h m a n n fand
daselbst nur solche Pflanzen. Ich will sie die Var. *c y n o g l o s s i f o l i a*
nennen. Als ich am 24. Mai 1889 die Bäder von Valdieri besuchte, lag
das Gebiet darüber mit den Primeln noch im Schnee, neben denselben
fand ich bloss wenige Pflanzen, teils mit ganzrandigen, teils mit schwach
geschweift-gezähnelten Blättern, in San Dalmazzo vorzüglich ebenfalls
solche Exemplare, während auf den Bergen über Limone mehr Pflanzen
mit scharfgezähnten, als mit ganzrandigen Blättern vorkommen. *P. latifolia*
aus den Seealpen unterscheidet sich, soweit meine Beobachtungen reichen,
von derjenigen aus der Schweiz auch durch etwas hellere Blütenfarbe.

P. latifolia stand bis jetzt neben den *Rufiglandulae* in der Gruppe der
Erythrodrosen. Ihrer Verwandtschaft nach kommt sie aber der *P. carnio-
lica* und *P. marginata* nebst *P. Auricula* näher; es zeigt sich dies in der
Form der Blumenkrone, in dem gleichfarbigen Schlund, in dem verhältnis-

mässig kleineren Kelch, in der Einseitswendigkeit der Blüten und vorzüglich in den mehlstaubabsondernden, keinen Farbstoff bildenden Drüsen.

Die Blumenkrone hat einen trichterförmigen, allmählich in die Röhre sich verjüngenden Saum. Sie erscheint desshalb bei gleichem Radius etwas kleiner als die ausgebreitete Krone der *Rufiglandulae*. Eine Folge dieser Gestaltung ist die unsichere Bestimmung des Schlundes und damit auch der Lage der Staubkolben. — Der Schlund samt der inneren Fläche der Röhre hat die gleiche Farbe wie der Saum, ein Verhalten, das durch den nie sehr reichlichen Mehlstaub nicht verdeckt wird. Allioni (Fl. pedemont. T. V, f. 1) bildet einen flachen Saum mit grossem, weissem Auge ab; er muss entweder die Gartenaurikel als Vorlage benutzt oder das getrocknete Material aus der Phantasie ergänzt haben. Reichen- bach fil. stellt sie mit kleinem, gelbem Schlunde dar. Ich habe im Engadin eine grosse Menge von Blüten gesehen, die alle genau miteinander übereinstimmten, und diejenigen, die ich in Piemont beobachten konnte, verhielten sich ebenso; der Schlund war immer gleichfarbig und durch den spärlichen Mehlstaub nicht oder sehr wenig verändert. Reichen- bach bildet ferner die Kronröhre hell (gelb und gelbrötlich) ab, was ich nie gesehen habe, und was auch mit seiner Beschreibung im Widerspruche ist. — Ausser dem Mehlstaub im Kronschlunde kommt derselbe zuweilen auch dem Kelche zu, allerdings nur sehr spärlich. Die Drüsen an dem letzteren sind nämlich mit kleinen Mehlstaubkörnchen bedeckt und haben ein grauliches Ansehen. Unter dem Mikroskop zeigen sie sich wie kleine Morgensterne; Alkohol löst die Mehlstaubkörnchen auf. Nur bei einem einzigen Exemplar von *P. latifolia* vom Albula (welches mir nebst anderen Primeln von Herrn Siegfried zur Ansicht gütigst mitgeteilt wurde) war die Innenfläche des Kelches dicht mit Mehlstaub bedeckt. — Dagegen wird von den Drüsen der *P. latifolia* nie Farbstoff gebildet. Sie erscheinen immer farblos und färben auch beim Trocknen zwischen weissem Fliess- papier nicht ab, wie dies selbst mit den farblosen Drüsen der *Rufiglandulae* der Fall ist.

Der Blütenstand der *P. latifolia* hat eine ausgesprochenere Einseits- wendigkeit als fast alle übrigen *Auriculastren*, namentlich auch als die *Rufiglandulae*. Wenn sie mit *P. viscosa* zusammenwächst, so erkennt man sie schon von weitem nicht nur der dunkleren, mehr blauen Farbe wegen, sondern auch durch die nickenden Blüten. Diese einseitswendigen Blüten hat sie mit *P. Auricula* gemein.

Die Blätter haben einen eigentümlichen und stärkeren Geruch als die übrigen Primeln. Allioni sagte von ihnen: *„bitumen olentia“*, Hegetschweiler verglich den Geruch mit dem von *Geranium rober- tianum*. Ich kann weder dem einen noch dem andern beistimmen, sondern finde eher einige Ähnlichkeit mit schwachem Moschus.

6—11. Rufiglandulae = Typ VI (S 27)

Wurzelstock kürzer und weniger strauchartig als bei *P. marginata*
und *P. latifolia.*

Alle grünen Teile der Pflanze mehr oder weniger dicht mit drüsentragenden Haaren besetzt; bloss bei *P. pedemontana* sind die Blattflächen
nur spärlich damit bestreut. Die Drüsen haben die Fähigkeit, einen
roten Farbstoff zu bilden und ein schleimig klebriges Sekret abzusondern,
welches zuweilen alte Blätter stellenweise als dichte Masse bedeckt. Infolge
dieser Farbstoffbildung sind die Drüsen häufig gefärbt, von gelblich bis
intensiv rot oder bräunlichrot. Bei den meisten Arten ist die rote Farbe
immer deutlich; bei einer (*P. viscosa*) wird sie an der lebenden Pflanze
meistens erst im Alter oder selbst erst am Ende der Vegetationszeit
deutlich. Ihre Drüsen, welche vor und nach der Blütezeit farblos oder
gelblich erscheinen, werden zur Zeit der Fruchtbildung oder wenigstens
im Herbst rötlich oder braunrot. Beim Pressen zwischen weissem Fliess-
papier lassen nicht nur die übrigen Species, sondern auch *P. viscosa* in
der Regel einen roten oder braunen Abdruck zurück. Blätter ohne
Knorpelrand. Dieselben haben meistens einen harzigen Geruch, gewöhnlich aber ist derselbe viel schwächer als bei *P. latifolia.*

Saum der Blumenkrone erst trichterförmig, zuletzt meist mehr oder
weniger flach; merklich deutlicher von der Röhre abgesetzt als bei *P.
latifolia;* mehr oder weniger tief eingeschnitten, im allgemeinen tiefer als
bei *P. latifolia.* Blütenfarbe gewöhnlich heller oder dunkler rosenrot,
meist mit einem Stich ins Blaue. Sie verwandelt sich beim Abblühen
gewöhnlich in ein schmutziges Lila. Es kommt auch vor, dass die
Blüten schon beim Aufblühen lilafarben sind. Von den Pflanzenstocken
von *P viscosa*, die ich vom Arlberg in den Garten verpflanzte, blühten
zwei mit heller Lilafarbe auf und verwandelten diese später in ein
dunkleres Rosenrot. Sehr selten kommen weisse Blüten vor (nicht zu ver-
wechseln mit den weisslichen Blüten, die der hybriden Reihe [*P. Auricula + Rufiglandulae* angehören). Die Kronröhre zeigt entweder die
gleiche Farbe wie der Saum, oder sie ist heller bis weisslich, niemals
aber dunkler als der Saum, doch kann bei weissen Blüten die Röhre
allein rötlich sein. Die Innenfläche der Röhre und der Schlund ist mehr
oder weniger rein weiss. Häufig zeigt diese Farbe auch der den Schlund
umgebende innere Teil des Saumes mit runder oder strahlenförmiger
Begrenzung (Auge, Stern). Diese Eigentümlichkeit verleiht den *Rufiglandulae* gegenüber allen vorausgehenden *Brevibracteae* ein ins Auge
fallendes Merkmal. Selten ist bei vorgerücktem Alter und äusserst selten
schon im Jugendzustande der weisse Schlund undeutlich. Ausnahmsweise
und höchst selten zeigt der Schlund statt der weisslichen eine gelbliche
Farbe.

Die Kronröhre, die äussere Fläche des Saumes und der Schlund sind
mit ähnlichen Drüsenhaaren, wie sie an den grünen Teilen vorkommen,

besetzt. Mehlstaub wird im Schlunde der Krone ebensowenig als an der ganzen übrigen Pflanze abgesondert.

Staubkolben $^1/_8$—$^1/_2$ der Kronröhrenlänge unter dem Schlunde.

Fruchtkapsel bald bloss $^1/_2$ so lang als der Fruchtkelch, bald etwas länger als derselbe.

Das Verbreitungsgebiet der *Rufiglandulae* umfasst die Pyrenäen und die Alpen von der Dauphiné bis Steiermark und Kärnthen. Sie wachsen auf kalkarmem Gestein und gehören daher zu den Schieferpflanzen. Indessen beobachtete ich ausnahmsweise das Vorkommen unter *Gnaphalium Leontopodium* und anderen Kalkpflanzen, so an *P. viscosa* auf dem Maloja und im Vennerthal am Brenner und an *P. pedemontana* im Cognethal bei Aosta.

Übersicht der zu den Rufiglandulae gehörenden Arten.

6. *P. pedemontana* Thom. Blütenschaft länger (bis doppelt so lang) als die Blätter. Blütenstiele bald kurz, bald lang (1,5—10, selten bis 20 mm). Behaarung an der etwas glänzenden Blattfläche meist fast mangelnd, seltener spärlich, an den Blatträndern dicht und einen schmalen, roten Rand bildend. Drüsen gross, intensiv ziegelrot, seltener braunrot, sehr kurz gestielt. (Die ganzen Drüsenhaare selten bis $^1/_6$ mm lang.) Kelch ziemlich anliegend. Fruchtkapsel ungefähr so lang als der Kelch. — Piemont.

7. *P. apennina*. Fruchtschaft wenig länger bis fast doppelt so lang als die meist länglichen oder ovalen, ganzrandigen oder gegen den Scheitel klein und stumpf gezähnten Blätter. Fruchtstiele ziemlich kurz (3—10 mm). Behaarung überall mässig dicht und sehr kurz ($^1/_{20}$—$^1/_6$ mm). Drüsen ziemlich gross, braun oder dunkelrot. Fruchtkapsel $^2/_3$—$^5/_6$ so lang als der Kelch. — Nördlicher Apennin.

8. *P. oenensis* Thom. Blütenschaft bis doppelt so lang als die oft schmalen und keilförmigen Blätter. Blütenstiele kurz (1,5—5 mm). Behaarung überall dicht und kurz ($^1/_6$—$^1/_4$ mm lang); Drüsen gross, rotgelb oder dunkelrot. Kelch enganliegend. Fruchtkapsel etwas länger, selten wenig kürzer als der Kelch. Pflanze im Allgemeinen kleiner als bei den übrigen Arten. — Ferner Var. *Judicariae* Pflanze grösser, Blätter schmal keilformig, grob gezähnt. — Bergamasker Alpen bis Stilfserjoch.

9. *P. villosa* Jacq. Blütenschaft bis fast 3 mal so lang als die meist ovalen, allmählich in den kurzen Blattstiel verschmälerten Blätter. Blattzähne meist gleich, meist klein und genähert. Blütenstiele kurz (1—7 und 9 mm). Behaarung überall ziemlich dicht, ziemlich lang ($^1/_4$—$^1/_2$ mm); Drüsen klein, dunkelrot. Kelch anliegend oder etwas abstehend. Fruchtkapsel so lang oder meist etwas länger als der Kelch. — Ferner Var. *norica* Kerner. Blätter weniger lang und weniger reichlich behaart. — Steiermark.

Subsp. *P. commutata* Schott. Blätter dünner, meist länglich, lang-
gestielt. Blattzähne oft ungleich, meist gross und von einander entfernt.
Fruchtkapsel meist etwas kürzer als der Kelch. — Steiermark.

10. *P. cottia* Widm. Blütenschaft bis mehr als doppelt, seltener
bloss eben so lang als die meist breit-ovalen, meist allmählich in den
Blattstiel verschmälerten Blätter. Blattzähne meist gleich. Blütenstiele
kurz (2—7 und 9 mm). Behaarung überall sehr dicht und lang
($\frac{1}{3}$—$\frac{3}{4}$ mm); Drüsen klein, rötlich. Kelch anliegend oder etwas abstehend.
Fruchtkapsel $\frac{4}{5}$ bis fast so lang als der Kelch. — Der *P. villosa*
und *commutata* sehr ähnlich. — Cottische Alpen.

11. *P. viscosa* Vill. Blütenschaft meist kürzer, selten etwas länger
als die rundlichen bis ovalen, meist sehr rasch in den Blattstiel
verschmälerten Blätter. Blütenstiele lang (3—17 mm). Behaarung
überall dicht, meist mässig lang ($\frac{1}{6}$—$\frac{1}{3}$ mm); Drüsen ziemlich klein,
farblos bis goldgelb und braunrot. Kelch fast stets weit abstehend.
Fruchtkapsel $\frac{1}{2}$—$\frac{3}{4}$ so lang als der Kelch. — Sehr veränderliche,
bloss, wie es scheint, in den Pyrenäen einförmige Art. Ferner Var.
angustata mit länglichen, allmählich in den Blattstiel verschmälerten
Blättern. — Hochalpenform (*forma frigida*) niedrig; Blattspreite fast ungestielt oder ohne Verschmälerung unmittelbar in die Scheide übergehend;
Schaft sehr kurz, meist 1 blütig. — Pyrenäen und Alpen bis Salzburg.

6. P. pedemontana Thom. (S. 45).

Spreite der Laubblätter verkehrteiförmig oder länglich-lanzettlich, allmählich, seltener ziemlich rasch in den Blattstiel verschmälert, am Scheitel
spitz oder abgerundet, ganzrandig oder gezähnt; Zähne 3—21, stumpf,
seltener spitzlich, meist breit, manchmal gegen den Grund der Spreite,
manchmal gegen den Scheitel an Grösse zunehmend; durchschnittliche
Entfernung zweier Zähne $1\frac{1}{2}$—5 mm, Höhe derselben $\frac{1}{2}$—2 mm, Einschnitte zwischen den Zähnen gerundet oder spitz. Länge des ganzen
Blattes 1,5—10, Breite 0,7—2,7 cm.

Blütenschaft meist länger als die Blätter (bis doppelt so lang), zuweilen
etwas kürzer, 1—25 blütig. Länge 1,5—14 cm.

Blütenstiele 1,5—10, selten bis 20 mm, Fruchtstiele 6—20 mm.

Hüllblätter trockenhäutig, rundlich oder eiförmig, stumpf, 1—2 mm
lang, $\frac{1}{2}$—$\frac{1}{6}$ so lang als die Blütenstiele, das unterste bisweilen länger
und grün.

Kelch 3—6 mm lang, auf $\frac{1}{4}$ bis kaum $\frac{2}{5}$ eingeschnitten; Kelchzähne
stumpflich oder dreieckig spitz, anliegend, später zuweilen nach oben
wenig abstehend.

Oberfläche der grünen Teile: Drüsenhaare sehr dicht an den Blatträndern, weniger dicht am Schaft, den Blütenstielen und dem Kelche,
spärlich oder meistens fast mangelnd auf den glänzenden Blattflächen
(junge Blätter erscheinen dichter behaart). Selten kommen Pflanzen vor,

die ziemlich viel Drüsen auf der Blattoberfläche haben. Drüsen gross, meist intensiv ziegelrot, seltener dunkelrot. Drüsenhaare äusserst kurz, selten bis $1/6$ und $1/4$ mm lang; meist fast sitzende Drüsen.

Blüten von einem leuchtenden, intensiv dunkeln Rosa, seltener blassrosa und meist erst beim Abblühen lila werdend; selten weiss. Röhre ebenso gefärbt wie der Saum, selten etwas heller; Schlund und innerer Teil des Saumes meist rein weiss, ebenso die Innenfläche der Röhre. Radius der Blumenkrone 9—15 mm; Kronzipfel auf $1/5$ bis über $1/3$ ausgerandet. Kronröhre 7—11, sehr selten 12 mm lang, $1^1/2$—$2^1/2$, sehr selten 3 mal so lang als der Kelch.

Kronröhre und unterer Teil des Saumes, ebenso der Schlund mit Drüsenhärchen besetzt. Drüsen rot.

Staubkolben der kurzgriffeligen Blüten $1/4$ bis fast $1/2$ der Kronröhrenlänge unter dem Schlunde.

Fruchtkapsel so lang, bald etwas länger, bald etwas kürzer als der Kelch, 4—5 mm.

P. pedemontana Thomas Exsicc. — Rchb. p. 403. — Koch p. 675. — Rchb. fil. p. 46, t. 57. — Pax p. 157? (Die von jenem angegebenen von mir weiter unten besprochenen Unterscheidungsmerkmale, die geographische Verbreitung und die Verschweigung des von den Vorgängern erwähnten wichtigsten Charakters, nämlich der fast kahlen Blattflächen, rechtfertigen den Zweifel über die Identität der Species.) — Fl. ital. p. 636.

P. glandulosa Bonjean in Sched. 1806.

P. villosa var. *glandulosa* Duby p. 38.

P. viscosa All. var. *pedemontana* Arcangeli p. 569.

Die geographische Verbreitung beschränkt sich auf den Piemont und das angrenzende Savoyen, von den Seealpen bis zu den grajischen Alpen in der Höhe von 1400—2600 m ü. M.: Alpen zwischen Valdieri und Vinadio (Dr. Rossi, auch im Herbarium von Allioni unter dem Namen *P. integrifolia* v. s.), Col Oursière über Fenestrelle (v. s.), Mt. Cenis, hier auch weissblühend (v. v.), Maurienne supérieure bei Bessans (v. s.) und endlich Vallée de Cogne bei Aosta (v. v.). Irrtümlicherweise wird *P. pedemontana* von Hegetschweiler und anderen Autoren als in der Schweiz wachsend angegeben. Die Standortsangabe von Arcangeli, Fl. ital. p. 569 »Alpi del Bresciano« dürfte auf Verwechslung mit *P. oenensis* beruhen.

P. pedemontana unterscheidet sich von allen übrigen *Rufiglandulae* durch die glänzenden, rot umsäumten Blätter und die kurzgestielten Drüsen. Auf günstigen Standorten (so auf dem Mt. Cenis) zeichnet sie sich durch Grösse, durch Reichtum und Farbenpracht der Blüten aus, so dass sie daselbst (neben der hybriden *P. pubescens*) die schönste einheimische Primel überhaupt genannt werden darf, während sie auf anderen Standorten (wie im Vallée de Cogne und über Fenestrelle) kleiner, schmalblätterig und armblütiger ist. — Koch und ebenso Pax sagen: staminibus sexus brevistyli infra medium tubi insertis, was ich nie gesehen habe. Ich vermute, dass dies Folge eines Schreibfehlers ist und heissen sollte:

»paulum supra«. Pax gibt an, dass die Kronröhre dünn und 3—4 mal so lang als der Kelch sei. Bei keinem der zahlreichen Exemplare vom Mt. Cenis, von Fenestrelle und aus Vallée de Cogne habe ich ein solches Verhältniss beobachtet, die Kronröhre von *P. pedemontana* ist im Gegenteil eher dick und unter den Rufiglandulae die verhältnismässig kürzeste

7. P. apennina n. sp. (S 45).

Spreite der Laubblätter oval, länglich bis fast lanzettlich-keilförmig, allmählich oder ziemlich rasch in den Blattstiel verschmälert, am Scheitel abgerundet oder stumpf, fast ganzrandig oder gegen den Scheitel hin mit kleinen, selten grösseren Zähnen. Zähne 3—9, stumpf oder spitzlich; durchschnittliche Entfernung zweier Zähne 3 — 6 mm, Höhe derselben $^{1}/_{2}$—2 mm, Einschnitte meist gerundet, seltener spitz. Länge des ganzen Blattes 2,5—6,5 cm, Breite 0,8—2,5 cm.

Blütenschaft —. Fruchtschaft wenig länger bis fast doppelt so lang als die Blätter, seltener etwas kürzer, 1—8 blütig. Länge 2,5—9 cm.

Blütenstiele —. Fruchtstiele 3—10 mm lang.

Hüllblätter trockenhäutig, rundlich oder oval, stumpf, 1—3 mm lang, $^{1}/_{3}$ bis fast $^{1}/_{5}$ so lang als die Fruchtstiele

Fruchtkelch 4—6,5 mm lang, auf $^{1}/_{4}$ bis fast $^{1}/_{2}$ eingeschnitten; Kelchzähne spitz oder stumpf.

Oberfläche der grünen Teile überall mässig dicht mit Drüsenhaaren besetzt; Drüsen ziemlich gross, (in trockenem Zustande) braun oder dunkelrot, an jungen Blättern gelb. Drüsenhaare sehr kurz, $^{1}/_{20}$—$^{1}/_{6}$ mm lang, so dass in ersterem Falle die Drüsen fast sitzend erscheinen.

Blüten —.

Fruchtkapsel 3—4,5 mm lang, $^{2}/_{3}$ bis seltener kaum $^{5}/_{6}$ so lang als der Kelch.

P. apennina n. sp.

P. hirsuta Arcangeli Flora italiana p. 568 part.

P. villosa Fl. ital. p. 631 part.

Im nördlichen Apennin.

Arcangeli hat unter den Standorten von *P. hirsuta* All. auch: rupi alpine in Liguria, nel Parmigiano. Ebenso führt die Flora ital. von Parlatore und Caruel unter den Standorten für *P. villosa* den Apennin an. Da es mich sehr interessirte, welche Species der Rufiglandulae in diesem von allen bekannten Arten derselben getrennten Gebiet vorkomme, so erbat ich mir aus dem Herbarium des k. Museums in Florenz die betreffenden Pflanzen, welche von Herr Prof. Caruel gütigst mitgeteilt wurden. Da diese Exemplare wegen ihres Alters nicht mehr alle wünschbaren Merkmale besassen, so hatte Herr Prof. Caruel die grosse Güte, selbst in den Apennin zu reisen und vom Mte. Orsajo eine grössere Zahl von Pflanzen zu schicken. Meine Beschreibung ist nach 45 Fruchtexemplaren gemacht.

P. apennina hat den Habitus einer auf magerem Boden gewachsenen *P. pedemontana*, von der sie sich durch die reichlichere Behaarung der Blattflächen, aber spärlichere Behaarung der Blattränder (die Blätter sind nicht rot gesäumt) und ferner durch den im Verhältnis zur Fruchtkapsel längeren Kelch unterscheidet. — Von *P. oenensis*, *P. villosa* und *P. cottia* unterscheidet sie sich durch die weniger dichte und kürzere Behaarung und den längeren Fruchtkelch. — Von *P. viscosa*, mit der sie den Frucht-kelch gemein hat, ist sie durch die viel kürzere und weniger dichte Be-haarung, sowie durch den längeren Schaft, die kürzeren Blütenstiele, und auch habituell verschieden.

8. P. oenensis Thom. (S. 45).

Spreite der Laubblätter länglich-keilförmig oder lanzettlich-keilförmig, ganz allmählich in den Blattstiel verschmälert, — oder, was vorzüglich bei kleineren Pflanzen vorkommt, verkehrteiförmig bis länglich, selten fast rundlich, allmählich, seltener ziemlich rasch in den Blattstiel ver-schmälert; oben abgerundet oder gestutzt, in der oberen Hälfte oder nur gegen den Scheitel fein gezähnt, nie ganzrandig; Zähne 5—12, nicht selten die 3 obersten in gleicher Höhe, klein, meist stumpflich, seltener spitz oder abgerundet, genähert; durchschnittliche Entfernung zweier Zähne $1\frac{1}{2}$—3 mm, Höhe derselben meist 1 mm ($\frac{1}{2}$—2 mm), Einschnitte meist spitz, seltener gerundet. Länge des ganzen Blattes 1,2—6 cm, Breite 0,6—1,7 cm, sehr selten 2,4 cm.

Blütenschaft meist länger als die Blätter (bis doppelt so lang), zu-weilen etwas kürzer, bei der *forma breviscapa* äusserst kurz (fast 0), 1- bis 7 blütig. Länge bis 8 cm.

Blütenstiele 1,5—5 und 6 mm lang, Fruchtstiele 3—9 mm.

Hüllblätter trockenhäutig, eiförmig oder quer-oval, stumpf, selten spitz, 1—3 mm lang, $\frac{1}{4}$ bis fast so lang als die Blütenstiele.

Kelch 2,5—4,5 mm lang, auf $\frac{1}{4}$—$\frac{1}{2}$ eingeschnitten; Kelchzähne breiteiförmig, stumpf, selten spitz, ziemlich oder fest anliegend.

Oberfläche der grünen Teile dicht mit Drüsenhaaren besetzt, sehr klebrig. Drüsen gross, rotgelb bis dunkelrot. Drüsenhaare $\frac{1}{6}$—$\frac{1}{4}$, seltener $\frac{1}{3}$ mm lang.

Blüten im allgemeinen rosa oder rotlila, Röhre ebenso oder etwas heller gefärbt, Schlund und innerer Teil des Saumes meist reinweiss, ebenso die Innenfläche der Röhre. Radius der Blumenkrone 5—10 mm; Kronzipfel auf $\frac{1}{7}$—$\frac{1}{4}$ ausgerandet. Kronröhre 6—11 mm lang, 2—$3\frac{1}{2}$ mal so lang als der Kelch.

Kronröhre und unterer Teil des Saumes, ebenso der Schlund mit Drüsenhärchen besetzt. Drüsen meist rötlich.

Staubkolben der kurzgriffligen Blüten $\frac{1}{4}$—$\frac{2}{5}$ der Kronröhrenlänge unter dem Schlunde.

Fruchtkapsel so lang oder meist etwas länger als der Kelch, selten etwas kürzer.

P. oenensis Thomas Exsicc. — Pax p. 155. — Fl. ital. p. 637.
P. daonensis Leybold Öst. bot. Ztschr. 1854 p. 1. — Rchb. fil. p. 45 t. 55, 59.
P. Stelviana Vulpius, Flora 1858 p. 247.
P. cadinensis Porta sched.
P. Plantae Brügger Jahresbericht der naturf. Gesellschaft Graubündtens 1878—1880. — Pax p. 155.

Die geographische Verbreitung bildet eine schmale Zone, die von Südsüdwest nach Nordnordost in der Höhenlage von 1600—2800 m verläuft. Bergamasker Alpen: Val Seriana (Kellerer: v. vc.); Judicarien und Grenzgebiet zwischen dem östlichen Südtirol und Italien: namentlich im Val Daono (v. s. et vc.); Grenzgebiet zwischen der östlichsten Schweiz und Italien: Stilfserjoch, Piz Umbrail und Muranzathal (v. v.); westlichster Teil von Nordtirol: Geisbleisenkopf bei Nauders (Freyn); Sannengebiet (nach Dalla Torre).

Die geographische Verbreitung zeigt uns, dass der von Thomas gegebene ältere Name nicht aus dem Grunde, weil die Species dem Engadin mangelt, verworfen werden darf. Er hat auch deshalb seine Berechtigung, weil nach den neueren Entdeckungen der Inn den Verbreitungsbezirk durchströmt.

P. oenensis ist die kleinste unter den *Rufiglandulae*, aber nicht kleiner als andere Species auf hohen oder mageren trockenen Standorten. — Die schmalen, keilförmigen und gestutzten Blätter der ersteren kommen bei keiner anderen Species der *Rufiglandulae* vor, aber sie dürfen nicht, wie es von manchen Autoren geschieht, als absolutes Unterscheidungsmerkmal benutzt werden, ich habe sie nicht einmal bei der Hälfte der zahlreichen Exemplare vom Piz Umbrail und aus dem südlichen Tirol gefunden. Die anderen Exemplare, welche in Form und Grösse nicht von manchen Formen anderer Species verschieden sind, erweisen sich in der Behaarung, dem anliegenden Kelch, den kurzen Blütenstielen und der Frucht als wahre *P. oenensis*. — Einige der neueren Autoren stellen bei der dichotomischen Anordnung der Unterscheidungsmerkmale *P. oenensis* in die Abteilung „*folia in petiolum subito contracta.*" Dieses Merkmal finde ich unter mehr als 200 Exemplaren nur bei wenigen; den meisten kommt allmähliche Verschmälerung zu und manche übertreffen in dieser Hinsicht sogar alle anderen *Rufiglandulae*.

Die *P. cadinensis* des Münchener botanischen Gartens, die von dem Cadinjoch im Fleimserthal geholt wurde, hat ovale oder verkehrteiförmige Blätter, sonst ist alles wie bei *P. oenensis*.

P. Plantae (*oenensis* + *viscosa* Vill. = *hirsuta* All. + *oenensis*) Brügger, die mir vom Autor gütigst zur Ansicht mitgeteilt wurde, ist nach meiner Untersuchung nicht verschieden von *P. oenensis*; die einen Exemplare derselben sind zwar etwas grösser und haben etwas grössere Blattzähne als die Pflanzen auf dem Umbrail und im Val Muranza, aber sie gleichen den grösseren Pflanzen aus dem Südtirol; die anderen Exemplare sind von meinen auf dem Piz Umbrail gesammelten *P. oenensis* nicht verschieden. *P. viscosa*, mit welcher *P. oenensis* sich bastardieren könnte, mangelt in jenen Gebieten.

Var. *Judicariae*. Etwas grösser, Blätter keilförmig, in der Scheitelregion grob gezähnt. Zähne 5—6, Entfernung derselben 2,5—8 mm, Höhe 1¹/₂—3 mm. Der mittlere Zahn höher und etwas grösser als die übrigen. Länge des ganzen Blattes bis 7 cm. Breite bis 1,4 cm. Schaft bis 11 cm lang. Blütenstiele bis 7, selten bis 9 mm. Behaarung der grünen Teile wie bei der Hauptform, eher etwas länger.

Judicarien: Alp Magiassone, 2000—3000 m ü. M.

Diese Pflanze habe ich von Porta als *P. Portae* (*P. Auricula* + *oenensis*) erhalten. Die Blüten sind verwelkt. Wenn sie in der Farbe mit *P. oenensis* übereinstimmten, so kann die Pflanze eine Varietät von *P. oenensis* sein. Hatten sie aber die Farbe vom Bastard, so müsste man eine sehr nahe zu *P. oeninsis* zurückkehrende Form annehmen. Einige Exemplare der *P. Plantae* scheinen einen Übergang zu dieser Varietät zu bilden.

9. P. villosa Jacq. (S. 45).

Spreite der Laubblätter rundlich-verkehrteiförmig bis länglich-oval, selten länglich-lanzettlich, allmählich, seltener rasch in den meist kurzen Blattstiel verschmälert, am Scheitel stumpf, abgerundet, seltener etwas gestutzt, von der Mitte an oder nur gegen den Scheitel gezähnt, zuweilen ganzrandig. Zähne 3—30, im allgemeinen klein und genähert, spitz bis abgerundet, gleichförmig oder nach dem Scheitel nur wenig grösser, sehr selten etwas kleiner werdend. Durchschnittliche Entfernung zweier Zähne 1,5—3,5 mm, Höhe derselben 0,5—2 mm, Einschnitte spitz oder etwas gerundet. Länge des ganzen Blattes 2,3—8,5 cm; Breite 0,9—3 cm.

Blütenschaft meist länger als die Blätter (bis fast dreimal so lang), zuweilen etwas kürzer, 1—12 blütig. Länge 3—15 cm.

Blütenstiele 1—7, selten bis 9 mm lang. Fruchtstiele 3—11 mm.

Hüllblätter grün oder ziemlich trockenhäutig, eiförmig oder quer-oval, stumpf, 1—4 mm lang, ¹/₂—¹/₄, seltener ebenso lang als die Blütenstiele.

Kelch 3—6, meist 4—5 mm lang, auf ¹/₄—²/₅ eingeschnitten; Kelchzähne meist klein, kurz dreieckig, eiförmig oder oval, spitz oder manchmal stumpf, anliegend oder etwas abstehend.

Oberfläche der grünen Teile meist dicht mit Drüsenhaaren besetzt, sehr klebrig. Drüsen dunkelrot, klein. Drüsenhaare ¹/₄—¹/₂, selten ³/₄ und 1 mm lang.

Blüten lila oder rosa, Röhre heller gefärbt, Schlund und innerster Teil des Saumes meist rein weiss, ebenso die Innenfläche der Röhre. Radius der Blumenkrone 8—14 mm; Kronzipfel auf ¹/₈—¹/₄ ausgerandet. Kronröhre 8—12, meist 9—10 mm lang, 2 bis fast 3 mal so lang als der Kelch.

Kronröhre und unterer Teil des Saumes, ebenso der Schlund mit Drüsenhärchen besetzt. Drüsen meist rötlich.

Staubkolben der kurzgriffligen Blüten $1/4 - 1/3$, seltener $2/5$ und sehr selten $1/2$ der Kronröhrenlänge unter dem Schlunde.

Fruchtkapsel meist etwas länger als der Kelch, ziemlich oft gleichlang und selten etwas kürzer, 5—7, sehr selten bloss 4 mm lang. Fruchtkelch 4—7 mm.

P. villosa Jacquin, Flora austriaca V. app. t. 27. — Rchb. p. 404. — Rchb. fil. p. 45; t. 66. — Schott Österr. bot. Wochenbl. 1852 p. 35. — Pax p. 155.

In den östlichen Alpen: Steiermark, Kärnthen und Krain auf vielen Standorten 1600—2200 m. Ich sah sie lebend auf dem Rennfeld bei Bruck a. d. Mur und kultiviert vom Originalstandorte, dem Seckauer Zinken, ferner vom Eisenhut, getrocknet von mehreren Lokalitäten, in besonders grosser Menge von der Stubalpe.

P. villosa ist mit *P. oenensis* nahe verwandt. Sie hat auch wie diese nicht selten etwas gestutzte Blätter, indem die drei obersten Zähne in gleicher Höhe liegen, unterscheidet sich aber im allgemeinen durch beträchtlichere Grösse, breitere Blätter und längere Drüsenhaare mit kleineren Drüsen.

Je nach den verschiedenen Standorten variiert *P. villosa* ziemlich bedeutend in der Dichte und Länge der Behaarung. Var. *norica* Kerner ist die weniger dicht und weniger lang behaarte, meist schmalblättrige Form von *P. villosa*, welche auf den Lavantthaler- und steirischen Schiefer-Alpen südlich der Mur und östlich der Zirbitz-Alpe konstant vorkommen soll (nach Bar. Jabornegg). Meine Beobachtungen stimmen damit überein, indem die auf dem Rennfeld bei Bruck gesammelten und die vom Sekauer Zinken stammende kultivierte *P. villosa* äusserst dichte und lange Haare aufweisen, während die Exemplare von der Stubalpe, die also aus dem Gebiete der Var. *norica* stammen, spärlicher behaart sind.

Subsp. **P. commutata** Schott (S. 46).

Spreite der Laubblätter verkehrteiförmig, länglich-rautenförmig oder länglich-spatelig, allmählich, seltener plötzlich in den meist langen, zuweilen jedoch ziemlich kurzen Blattstiel verschmälert, am Scheitel abgerundet oder stumpf, meist von der Mitte an, selten fast am ganzen Umfange, ebenfalls selten nur im oberen Drittel gezähnt. Zähne 5—16, zuweilen klein, gewöhnlich aber gross oder sehr gross, fast zu Lappen werdend, spitz, seltener abgerundet, oft ungleich, nach dem Scheitel öfter an Grösse zunehmend, meistens entfernt. Durchschnittliche Entfernung zweier Zähne 3—9 mm, Höhe derselben 1,5—5 mm, Einschnitte spitz oder etwas gerundet. Nur an unfruchtbaren Blattrosetten sind ganzrandige Blätter zu beobachten. Länge des ganzen Blattes 4,1—17 cm, Breite 1,2—4,1 cm.

Blütenschaft meist länger als die Blätter (bis doppelt so lang), zuweilen etwas kürzer, 1—12 blütig. Länge 4—13 cm.

Blütenstiele 2—5 mm, im Fruchtzustande 4—14 mm lang, selten (an einem kultivierten Exemplar) bis 17 mm.

Hüllblätter grün oder ziemlich trockenhäutig, eiförmig oder queroval, seltener eilänglich, abgerundet, stumpf oder spitzlich, 1—3 mm lang, $^1/_2$—$^1/_3$, seltener ebenso lang als die Blütenstiele.

Kelch 3—6,5 mm lang, auf $^1/_3$ bis fast $^2/_5$ eingeschnitten; Kelchzähne eiförmig bis ziemlich dreieckig, spitz oder etwas stumpf, anliegend oder etwas abstehend.

Oberfläche der grünen Teile ziemlich dicht mit Drüsenhaaren besetzt, klebrig. Drüsen dunkelrot, klein. Drüsenhaare $^1/_4$—$^1/_2$, selten $^3/_4$ und 1 mm lang.

Blüten rosa oder zuweilen mit einem Stich ins Blaue, Röhre heller gefärbt, Schlund und innerer Teil des Saumes meist reinweiss, ebenso die Innenfläche der Röhre. Radius der Blumenkrone 6—11 mm; Kronzipfel auf $^1/_6$—$^1/_4$ ausgerandet. Kronröhre 10—12 mm lang, 2—3 mal so lang als der Kelch.

Kronröhre und unterer Teil des Saumes ebenso der Schlund mit Drüsenhärchen besetzt. Drüsen meist rötlich.

Staubkolben der kurzgriffligen Blüten $^1/_4$—$^1/_3$ der Kronröhrenlänge unter dem Schlunde.

Fruchtkapsel fast immer kürzer, selten so lang als der Kelch, 5—6 mm lang. Fruchtkelch 5—8 mm.

P. commutata Schott. Österr. bot. Wochenblatt 1852 p. 35. — Rchb. fil. p. 45. t. 66. — Pax p. 155.

Steiermark: bei Herberstein, nicht ganz 400 m ü. M. (v. s.) (Nicht auf den Alpen Steiermarks, wie die gewöhnliche Angabe lautet).

P. commutata unterscheidet sich von *P. villosa* durch dünnere Blätter, längere Blattspreiten und Blattstiele, grössere Blattzähne, etwas längere Kelche und etwas kleinere Fruchtkapseln. Die von den Autoren angegebenen Merkmale sind zum Teil irrtümlich und rühren ohne Zweifel daher, dass zur Vergleichung nur wenige Exemplare benutzt wurden. So sollen bei *P. villosa* die Staubkolben der kurzgriffeligen Blüte in der Mitte der Röhre eingefügt sein, bei *P. commutata* über der Mitte. Ich habe eine grosse Menge Blüten von *P. villosa* untersucht und in fast allen die Staubgefässe über der Mitte eingefügt gefunden, genau wie bei *P. commutata*.

P. commutata darf nicht als besondere Species, sondern nur als Subspecies der *P. villosa* betrachtet werden, denn die unterscheidenden Merkmale finden sich nicht bei allen, sondern nur bei den meisten Exemplaren. So hat *P. villosa* meistens einen sehr kurzen Blattstiel, zuweilen aber erreicht derselbe auch eine Länge von 1 und 2, selbst von 3 cm, während der gewöhnlich lange Blattstiel von *P. commutata* in selteneren Fällen auch bloss 1 cm lang ist. Ebenso kommen bei *P. villosa* zuweilen grobgezähnte und bei *P. commutata* zweilen kleingezähnte Laubblätter vor. Es gibt überhaupt kein Merkmal von *P. villosa* und *P. commutata*, das permanent verschieden wäre; die beiden Sippen greifen mit den extremen Exemplaren in ihre gegenseitigen Formenkreise ein, so dass es extreme Individuen von *P. villosa* gibt, die man ebenso gut als *P. commutata* be- stimmen kann und umgekehrt. *P. commutata* muss als eine in der Ebene zurückgebliebene *P. villosa* betrachtet werden, die zu variieren angefangen hat und zwar in der Art, dass einzelne Pflanzen schon ziemlich weit ab- geändert haben, während andere noch kaum verschieden sind.

Ich hätte also ebenso gut *P. commutata* nur als Varietät von *P. villosa* aufführen können. Da ich aber bei den *Rufiglandulae* den Speciesbegriff überhaupt enger gefasst habe, fand ich es besser, dasselbe auch bei den Subspecies zu thun. Auch kann *P. commutata* offenbar nicht mit der Var. *norica* auf dieselbe Stufe gestellt werden, denn sie hat sich von der Stammpflanze doch bereits weiter entfernt als diese.

10. P. cottia Widm. (S. 46).

Spreite der Laubblätter verkehrteiförmig bis seltener länglich-lanzett- lich, allmählich, seltener rasch in den Blattstiel verschmälert, am Scheitel meist abgerundet, zuweilen spitz, von der Mitte, selten fast vom Grunde an, zuweilen bloss am Scheitel gezähnt. Zähne 7—15, auch bloss 3, klein oder ziemlich gross, meist gleichmässig, nach dem Scheitel nicht an Grösse zunehmend, entfernt oder genähert. Durchschnittliche Entfernung zweier Zähne 2—5 mm, Höhe derselben 1—2 mm, Einschnitte gerundet oder spitz. Es gibt auch Blätter mit zahlreicheren, kleineren Zähnen und ganzrandige mit einzelnen winzigen Zähnchen. Länge des ganzen Blattes 2,5—8, selten 10 cm, Breite 0,8—3 cm.

Blütenschaft bis mehr als doppelt, seltener bloss ebenso lang oder etwas kürzer als die Blätter, 2—11blütig. Länge 3—12 cm.

Blütenstiele 2—7, selten bis 9 mm lang. Fruchtstiele 4—12 mm.

Hüllblätter etwas trockenhäutig, eiförmig oder queroval, stumpf, 1—3 mm lang, $^1/_2$—$^1/_4$ so lang als die Blütenstiele, das unterste zuweilen länger und etwas blattartig.

Kelch 3,5—6 mm lang, auf $^1/_3$—$^1/_2$ eingeschnitten, Kelchzähne eiförmig oder dreieckig, stumpf oder spitz, abstehend oder anliegend.

Oberfläche der grünen Teile überall sehr dicht drüsenhaarig und klebrig. Drüsenköpfe rötlich, klein. Drüsenhaare $^1/_3$—$^1/_2$ und $^3/_4$, selten 1 mm lang.

Blüten rosa, Röhre heller gefärbt, Schlund und innerer Teil des Saumes meist reinweiss, ebenso die Innenfläche der Röhre. Radius der Blumenkrone 10—15 mm; Kronzipfel auf $^1/_7$—$^1/_5$ ausgerandet. Kronröhre 9—13 mm lang, 2—3$^1/_2$mal so lang als der Kelch.

Kronröhre und unterer Teil des Saumes, ebenso der Schlund mit Drüsenhärchen besetzt. Drüsen meist rötlich.

Staubkolben der kurzgriffligen Blüten $^1/_5$—$^1/_2$, meist $^1/_4$—$^1/_3$ der Kronröhrenlänge unter dem Schlunde.

Fruchtkapsel $^4/_5$ bis fast so lang als der Kelch; 3,5—7 mm lang.

P. *cottia* Widm. Flora 1889 p. 71.

P. *hirsuta* All. Fl. pedemont. I. p. 93 part.

P. *villosa*. Fl. ital. p. 631. part.

Piemont, cottische Alpen 1000—2000 m ü. M.: Val Germanasco (v. s.
et vc.), Thäler des Clusone und von Oulx (nach Dr. Rostan).

P. *cottia* hat grosse Ähnlichkeit mit P. *villosa*, namentlich mit der
Form vom Rennfeld; unterscheidet sich aber von derselben durch kürzere
Kapseln, resp. längere Kelche und etwas dünnere Blätter; von der Subsp.
commutata ist P. *cottia* durch dichter stehende und längere Behaarung
ausgezeichnet, sowie durch etwas breitere, weniger lang gestielte und weniger
grob gezähnte Blätter, während ihre Fruchtkapseln nahezu das gleiche
Verhältnis zum Kelch zeigen.

Der Unterschied zwischen P. *cottia* einerseits, P. *villosa* und *commutata*
anderseits ist so gering, dass ich die erstere nur als Varietät oder Subspecies trennen würde, wenn sie nicht in der geographischen Verbreitung
so weit entfernt und durch andere *Rufiglandulae*-Arten (P. *viscosa* und
P. *oenensis*) geschieden wäre, so dass man nur schwer sich einen gemein-
samen Ursprung denken könnte. Es ist indes auch möglich, dass sie
ihrem inneren Wesen nach der P. *viscosa* näher steht.

So wie bei P. *villosa*, könnte man auch bei P. *cottia* eine schmalblättrige, etwas weniger lang behaarte Form unterscheiden.

11. P. viscosa Vill. (S. 46).

Spreite der Laubblätter rundlich, unten in einen Winkel zusammen-
laufend, verkehrteiförmig oder oval, seltener länglich oder rhombisch,
sehr selten keilförmig, meist plötzlich oder ziemlich rasch, seltener allmählich in einen bald langen, bald kurzen, bei kleinen Pflanzen auch
fast oder gänzlich mangelnden Blattstiel verschmälert, am Scheitel abgerundet oder stumpf, selten etwas gestutzt; von der Mitte an oder fast
am ganzen Umfange, seltener bloss gegen den Scheitel hin gezähnt. Zähne
3—30, meist gross und etwas entfernt, selten fast zu Lappen werdend,
doch auch klein und genähert, spitz oder stumpflich, seltener abgerundet,
gleich oder ungleich. Durchschnittliche Entfernung zweier Zähne 2—7 mm,
Höhe derselben 1—5 mm, Einschnitte meist spitz, seltener gerundet. Länge
des ganzen Blattes 2—13 cm, Breite 1—3,7 cm.

Blütenschaft meist kürzer, selten etwas länger als die Blätter, 1—17-
blütig. Länge bis 7 cm, bei der *forma frigida* äusserst kurz (fast 0).

Blütenstiele 3—17, meist 6—10 mm lang: Fruchtstiele 6—17 mm.

Hüllblätter mehr oder weniger trockenhäutig, eiförmig oder queroval,
stumpf bis abgerundet, 1—3 mm lang, drei- bis vielmal kürzer als die
Blütenstiele, zuweilen das unterste oder auch die zwei und drei untersten
länger und blattartig (bis 10 mm lang).

Kelch 3—7, selbst auch bloss 2,5 mm lang, auf $^1/_3$—$^2/_3$ eingeschnitten; Kelchzähne so lang bis 2$^1/_2$ mal so lang als breit, spitz oder stumpflich, selten abgerundet, abstehend (selten etwas anliegend).

Oberfläche der grünen Teile dicht mit Drüsenhaaren besetzt, sehr klebrig. Drüsen bald anscheinend farblos, bald gelblich oder gelbrötlich, goldgelb oder gelbbraun, sehr selten rot, klein. Drüsenhaare $^1/_6$ — $^1/_3$, seltener $^1/_2$ mm lang.

Blüten rosa, meist mit einem Stich ins Blaue, oder purpurn, seltener schon beim Aufblühen lila, noch seltener reinweiss; Röhre heller oder weisslich, seltener gleichgefärbt. Schlund und innerer Teil des Saumes meist reinweiss, ebenso die Innenfläche der Röhre. Zuweilen ist der Schlund der Blumenkrone beim Aufblühen schwach grünlich gelblich. Radius der Blumenkrone 6—13 mm; Kronzipfel auf $^1/_9$ bis fast $^2/_5$ ausgerandet. Kronröhre 6—12 mm lang, 2—3$^1/_2$ mal so lang, selten wenig länger als der Kelch.

Kronröhre und unterer Teil des Saumes, ebenso der Schlund mit Drüsenhärchen besetzt. Drüsen farblos.

Staubkolben der kurzgriffligen Blüten $^1/_4$ — $^2/_5$ der Kronröhrenlänge unter dem Schlunde.

Fruchtkapsel $^1/_2$—$^3/_4$, selten bis $^7/_8$ so lang als der Kelch, 3—5 mm. Fruchtkelch 3,5—8 mm.

P. viscosa Villars Prospecte de l'histoire des plantes du Dauphiné 1779 (nach Nyman). Histoire d. pl. du Dauph. II p. 467. — Gaudin Fl. helv. II p. 89. — Rchb. p. 403. — Gr. Godr. p. 451.

P. hirsuta (Allioni part.). — Rchb. p. 404. — Rchb. fil. p. 46 t. 56. — Kerner Österr. bot. Zeitschr. 1875 p. 123. — Pax p. 155.

P. villosa Koch p. 676 part. — *P. villosa cum* Var. *β*. Fl. ital. p. 631 part. ·*P. ciliata* Schrank Prim. Fl. salisb. p. 64. — Rchb. fil. p. 46 t. 62. — Pax p. 155 (als Var.).

P. confinis Schott in Rchb. fil. p. 46 t. 62. — Fl. ital. p. 631.

P. pallida Schott in Skofitz Österr. Wochenblatt 1852 p. 35. — Pax p. 155 (als Var.).

P. exscapa Hegetschweiler Fl. d. Schweiz p. 195.

P. decipiens Stein.

Bei Allioni umfasst *P. hirsuta* alle gezähntblättrigen Formen der Rufiglandulae und der *P. latifolia*, also *P. viscosa*, *P. cottia* und *P. pedemontana*. — Bei Koch ist *P. viscosa* und *P. villosa* in seiner *P. villosa* vereinigt. — Reichenbach spaltet die jetzige *P. viscosa* in *P. viscosa* und *P. hirsuta*, Schott und Reichenbach fil. spalten *P. viscosa* in *P. hirsuta*, *P. ciliata*, *P. pallida* und *P. confinis*, Hegetschweiler in *P. viscosa* und *P. exscapa*.

Das Verbreitungsgebiet umfasst die Pyrenäen und die Alpen bis zum 13. Längengrad (ö. v. Greenwich). Es grenzt im Südosten an das Gebiet der *P. oenensis*, im Piemont an das der *P. pedemontana* und *P. cottia*. Pyrenäen (v. s.). Dauphiné (v. s.). Savoyen (v. s.). Piemont: Grajische Alpen bei

Aosta (v. v.) und Penninische Alpen (v. s. et vc.). Lombardei: Bergamasker Alpen (v. vc.). Schweiz: Vom Genfersee bis zur östlichen Grenze (v. v. et s.). Nordtirol und nördlicher Teil von Südtirol (v. v. et s.). Salzburg. In den genannten Gebieten ist *P. viscosa* so allgemein verbreitet, dass eine Angabe von Standorten überflüssig erscheint; sie findet sich von 400—2800 m ü. M., indem sie stellenweise bis in die Thalsohle hinuntersteigt, so bei Pisse-vache im Ct. Wallis und bei Chiavenna. Im Val Maggia erreicht sie sogar fast den Spiegel des Lago maggiore, indem sie noch etwa 20 m über dem-selben, also bei 220 m getroffen wird.

P. viscosa unterscheidet sich von *P. cottia* und *P. villosa* durch den kurzen Blütenschaft, die mehr rundlichen und mehr plötzlich in den Blatt-stiel zusammengezogenen Blätter, die kürzere Behaarung mit heller ge-färbten Drüsen, die längeren Blütenstiele, die mehr abstehenden Kelch-zähne und die längeren Fruchtkelche; doch ist keines dieser Merkmale durchgreifend und es muss daher stets die Summe derselben berück-sichtigt werden. Am ausgesprochensten zeigt sich die Specieseigentüm-lichkeit bei Pflanzen von niedrigen und mittleren Standorten; doch kommen auch hier ausnahmsweise schmälere und allmählich in den Blatt-stiel verlaufende Blätter vor (so auf dem Maloja im Engadin). Unter den hochalpinen Pflanzen gibt es solche, die in Grösse, Blattform, Länge der Blütenstiele, anliegendem Kelch und Kürze der Behaarung vollkommen mit *P. oenensis* übereinstimmen und nur dadurch sich unterscheiden, dass die Drüsen kleiner und fast farblos und die Fruchtkapseln merklich kürzer als die Kelche sind.

Aus dem Formenkreise von *P. viscosa* hat Schott und seinem Bei-spiele folgend Reichenbach fil. 4 Species unterschieden: I. die eigent-liche *P. viscosa* Vill. oder *P. hirsuta* Auct., II. *P. ciliata* (Schrank) Schott, Rchb. fil., III. *P. pallida* Schott, IV. *P. confinis* Schott, Rchb. fil. Pax führt dieselben als Varietäten auf. Ausserdem hatte schon früher Hegetsch-weiler *P. exscapa* aufgestellt.

P. ciliata wurde im Jahre 1792 von Schrank für die Salzburgische Pflanze aufgestellt. Derselbe citiert Haller hist. n. 613 und versteht unter seiner Species nichts anderes als *P. viscosa* Vill., die ihm unbekannt war. Schott und Reichenbach fil. haben daraus eine beschränkte Form gemacht, welche durch gröber gezähnte Blätter und grössere Kelchzähne sich auszeichnet. Solche Exemplare besitze ich vorzüglich von schattigen oder etwas feuchten Felsen (Arlberg, verschiedene Lokalitäten in der Schweiz, Aosta). Reichenbach fil. sagt, dass die Drüsenhaare am Rande und auf der Fläche der Blätter weniger zahlreich seien; es ist das eine Folge des stärkeren Wachstums und der beträchtlicheren Grösse der Blätter, wodurch die Drüsen auseinandergerückt sind. Dies sieht man deutlich an Exemplaren von der Roffna in Graubünden. Es gibt aber auch grosse grobgezähnte Blätter mit dichtstehenden Drüsen (so bei Aosta). — Pax charakterisiert die Var. *ciliata* Schrank durch: Foliorum dentibus aequa-libus, margine dense glanduloso, albo cincto. Das erste Merkmal soll

diese Varietät von der folgenden Var. *pallida* unterscheiden, so dass gegenüber der Hauptart als charakteristische Eigenschaft nur margine albo
cincto übrig bleibt, deren Bedeutung mir unklar ist. — Dalla Torre
schreibt der *P. ciliata*, abweichend von den anderen Autoren, Blätter zu,
die »allmählich in einen deutlichen Blattstiel verschmälert« sind, während
seine *P. hirsuta* »plötzlich in den kurzen Blattstiel zusammengezogene
Blätter« hat. Wahrscheinlich rührt diese Unterscheidung von den Worten
in der Beschreibung Schranks her: Folia perfecte ovata, in petiolium de-
currentia. Aber Schrank verbindet mit diesem Ausdruck offenbar einen
anderen Sinn als er in der Diagnose von Dalla Torre liegt.

P. *pallida* Schott ist der *P. ciliata* Auct. nächst verwandt, aber durch
ungleiche Sägezähne der Blätter, blasslilafarbige Blüten und schmälere,
keilförmig verkehrteiförmige Blumenzipfel unterschieden.

P. *confinis* Schott, Reichenbach fil. von Aosta ist der *P. ciliata*
ebenfalls nahe verwandt und zeichnet sich durch dicht braundrüsige,
sehr fleischige, gestreckte Blätter, breite Kronzipfel und sehr kurze Kelchzähne aus.

P. *exscapa* Hegetschw. hat sitzende, geschweift-gezähnte Blätter und
fast stiellose Blüten, die auf der Blattrosette sitzen und beinahe grösser
sind als die ganze Pflanze.

Von den genannten von *P. viscosa* abgetrennten Sippen wurden die
ersten 3 auf wenige, vorzüglich auf kultivierte Exemplare, die letzte auf
einige Pflanzen aus den höchsten Schweizeralpen hin, aufgestellt. Keine
derselben darf als Species, nach meiner Ansicht nicht einmal als Varietät
gelten, da ihnen nur ein individueller Wert zukommt, die letzte überdem
eine Standortsmodification ist.

Wenn *P. ciliata* durch grobgezähnte Blätter und grosse Kelchzähne
unterschieden wird, so ist zu bemerken, dass beide Merkmale eine all-
mählige Abstufung bis zu den kleinsten Blatt- und Kelchzähnen zeigen,
ferner, dass grobgezähnte Blätter und kleine Kelchzähne und anderseits
grosse Kelchzähne und kleingezähnte Blätter auf dem gleichen Pflanzenstock vorkommen.

Wenn *P. pallida* durch ungleiche Blattzähne ausgezeichnet sein soll,
so ist zu erwidern, dass diese Erscheinung häufig nur an einem Teil des
Blattes oder nur an einzelnen Blättern vorkommt, und wenn sie an allen
Blättern einer Pflanze sich zeigt, andere in der Nähe wachsende und
sonst ganz gleiche Pflanzen eine normale Zähnung besitzen. Was die
Blütenfarbe betrifft, so ist dieselbe nicht selten auf dem gleichen Standort verschieden, man findet blasser oder intensiver lilafarbene neben rot-
blühenden Pflanzen, ohne dass in den übrigen Merkmalen der geringste
Unterschied wahrzunehmen ist. Auch die Form der Kronzipfel wechselt
an übrigens ganz gleichen Pflanzen. So besitze ich aus Graubündten
einige Exemplare mit schmalen, keilförmigen Kronzipfeln, die ein wenig
an *P. minima* erinnern.

P. confinis habe ich früher auf einige kultivierte Exemplare hin als eine gutgeschiedene Sippe angesehen. (Flora 1889 p. 73). Seitdem besuchte ich den Originalstandort über Aosta und fand daselbst die grösste Mannigfaltigkeit. Braundrüsige Blätter kamen aber seltener vor, und zwar waren es nur ältere Blätter; in anderen weniger nassen Jahren sind die braunen Drüsen gewiss häufiger, vielleicht allgemein auch an jüngeren Blättern vorhanden. Ich sah übrigens im nämlichen Jahr braundrüsige Blätter ganz in gleicher Weise auch bei Faido an der Gotthardstrasse und am Maloja im Engadin. Die Farbe der Drüsen zeigte auf allen 3 Standorten eine allmähliche Abstufung bis zur Farblosigkeit. Ebenso beobachtete ich bei Aosta die gleichen Modifikationen in Dicke und Gestalt der Blätter wie in anderen Gegenden. Was die Kelchzähne betrifft, so fand ich auf dem Standorte der *P. confinis* allerdings sehr kleine Kelchzähne, aber nicht kleiner als man sie an Schweizer- und Tirolerpflanzen auch findet und daneben ebenso viele Exemplare mit grossen Kelchzähnen. Ebenso verhielt es sich mit den Kronzipfeln, dieselben waren bald sehr breit, bald sehr schmal, wie dies auch auf den Standorten in der Schweiz und im Tirol der Fall ist. — Exemplare der höheren Standorte über Aosta wurden von S t e i n als *P. decipiens* von *P. confinis* abgetrennt. Wenn ich dieselbe z. B. mit Pflanzen aus dem Gschnitz und vom Maloja vergleiche, so kann ich weder an den getrockneten noch an frischen Exemplaren im botanischen Garten zu München irgend einen Unterschied finden. — *P. confinis* Fl. ital. ist die nämliche Form wie *P. ciliata* Schott und Reichenbach fil.

P. e x s c a p a ist die Form der höchsten Standorte; sie ist nicht eigentlich *exscapa*, sondern, wie ich früher schon gezeigt habe, *breviscapa*. Aber neben dieser kurzschaftigen Form kommen in allmählichem Übergange auch gleich grosse Pflanzen mit längerem Schafte und ferner auch allmählich grösser werdende Pflanzen vor. Dieses Verhalten beobachtete ich auf den Bergen über Aosta, auf verschiedenen Standorten über Maloja, im Fexthal und auf dem Bernina, ferner an trockenen von N ä g e l i im Jahr 1839 in Zermatt gesammelten und mit Var. *breviscapa* bezeichneten Pflanzen. Diese kleine Form kommt wohl überall vor, wo *P. viscosa* hoch genug steigt, nämlich von 2100—2800 m und zwar vorzüglich auf trockenen, steinigen Felsen.

P. viscosa hat weitaus den grössten Verbreitungsbezirk; sie kommt ferner von der Ebene bis auf die höchsten Alpen vor; damit verbindet sie auch weitaus die grösste Vielförmigkeit unter den Arten der *Rufiglandulae*. Legt man eine $1\frac{1}{2}$—2 cm hohe Pflanze der Hochalpen (*forma frigida*) mit fast ungezähnten, stiellosen Blättern, deren Spreite fast ohne Verschmälerung in die Scheide übergeht, mit anliegenden Kelchen und einer oft fast schaftlosen und fast ungestielten Blüte neben eine 10—15 cm hohe Pflanze der Thäler mit langgestielten, grobgezähnten Blättern, grossen, weitabstehenden Kelchen und zahlreichen, langgestielten Blüten, so sollte man nicht glauben, dass dieselben zusammengehören können. Gleichwohl sind sie durch alle möglichen Zwischenformen verbunden.

Als eine besondere Erscheinung möchte ich die Var. *angustata* erwähnen, die ich auf dem Maloja gefunden habe, mit länglichen, allmählich in den Blattstiel verschmälerten Blättern. Die Pflanzen gleichen in der Blattform einer schmalblätterigen *P. villosa*, haben aber grössere Zähne. Die zahlreichen Übergänge zu der gewöhnlichen *P. viscosa* verbieten auch hier die Begründung einer besonderen Sippe.

Die Vielförmigkeit der Species scheint in den südlichen rhätischen und in den penninischen Alpen noch grösser zu werden, was vielleicht mit dem reichlicheren Vorkommen zusammenhängt. Auf dem Maloja im Engadin, auf dem Mte. Legnone am Comersee, am St. Gotthardt und noch mehr über Aosta ist die Mannigfaltigkeit der Formen sehr gross. Man findet alle vorhin genannten, von *P. viscosa* abgetrennten Arten in einzelnen typischen Exemplaren, und man könnte noch mehr ebenso berechtigte Arten aufstellen, wenn nicht die verbindende Mannigfaltigkeit alle Trennung verböte, und wenn nicht die Zwischenglieder zahlreicher vorhanden wären als die typischen Exemplare.

Eine bemerkenswerte Verschiedenheit scheint zwischen den Alpen und den Pyrenäen zu bestehen, indem die Pflanzen der letzteren sehr einförmig sind. Ich kann dies allerdings nur nach einigen 70 Exemplaren schliessen, die von demselben Sammler (Bordère) herstammen. In den Alpen aber müsste man die Pflanzen genau aussuchen, wenn man so viele gleichförmige zusammenbringen wollte. Ausser der oben beschriebenen Hochalpenform ist daher vorzüglich noch die Pyrenäenform hervorzuheben. Dieselbe ist ausgezeichnet durch gedrängten Wuchs, durch rundliche, unten in einen Winkel zusammenlaufende, ziemlich kurz gestielte, regelmässig und ziemlich stark gezähnte Blätter, meist kurze und verhältnismässig vielblütige Schäfte und grosse Kelche mit breiten, abstehenden Zähnen. Von den Hüllblättern ist fast durchgehends das unterste oder auch 2 und 3 grösser und blattartig. Da es in den Alpen ganz ähnliche Pflanzen gibt, so wage ich nicht diese forma *pyrenaea* als besondere Varietät abzutrennen.

Zur Systematik der Rufiglandulae (S. 27 und 44).

Die Unterscheidung einheitlicher Species der *Rufiglandulae* gehört der neueren Zeit an. Wenn auch Villars die *P. viscosa*, Jacquin die *P. villosa* gut beschrieben haben, so ist das dem Umstande zu verdanken, dass sie die anderen Arten nicht kannten. Allioni (Fl. pedem. 1785) teilt die *Rufiglandulae* Piemonts samt der *P. latifolia* in zwei durchaus künstliche Arten: mit gezähnten („*P. hirsuta*“) und mit ganzrandigen Blättern („*P. viscosa*“). Lehmann führt 3 Arten der *Rufiglandulae* auf: *P. ciliata*, *P. villosa* und *P. pubescens*. Nach Beschreibung und geographischer Verbreitung entspricht keine derselben einer der jetzigen Species und wenn neuere Autoren sie als Synonymen citieren, so ist dies nur für die Namen, nicht für die Pflanzen, die Lehmann im Auge hatte, richtig. Duby vereinigt alle *Rufiglandulae* samt der *P. latifolia* in eine einzige Species: *P. villosa*, deren Inhalt schon früher Reichenbach in 5 allerdings nicht durchgängig richtig begrenzte Arten unterschieden hatte: *P. latifolia* (mit fremdartigen Elementen), *P. pedemontana*, *P. villosa*, endlich *P. viscosa* und *P. hirsuta*, welche beide zusammen der *P. viscosa* in der oben gegebenen Umgrenzung angehören. Koch unterscheidet aus diesem ganzen Material nur 3 Species: *P. latifolia*, *P. pedemontana* und *P. villosa*, die letztere umfasst *P. villosa* und *P. viscosa*.

Unter den *Rufiglandulae* hebt sich *P. pedemontana* durch die geringe Behaarung auf den Blattflächen am deutlichsten ab. Alle anderen Species treten einander in einzelnen Formen sehr nahe, so dass es fast unmöglich ist, Diagnosen aufzustellen, welche nicht nur die typischen Exemplare, sondern alle zu einer Art gehörenden Pflanzen umfassen und dieselben ausreichend von allen Pflanzen der anderen Arten unterscheiden. Man möchte daher versucht sein, mit Koch alle Arten ausschliesslich der *P. pedemontana* zu vereinigen und sie in derselben als Varietäten aufzuführen. Doch hätte eine solche Vereinigung keine hinreichende Berechtigung, da wirkliche Übergänge, wie sie zwischen Varietäten vorausgesetzt werden müssen, mangeln.

Die systematische Scheidung der Species wird begünstigt durch ihre räumliche Trennung. Jede bewohnt ihr eigenes Gebiet oder wenigstens ihre eigenen Standorte; die letzteren stossen auch nicht einmal aneinander. So ist *P. pedemontana*, welche in den Bergen bei Aosta das gleiche Gebiet mit der *P. viscosa* bewohnt, von derselben doch durch einen Bergrücken getrennt. Ausnahmsweise grenzen *P. oenensis* und *P. viscosa* im Val Seriana aneinander und bilden daselbst einen Bastard. Übrigens ist das Vorkommen der einzelnen Arten noch lange nicht vollständig bekannt. Die fernere Forschung muss namentlich noch zeigen, wie sich *P. cottia* an *P. viscosa* sowohl im Westen nach der Dauphiné, als auch im Norden nach Aosta hin anschliesst, mit anderen Worten, welche Primelformen in diesen Zwischengebieten vorkommen. Ebenso ist der Anschluss von *P. viscosa* an *P. villosa* und von *P. oenensis* an *P. villosa* zu erforschen.

Die vorhin erwähnte Schwierigkeit, Diagnosen zu formulieren, hängt damit zusammen, dass kein einziges Merkmal für die Species streng permanent ist. Zu den besten Merkmalen gehört die Länge der Fruchtkapsel im Verhältnis zum Kelch; die Länge der Behaarung, die Grösse und Farbe der Drüsen und die Länge der Blütenstiele. Was die Haare betrifft, so sind sie bei der nämlichen Pflanze ungleich lang, in der Art, dass kürzere und längere Haare gemischt sind, aber die durchschnittliche Länge zeigt bei den verschiedenen Arten wesentliche Unterschiede. Der Kelch ist, was seine Grösse, ferner, die Grösse und Gestalt seiner Zähne betrifft, sehr veränderlich und kann in dieser Beziehung nicht als spezifisches Merkmal benützt werden; dagegen sind die anliegenden oder abstehenden Kelchzähne ziemlich beständig. In den Blüten gibt es kaum ein brauchbares Merkmal. Die Länge und Dicke der Kronröhre wechselt bei allen Arten und es lassen sich durchaus nicht, wie es von einzelnen Autoren geschehen, Arten mit längeren dünnen und solche mit kürzeren dicken Röhren unterscheiden. Ebenso sind bei jeder Art die Kronzipfel bald breit, so dass sie sich decken, bald schmal und spreizend; ferner geht die Ausrandung bei breiten und schmalen Zipfeln bald ziemlich tief, so dass sie zweilappig erscheinen, bald ist sie sehr schwach.

Die Blütenfarbe wechselt bei jeder Art und man kann nicht zwischen rosenroten und lilafarbigen Species unterscheiden, wenn auch jede derselben sich in etwas anderen Grenzen der Farbentöne bewegt. Die Lage der Staubkolben zeigt durchaus nicht die von einigen Autoren angegebenen Unterschiede. Was endlich die Blätter betrifft, die bisher als vorzüglichstes Unterscheidungsmerkmal benutzt wurden, so lässt sich eigentlich nur so viel sagen, dass ihre Form nur bei kräftigen Pflanzen von niederen und mittleren Standorten wesentliche Verschiedenheiten zeigt, indem entweder eine plötzliche oder allmähliche Verschmälerung der Blattspreite wahrgenommen wird. Dagegen kommen bei den meisten Species grob und klein gezähnte und auch ganzrandige Blätter vor. — Bei dieser Sachlage halte ich es für durchaus unmöglich, für die Unterscheidung der Species der *Rufiglandulae* die analytisch-dichotomische Methode anzuwenden, indem immer nur eine Summe von Merkmalen entscheidend ist.

12. P. Allionii Loisl. = Typ. VII (S. 27).

Wurzelstock mit den sehr dicht übereinander liegenden, abgestorbenen Blättern zweier oder mehrerer Jahre bedeckt.

Spreite der Laubblätter dick, graugrün, schwach riechend, ohne Knorpelrand, rundlich bis länglich und länglich-keilförmig, allmählich in den sehr kurzen oder auch ziemlich langen Blattstiel verschmälert; am Scheitel abgerundet oder stumpf, bald ganzrandig, bald nur am Scheitel oder fast am ganzen Rande schwach gezähnt. Zähne klein und stumpf, meist entfernt, seltener spitz und etwas genähert. Länge des ganzen Blattes 0,7—4,5 cm, Breite 0,4—1,1, seltener bis 1,4 cm.

Blütenschaft kaum 1 mm lang, 1—7 blütig.

Blütenstiele 2—3, seltener 4 mm lang, Fruchtstiele ebenso.

Hüllblätter trockenhäutig, eiförmig, stumpf oder spitz, ca. 2 mm lang, $^1/_2$ bis fast so lang als die Blütenstiele.

Kelch 3—6 mm lang, auf $^2/_5$—$^1/_2$ eingeschnitten; Kelchzähne eiförmig, stumpf oder spitz, anliegend.

Oberfläche der grünen Teile überall äusserst dicht mit Drüsenhaaren besetzt, äusserst klebrig. Drüsen farblos; Drüsenhaare $^1/_5$—$^1/_3$, seltener bis $^1/_2$ mm lang.

Blüten dunkel- oder hellrosenrot, mit leichtem Stich ins Blaue. Röhre heller gefärbt als der Saum; Schlund und innerer Teil des Saumes weiss oder gelblichweiss, ebenso die Innenfläche der Röhre. Saum ziemlich deutlich von der Röhre abgesetzt, flach; Radius desselben 6—9 mm; Kronzipfel auf $^1/_7$—$^1/_5$ ausgerandet, Kronröhre 7—11 mm lang, 2—3mal so lang als der Kelch.

Kronröhre und unterer Teil des Saumes, ebenso der Schlund mit Drüsenhaaren besetzt.

Staubkolben der kurzgriffligen Blüten $^1/_5$ der Kronröhrenlänge unter dem Schlunde oder nahe an demselben.

Fruchtkapsel merklich kürzer bis ebenso lang als der Kelch, 3—5 mm.

P. Allionii Loiseleur, Notice sur les plantes à ajouter à la flore de France p. 38. pl. III. f. 1. — Lehm. p. 83. — Duby p. 38. — Rchb. fil. p. 52. t. 60. — Pax p. 158. — Fl. ital. p. 639.

Piemont, Meeralpen, auf einem kleinen Gebiet zwischen Cuneo und Nizza, zerstreut, 700—1900 m ü. M. an Kalkfelsen: Madonna delle Finestre (v. s.), La Lansa über Entracque (v. s.), Val de Caïros über Fontane, San Dalmazzo di Tenda (v. v.). Parlatore und Caruel geben auffallenderweise den Originalstandort Madonna delle Finestre nicht an.

Die Erscheinung der bleibenden, abgestorbenen Blätter am Rhizom und ihre Ursache zeigen sich am deutlichsten bei dieser Art. Bei San Dalmazzo di Tenda wachsen die Pflanzen an etwas überhängenden, thonhaltigen Kalkfelsen, wo die Sonne, nicht aber der Regen hinkommt. Die trockenen, dachziegelförmig übereinander liegenden Blätter bedecken an meinen Pflanzen das Rhizom bis auf eine Länge von 7 cm; weiter abwärts ist dasselbe nackt. Die Blätter sind wohl erhalten, zwischen denselben befinden sich die dem Anscheine nach unveränderten Fruchtkapseln und zwar in Zwischenräumen von ungefähr 1 cm, so dass also die jährliche Längenzunahme des Wurzelstocks durchschnittlich 1 cm beträgt Dass die Blätter durch das Fehlen der Feuchtigkeit erhalten blieben, geht auch daraus hervor, dass man oft noch zwischen denselben die vertrockneten Blüten findet. Auf dem Standorte bei Madonna delle Finestre kommt *P. Allionii* in ähnlicher Weise vor, denn Allioni sagt: »E rupibus fissuris, locis umbrosis quae pluvia non aluit, neque sol percellit«. — Auch andere Primeln zeigen auf ähnlichen Standorten die eben besprochene Erscheinung; so beobachtete ich *P. viscosa* Vill. an Felsen auf dem Maloja mit einem Rhizom, das mit den vertrockneten Blättern mehrerer Jahre dicht bedeckt war. — Die kultivierten Exemplare von *P. Allionii*, die ich gesehen habe, waren kleine Pflänzchen mit kurzem Rhizom ohne abgestorbene Blätter, die im Habitus sehr wenig Ähnlichkeit mit den wildwachsenden Pflanzen hatten.

P. Allionii scheint wenig bekannt zu sein, da Schott, Reichenbach fil. und Pax sie mit *P. tirolensis* in die Sektion *Rhopsidium* stellen, welche durch schmale, lange Hüllblätter und eine flache Samenepidermis charakterisiert wird. Sie hat im Gegenteil kurze, breite Hüllblätter und ihre Samen haben ganz die gleiche Gestalt und die gleichen Samenhautzellen wie diejenigen der *Rufiglandulae*, von denen sie sich nur dadurch unterscheidet, dass die Drüsen keinen gefärbten Saft ausscheiden. Auch das ist noch bemerkenswert, dass der Schaft selbst auf den tiefstgelegenen Standorten kurz bleibt, während er bei den *Rufiglandulae* nur auf den höchsten Lokalitäten verkürzt wird.

13. P. tirolensis Schott. = Typ. VIII (S. 28).

Wurzelstock häufig mit den sehr dicht übereinander liegenden, abgestorbenen Blättern zweier oder mehrerer Jahre bedeckt.

Spreite der Laubblätter dicklich, dunkelgrün und etwas glänzend, schwach riechend, nur scheinbar etwas knorpelrandig, da die Knorpelzellen fehlen; rundlich oder verkehrt eiförmig, rasch, seltener allmählich in den meist kurzen Blattstiel zusammengezogen, am Scheitel abgerundet, fast ganzrandig und dann meistens mit kleinen, dem Rande aufgesetzten, aus Epithem gebildeten Knorpelspitzchen oder mit kleinen, in ein solches Knorpelspitzchen endigenden, oft abwechselnd ungleichen Zähnchen; Zähnchen meist nur an der oberen Blatthälfte, wenige bis 24. Länge des ganzen Blattes 0,7—2, seltener 3,5 cm, Breite 0,5—1,4 cm.

Blütenschaft bald etwas kürzer, bald etwas länger als die Blätter, 1—2blütig. Länge 0,4—2 cm.

Blütenstiele fast 0—2 mm, selten 3 mm lang; Fruchtstiele ebenso.

Hüllblätter krautig, lineal oder lanzettlich, nach oben bisweilen verbreitert, 3—9 mm lang, die Hälfte oder das obere Ende des Kelches, selten bloss die Basis desselben erreichend; das unterste zuweilen blattartig.

Kelch 4—7 mm lang, auf ½ eingeschnitten, glockenförmig mit abstehenden, oder oval, oben etwas eingezogen, mit anliegenden Zähnen; Kelchzähne oval, seltener länglich, nach oben etwas breiter werdend, abgerundet oder stumpf, zuweilen mit aufgesetztem Knorpelspitzchen, manchmal auch spitzlich, selten etwas ausgerandet.

Oberfläche der grünen Teile dicht mit Drüsenhaaren besetzt, klebrig. Drüsen farblos; Drüsenhaare ¹/₁₀ bis seltener ¹/₅ mm lang.

Blüten rosa oder rotlila, trocken hellviolett. Röhre gleich gefärbt wie der Saum oder weisslich, Schlund und innerster Teil des Saumes weisslich, Röhre allmählich oder ziemlich rasch in den weit trichterförmigen Saum übergehend, 7—10 mm lang, 1½ bis gut 2mal so lang als der Kelch; Radius der Blumenkrone 5—12 mm; Kronzipfel auf ¹/₃—¹/₂ eingeschnitten, in den Einschnitten zwischen denselben befindet sich zuweilen ein lineales, etwa 1 mm langes Spitzchen.

Kronröhre und unterer Teil des Saumes spärlicher oder reichlicher mit ziemlich langen (etwa ¹/₃ mm) Drüsenhaaren, Schlund meist reichlich damit besetzt.

Staubkolben der kurzgriffligen Blüten dicht am Schlunde bis ¹/₄ der Kronröhrenlänge unter demselben.

Fruchtkapsel wenig mehr als $\frac{1}{2}$ mal so lang als der Kelch, $2\frac{1}{2}$ bis 4 mm lang.

P. tirolensis Schott, Sippen österr. Primeln p. 13. — Rchb. fil. p. 51. t. 60. — Pax p. 158. — Fl. ital. p. 639.

P. Allionii Koch p. 678.

Südtirol und Venetien, vom Fleimserthal bis östlich von Belluno, an Kalkfelsen und auf steinigem Rasen, von 1000—2300 m ü. M. (v. s. et vc.).

P. tirolensis, welche von K o c h mit *P. Allionii* identifiziert, von A r - c a n g e l i als Varietät vereinigt wurde, unterscheidet sich von dieser Species durch die den Blattzähnen aufgesetzten Knorpelspitzchen, durch die kurzen Blütenstiele, die langen, schmalen Hüllblätter, die nach oben breiter werdenden Kelchzähne, die kürzere und weniger dichte Behaarung, die tiefer eingeschnittenen Kronzipfel, durch die im Verhältnis zum Kelch kürzere Kapsel und auch durch die flachen Epidermiszellen der Samen.

Wenn die Pflanzen an Felsen wachsen, so ist der Wurzelstock in ähnlicher Weise wie bei *P. Allionii* mit vertrockneten Blättern besetzt, aber so schön erhalten, wie bei letzterer Art, habe ich sie nicht gesehen. Auf anderen Standorten sind die alten Blätter mehr oder weniger verwest.

14. P. Kitaibeliana Schott. = Typ. IX (S. 28).

Wurzelstock mit den abgestorbenen Blättern mehrerer Jahre bedeckt.

Spreite der Laubblätter etwas bläulichgrün, stark riechend, ohne Knorpelrand, elliptisch-oval bis länglich-lanzettlich, allmählich in den meist langen, seltener kurzen Blattstiel verschmälert, am Scheitel spitz oder stumpf, bald ganzrandig, bald in der oberen Hälfte geschweift-gezähnelt, seltener einzelne Zähne grösser. Länge des ganzen Blattes 3,5—8 cm; Breite 1,1—2,9 cm.

Blütenschaft fast immer etwas kürzer als die Blätter, 1—2 blütig. Länge 2—6,5 cm.

Blütenstiele 4 mm und länger; Fruchtstiele 5—15 mm lang.

Hüllblätter krautig oder manchmal etwas trockenhäutig, lineal, spitz oder stumpf, 3—10 mm lang, so lang oder wenig länger oder kürzer als die Blütenstiele.

Kelch 8—12 mm lang, auf $\frac{1}{3}$—$\frac{3}{5}$ eingeschnitten, rötlich überlaufen. Kelchzähne länglich oder oval, nach oben etwas breiter werdend, spitz oder stumpf, anliegend oder meist etwas abstehend.

Oberfläche dez grünen Teile mehr oder weniger klebrig, dicht oder ziemlich dicht mit Drüsenhaaren besetzt. Drüsen farblos, Drüsenhaare $\frac{1}{10}$ bis seltener $\frac{1}{3}$ mm lang.

Blüten rosa, trocken rotlila. Röhre aussen heller gefärbt als der Saum oder weisslich, Schlund und innere Fläche der Röhre weisslich, Saum fast flach. Radius desselben 9—13 mm. Kronzipfel auf $\frac{1}{3}$—$\frac{1}{2}$ ein-geschnitten. Kronröhre ca. 10 mm lang, kaum $1\frac{1}{2}$ mal so lang als der Kelch.

Kronröhre fast kahl, Schlund reichlich mit ziemlich langen Drüsenhärchen besetzt.

Staubkolben der kurzgriffligen Blüten ¹/₃ der Kronröhrenlänge unter
dem Schlunde.

Fruchtkapsel ca. ¹/₂ so lang als der Kelch, 4—6 mm

  P. Kitaibeliana Schott in Österr. bot. Wochenblatt 1852 p. 267.
— Rchb. fil p. 49. t. 66. — Pax p. 154

  P. viscosa W. Kit. Icon. II. p. XXVIII

Kroatien, auf Kalkbergen: Velebit, Kapella von 350—1500 m ü. M.
(v. s. et vc.). Sie wird auch aus Serbien und der Herzegowina angegeben.
— Ich sah sehr viele Fruchtexemplare, aber nur wenige blühende.

  P. Kitaibeliana wurde von Schott nachträglich zu seiner Sektion
Arthritica gestellt. Sie kann aber entschieden nicht dazu gerechnet
werden und stellt vielmehr ein Zwischenglied zwischen *P. tirolensis* und
P. integrifolia dar. Pax glaubt, es sei eine Zwischenform zwischen *P. hirsuta* All (meiner *P. viscosa* Vill.) und den *Arthriticae*, was sich bloss durch
das äussere Ansehen motivieren lässt.

15. P. integrifolia L = Typ X (S. 28).

Wurzelstock kurz.

Spreite der Laubblätter weich, grasgrün, etwas glänzend, ohne Knorpelrand; immer streng ganzrandig, elliptisch oder länglich, ungestielt oder
ganz allmählich in den kurzen Blattstiel verschmälert, am Scheitel abgerundet oder stumpf oder spitzlich, manchmal mit wellig. verbogenem
Rande. Länge des ganzen Blattes 0,8—3,5 cm, Breite desselben 0,5—1,2 cm.

Blütenschaft etwas kürzer bis doppelt so lang als die Blätter, 1—3-
blütig. Länge 0,5—5 cm.

Blütenstiele fast 0—1,5, selten bis 3 mm lang. Fruchtstiele ebenso.

Hüllblätter krautig, häufig rötlich überlaufen, bisweilen etwas trockenhäutig, lineal oder lanzettlich, stumpf oder spitz, 5—11, selten bloss 3 mm
lang, die Basis des Kelches stets überragend, selten das obere Ende desselben erreichen.

Kelch meist rötlich überlaufen, 5—9 mm lang, auf kaum ¹/₃—²/₅ eingeschnitten; Kelchzähne oval oder länglich, abgerundet oder stumpf, locker
anliegend.

Oberfläche der grünen Teile kaum etwas klebrig Blattrand bewimpert,
obere Blattfläche meist spärlicher, Schaft, Kelch und Hüllblätter meist
reichlicher mit Drüsenhaaren bestreut. Drüsenhaare gegliedert, bis ³/₅ mm
lang; Drüsen sehr klein und farblos.

Blüten matt rot-lila, Röhre ebenso, zuweilen etwas dunkler, Schlund
und innere Fläche der Röhre gleich gefärbt wie der Saum. Saum weit
trichterförmig, Radius desselben 8—13 mm, Kronzipfel auf ¹/₄—²/₃ eingeschnitten. Kronröhre 9—15 mm lang, wenig länger bis fast doppelt
so lang als der Kelch.

Kronröhre kahl, Schlund und innerer Teil des Saumes dicht drüsig-zottig und dadurch weisslich erscheinend.

Staubkolben der kurzgriffligen Blüthen ¹/₂, selten ¹/₃ der Kronröhren-länge unter dem Schlunde.

Fruchtkapsel ¹/₃—¹/₂ mal so lang als der Fruchtkelch, 5—6 mm.

P. integrifolia Linné Species plant. (1753) I. p. 144. part. — Lehm. p. 73 part. — Koch p. 677. — Duby p. 40˙part. — Gr. Godr. p. 452. — Pax p. 153. — Fl. ital. p. 645.

P. Candolleana Rchb. p. 403. — Rchb. fil. p. 49 t. 58.

Auf Kalk- und Schieferbergen von 1500—2800 m ü. M. auf Rasen. Pyrenäen häufig (v. s.). Alpen der mittleren und östlichen Schweiz (v. v.) des Vorarlberg und des angrenzenden Tirols (St. Anton am Arlberg v. v.). Fehlt in der Dauphiné, in Savoyen, im Piemont (hier unrichtig von Nyman angegeben), und im Wallis. Geht auch nicht weiter östlich, als oben an-gegeben ist, und wird von Wohlfahrt irrtümlich als am Grossglockner wachsend erwähnt.

Die mikroskopische Untersuchung zeigt, dass unter den Epidermis-zellen des Blattrandes sich keine Knorpelzellen befinden; Koch sagt daher mit Recht: margine non cartilagineo. Schott (die Sippen der österr. Primeln) scheint *P. integrifolia* nicht gekannt zu haben. Seine Nachfolger stellten sie irrigerweise in die Sektion *Arthritica* mit *folia limbo cartilagineo cincta*.

Die Blätter der *P. integrifolia* sind streng ganzrandig; an getrockneten Pflanzen zeigen dieselben zuweilen einzelne Einkerbungen, welche von den welligen Biegungen des Randes im frischen Zustande herrühren. Unter einer grossen Zahl von Pflanzen aus den Pyrenäen finde ich eine einzige, welche sich von den übrigen nur dadurch unterscheidet, dass sie etwas grösser ist und dass ihre Blätter breiter und rascher in den schmäleren Blattstiel verschmälert und kleinzähnig sind: Var. *gavarnensis*. Sie gehört wahrscheinlich der hybriden Reihe *P. integrifolia + viscosa* an.

16—19. Cartilagineo-marginatae = Typ. XI (S. 28).

Pflanzen ansehnlich.

Wurzelstock im Allgemeinen vielköpfig.

Blätter mehr oder weniger steif, oberseits glänzend, stets mit deut-lichem Knorpelrand, immer streng ganzrandig, gewöhnlich spitz, ganz allmählich in den sehr breiten, scheidenförmigen Blattstiel verschmälert.

Blattflächen kahl, nur bei *P. spectabilis* oberseits mit mikroskopischen, in Grübchen stehenden Drüsen. Blattränder bald kahl, bald mit winzigen oder bis kaum ¹/₅ mm langen Drüsenhärchen besetzt; die übrigen grünen Teile von den gleichen Drüsenhärchen etwas klebrig.

Die Blütenstiele und die schmalen Hüllblätter oft lang und dadurch unter den übrigen *Longibracteen* sich auszeichnend.

5*

Blüten rosenrot oder lilafarbig, gross, Schlund und Innenfläche der
Röhre weisslich. Kurze Drüsenhärchen im Kronschlunde. Staubkolben
der kurzgriffligen Blüten $^1/_6$—$^1/_3$ der Kronröhrenlänge unter dem Schlunde.
Fruchtkapsel $^2/_5$—$^3/_4$ so lang als der Fruchtkelch.

Das Verbreitungsgebiet der *Cartilagineo-marginatae* gehört den östlichen
Alpen an und erstreckt sich vom Comersee und dem östlichen Bayern
bis nach Krain und Siebenbürgen. Sie wachsen ausschliesslich auf Kalk
und mehr auf Rasen als an Felsen.

Das am meisten in die Augen fallende Merkmal dieser Gruppe liegt
in der strengen Ganzrandigkeit der Blätter, das sie nur mit *P. integrifolia*
gemeisam hat, indes bei den übrigen *Auriculastren* die Blätter mehr oder
weniger gezähnt sind und nur ausnahmsweise ganzrandig erscheinen. —
Wie bei *P. integrifolia* zeigen die getrockneten Blätter der *Cartilagineo-
marginatae* zuweilen einzelne Einkerbungen am Blattrande, welche von
den welligen Biegungen des Randes im frischen Zustande herrühren und
die Folge einer Faltung sind.

Von der nächst verwandten *P. integrifolia* unterscheiden sie sich
durch das Vorhandensein der Knorpelzellen am Blattrande, durch die
kahlen Blattflächen und die kürzeren, nicht gegliederten Haare an den
übrigen grünen Teilen und im Kronschlunde, durch den weisslichen Schlund
der Blumenkrone und die etwas höhere Insertion der Staubkolben, endlich
durch das ausschliessliche Vorkommen auf Kalk.

Übersicht der zu den Cartilagineo-marginatae gehörenden Species.

16. *P. Clusiana* Tausch. Blätter ohne durchsichtige Punkte, mit
s c h m a l e m, a b e r   d e u t l i c h e m   K n o r p e l r a n d, steiflich, grasgrün.
Drüsenhaare an den Blattflächen 0, am Blattrand sowie an den übrigen
grünen Teilen d i c h t, bis $^1/_5$ mm l a n g. — Blütenstiele meist 4—10 mm
lang. Hüllblätter selten die Hälfte des Kelches erreichend. Kelchzähne
stumpf, seltener spitz.

17. *P. Wulfeniana* Schott. Blätter ohne durchsichtige Punkte, mit
b r e i t e m   K n o r p e l r a n d, sehr steif, d u n k e l b l a u g r ü n. Äusserst
kurz gestielte Drüsen (scharfe Loupe) nur am Blattrand und am Kelch,
bis kaum $^1/_{20}$ mm lang. — Blütenstiele 2—8 mm lang. Hüllblätter oft
die Hälfte des Kelches erreichend. Kelchzähne abgerundet oder stumpf.

18. *P. calycina* Duby. Blätter ohne durchsichtige Punkte, mit
breitem, gezäkeltem Knorpelrande, sehr steif, blaugrün. Blätter v o l l-
k o m m e n   k a h l, am Kelche spärliche, äusserst kurz gestielte Drüsen
(scharfe Loupe). — Blütenstiele 2—20 mm lang. Hüllblätter länger als
die Blütenstiele, zuweilen die Spitze des Kelches erreichend. Kelchzähne spitz.

Var. *longobarda* Porta. Pflanze kleiner, in allen Teilen kürzer; Kelchzähne stumpf.

19. *P. spectabilis* Tratt. Blätter mit durchsichtigen Punkten,
breitem Knorpelrande, steif, k l e b r i g, grasgrün. Drüsenhaare am Blatt-

rand und am Kelch, bis ¹/₂₀ mm lang und einzeln in den Einsenkungen der Epidermis (Mikroskop), welche die durchsichtigen Punkte bilden. — Blütenstiele oft sehr lang, 2—50 mm, Hüllblätter meist kürzer als die Blütenstiele. Kelchzähne stumpflich oder spitzlich.

16. P. Clusiana Tausch. (S. 68).

Spreite der Laubblätter etwas steif, oberseits hellgrün, glänzend, unterseits graugrün, wenig oder nicht klebrig, mit schmalem, weisslichem Knorpelrande, oval oder länglich-oval, am Scheitel abgerundet, stumpf, spitz oder etwas zugespitzt. Länge des ganzen Blattes 1,2—9 cm; Breite desselben 0,7—3,1 cm.

Blütenschaft etwas kürzer bis fast doppelt so lang als die Blätter, 1—4 blütig, Länge 1,2—11 cm.

Blütenstiele 1—15, meist 4—8 mm lang, Fruchtstiele 4—15 mm.

Hüllblätter krautig oder etwas trockenhäutig, weisslich grün, mehr oder weniger rot überlaufen, am Grunde oft scheidenförmig verbreitert, lanzettlich oder lineal, stumpf oder spitzlich, 4—18 mm lang, meistens länger als die Blütenstiele, selten die Hälfte des Kelches überragend, ebenfalls selten bloss ³/₅ so lang als der Blütenstiel.

Kelch weisslich grün oder grün, mehr oder weniger braunrot überlaufen, 7—14 mm lang, auf ¹/₄—²/₅ eingeschnitten, Kelchzähne eiförmig, stumpf, seltener spitz, anliegend oder wenig abstehend.

Oberfläche der grünen Teile: Blätter ober- und unterseits kahl, Blattränder, Schaft, Hüllblätter und Kelch dicht mit Drüsenhaaren besetzt. Drüsenhaare sehr kurz, bis kaum ¹/₅ mm lang; Drüsen farblos.

Blüten rosenrot, beim Abblühen meist lila. Röhre gleichgefärbt wie der Saum oder weisslich, Schlund und innere Fläche der Röhre weisslich. Kronsaum weit trichterförmig; Radius desselben 10—20 mm, Kronzipfel auf ²/₅ bis gut ¹/₂ eingeschnitten. Kronröhre 9—16 mm lang, so lang oder etwas länger als der Kelch.

Kronröhre kahl, Schlund und innerer Teil des Saumes dicht mit kurzen Drüsenhärchen besetzt.

Staubkolben der kurzgriffligen Blüten ¹/₆—¹/₃ der Kronröhrenlänge unter dem Schlunde.

Fruchtkapsel ungefähr ¹/₂ so lang als der Kelch, 4—7 mm.

P. *Clusiana* Tausch in „Flora" 1821 I. p. 364. — Rchb. fil. p. 50 t. 58. — Pax p. 153.

P. *integrifolia* Linné Species plant. 1753 I. p. 144 part. — Jacquin Fl. austriaca t. 327. — Lehm. p. 73 part. — Rchb. p. 403 part. — Duby p. 40 part.

P. *glaucescens* Rchb. p. 403 part.

P. *spectabilis a ciliata* Koch p. 677.

Nördlicher Zug der Ostalpen vom östlichsten Bayern durch Salzburg, Ober- und Niederösterreich bis in das nördliche Steiermark, auf Kalk, von 650—2200 m ü. M. (v. v.).

Ich führe hier eine Pflanze, deren Bedeutung noch zweifelhaft ist, als Var. *admontensis* Gusmus auf. Dieselbe wurde von Gusmus von Admont in Steiermark als *P. Clusiana* Var. *foliis dentatis*, als *P. admontensis* (*P. Auricula + Clusiana*) und als *P. Churchilii* (*P. Auricula + Clusiana*) lebend verschickt. Diese drei Pflanzen habe ich neben einander blühend im Münchener botanischen Garten gesehen. Eine genaue Untersuchung zeigt, dass sie unter einander nicht verschieden sind, wenigstens nicht mehr, als es die Exemplare von *P. Clusiana* unter sich sind, wo man auch etwas heller- und etwas dunklergrüne Blätter, etwas kleinere und grössere, etwas hellere oder dunklere Blüten findet. Die *P. admontensis* unterscheidet sich von *P. Clusiana* einzig durch die von der Mitte an oder schon etwas unter der Mitte gezähnelten Blätter; Zähnchen klein, von einander entfernt, stumpf, 14—16 an einem Blatt. — Die von Lehmann abgebildete *P. integrifolia* Var. dürfte wohl die nämliche Pflanze sein (so dessen Text p. 74, Fundort „ad radices montium Hungariae et Styriae".)

P. admontensis kommt nur spärlich zwischen *P. Clusiana* vor und ist jedenfalls hybriden Ursprungs, und zwar durch wiederholte Befruchtung eines *Clusiana*-Bastardes mit *P. Clusiana* entstanden. Dieser *Clusiana*-Bastard könnte *P. Auricula + Clusiana, P. Clusiana + villosa* oder *P. Clusiana + minima* sein.

17. P. Wulfeniana Schott (S. 68).

Spreite der Laubblätter sehr steif, dunkelblaugrün, sehr glänzend, nicht klebrig, mit breitem, nach oben etwas umgebogenem, weisslichem, stellenweise mit dem zu gelben Massen eingetrockneten Sekret der Drüsen bedeckten Knorpelrand, elliptisch oder länglich, seltener lanzettlich; am Scheitel spitz. Länge des ganzen Blattes 1,5—4,5 cm, Breite 0,4—1,2 cm.

Blütenschaft kürzer bis gut 1½ mal so lang als die Blätter, 1- bis selten 3 blütig. Länge 1—4,5 cm.

Blütenstiele 2—8 mm lang. Fruchtstiele 9—10 mm.

Hüllblätter krautig oder etwas trockenhäutig, häufig rot angelaufen, lineal, spitzlich, 4—12 mm lang, wenigstens so lang als die Blütenstiele, manchmal die Hälfte des Kelches erreichend.

Kelch ganz oder oberwärts rot gefärbt, 6—9 mm lang, auf $\frac{1}{3}$—$\frac{2}{5}$ eingeschnitten; Kelchzähne meist eiförmig, abgerundet oder stumpf, seltener länglich, spitzlich; anliegend.

Laubblätter, Hüllblätter und Kelchzähne nach der vorderen Fläche etwas rinnenförmig eingebogen, an der Spitze etwas kapuzenförmig.

Oberfläche der grünen Teile anscheinend kahl. Mit scharfer Loupe sieht man am Blattrand und am Kelche reichliche, äusserst kurz gestielte Drüsen; Drüsenhaare samt den Drüsen bis $\frac{1}{30}$ mm lang.

Blüten dunkel rosenrot mit einem Stich ins Bläuliche. Röhre heller gefärbt als der Saum, Schlund und innere Fläche der Röhre weisslich. Kronsaum weit trichterförmig bis fast flach, Radius desselben 12 · 15 und 17 mm; Kronzipfel auf $\frac{1}{3}$ — $\frac{2}{5}$ eingeschnitten. In den Einschnitten zwischen den Kronzipfeln auf der äusseren Seite manchmal ein kleines, abwärts gebogenes, gefranstes, weisses Schüppchen. Kronröhre 7—14 mm lang, so lang bis 1½ mal so lang als der Kelch.

Kronröhre kahl, Schlund und innerer Teil des Saumes dicht mit sehr kurzen Drüsenhärchen besetzt.

Staubkolben der kurzgriffligen Blüten ¼ — ⅓ der Kronröhrenlänge unter dem Schlunde.

Fruchtkapsel ca. ¾ mal so lang als der Kelch, ca. 6 mm.

P. *Wulfeniana* Schott Blendlinge österr. Primeln p. 17 t. 16. — Rchb. fil. p. 50 t. 63. — Pax p. 154. — Fl. ital. p. 642.

P. *glaucescens* Rchb. p. 403 part.

P. *integrifolia* Rchb. p. 403 part.

Alpen von Venetien, Kärnthen und Krain auf Kalk, meist von 1800 bis 2100 m ü. M. (v. s. et vc.).

18. P. calycina Duby (S. 68).

Spreite der Laubblätter steif, meergrün, sehr glänzend, nicht klebrig, mit breitem, feingezäkeltem, weisslichem Knorpelrande, lanzettlich oder elliptisch-länglich, am Scheitel spitz oder häufig etwas kapuzenförmig zugespitzt. Länge des ganzen Blattes 2,5—10 cm, Breite desselben 0,7 bis 2,5 cm.

Blütenschaft 1½ bis mehr als doppelt so lang, sehr selten so lang oder etwas kürzer als die Blätter, 2—6 blütig. Länge 4,5—13 cm.

Blütenstiele 2—20 mm lang. Fruchtstiele 7—20 mm.

Hüllblätter krautig oder namentlich gegen den Grund hin trockenhäutig, häufig rot angelaufen, lineal oder lanzettlich-lineal, spitz, selten stumpflich, 5—28 mm lang, die längsten Hüllblätter in einer Dolde so lang bis doppelt und mehrmals so lang als die längsten Blütenstiele, und dann die Kelche überragend.

Kelch ganz oder oberwärts rot gefärbt, 8—18 mm lang, auf ⅖—⅗ eingeschnitten, Kelchzähne lineal, lanzettlich oder länglich, spitz, seltener stumpflich, bald dicht oder locker anliegend, bald etwas abstehend.

Oberfläche der grünen Teile ganz kahl, nur das Ende des Schaftes und der Kelch sind mehr oder weniger mit winzigen Drüsenhaaren (nur mit scharfer Loupe sichtbar) besetzt.

Blüten rosa, purpurn oder helllila. Röhre etwas heller gefärbt als der Saum, Schlund und innere Fläche der Röhre weisslich. Kronsaum schmäler bis weit trichterförmig; Radius desselben 12—15 mm; Kronzipfel auf ⅕—⅓ und ⅖ ausgerandet. Kronröhre 11—15 mm lang, so lang oder etwas länger als der Kelch.

Kronröhre kahl, Schlund und innerer Teil des Saumes dicht mit sehr kurzen Drüsenhärchen besetzt.

Staubkolben der kurzgriffligen Blüten ⅕ — ⅓ der Kronröhrenlänge unter dem Schlunde.

Fruchtkapsel ca. ⅖—⅗ mal so lang als der Kelch, 6—8 mm.

P. calycina Duby p. 40.

P. glaucescens Moretti de quibusdam plantis Italiae p. 9. — Rchb.
p. 403 part. — Rchb. fil. p. 51 t. 58. — Pax p. 154. — Fl. ital. p. 644.
Kalkberge im Norden der Lombardei, vom Comersee bis in das angrenzende Judicarien, von 800—2400 m ü. M. (v. v.).

Die Namen *calycina* und *glaucescens* erschienen beide genau zu gleicher
Zeit zum ersten Male in einem Buche. Duby hatte nämlich die Pflanze
von den Corni di Canzo als *calycina* an Moretti gesandt, und dieser veröffentlichte sie darauf als *glaucescens* mit dem beigefügten Synonym *calycina* Duby. Die Rechte Dubys wurden von Gaudin (Fl. helv. II p. 95),
diejenigen Morettis aber von Reichenbach fil. verteidigt. Letzterer
hält den Umstand für entscheidend, dass Scanagetta, der Lehrer von
Moretti, die Pflanze auf dem gleichen Standort schon 30 Jahre früher
gesammelt hatte. Moretti aber scheint auf die spezifische Bedeutung
derselben erst durch die Mitteilung von Duby im Jahre 1819 aufmerksam
geworden zu sein; er ging einige Jahre später zum ersten Mal auf den
Standort Corni di Canzo und veröffentlichte dann die Pflanze als *P. glaucescens*, während er wohl füglich den ihm mitgeteilten Namen hätte bei-
behalten sollen. Ferner war, wie Gaudin bezeugt, *P. calycina* schon
vorher in Herbarien und öffentlichen Katalogen bekannt. So wird wohl
diesem Namen die Priorität zuerkannt werden müssen, wie er auch der
bezeichnendste ist, da die Pflanze grössere Kelche als jede Art des Sub-
genus *Auriculastrum* besitzt.

Var.: *longobarda* Porta. Pflanze kleiner, Kelch kürzer (7—9 mm),
etwas weniger tief eingeschnitten (auf ¹/₃—²/₅); Kelchzähne stumpf. Blüten
etwas kleiner. — *P. longobarda* Porta Sched. — Im östlichsten Teil des
Verbreitungsgebietes der *P. calycina*.

Pax stellt in der dichotomischen Anordnung der diagnostischen
Merkmale *P. calycina* mit „*calycis lobi acuti*" den anderen Arten und
Varietäten gegenüber. In den Kelchspitzen gibt es aber eine allmähliche
Abstufung; die spitzesten Kelchzähne haben die Exemplare vom Original-
standort (Corni di Canzo). Doch gibt es auch hier schon viele Pflanzen,
an denen einer der Kelchzähne breiter und stumpflich und selbst einige
wenige, die durchaus stumpfliche Kelchzähne besitzen. Weniger spitz
sind die Zähne an den Exemplaren aus Judicarien; sie bilden den allmählichen Übergang zu der *P. longobarda*. Ich habe Pflanzen von den
Corni di Canzo, die sich in keiner Weise von solchen der *P. calycina* aus
Judicarien, und anderseits Pflanzen aus Judicarien, die sich in keiner
Weise von solchen aus der Lombardei (*longobarda*) unterscheiden. Letztere
darf nicht als Species getrennt werden, wie es in den Schedae ad Fl.
exsicc. austro-hung. von Kerner geschieht; Porta selbst hatte sie als
P. calycina Var. *longobarda* ausgegeben. Pax stellt die *P. longobarda* als
Varietät zu *P. spectabilis* und betrachtet sie als Zwischenform zwischen
dieser und *P. calycina*. Sie zeigt aber in den charakteristischen Unter-
scheidungsmerkmalen keine Annäherung an *P. spectabilis*.

19. P. spectabilis Tratt. (S. 68).

Spreite der Laubblätter ziemlich steif, grasgrün, glänzend, klebrig, mit durchscheinenden Punkten und breitem, weiss-knorpeligem, nach oben umgebogenem Rande, länglich oder oval-rautenförmig, am Scheitel mehr oder weniger spitz, seltener ziemlich stumpf. Länge des ganzen Blattes 2—9 cm, Breite desselben 1,1—3,7 cm.

Blütenschaft so lang bis doppelt so lang als die Blätter, 1—7blütig. Länge 2—16 cm.

Blütenstiele 3—30 mm lang. Fruchtstiele 15—30 mm.

Hüllblätter mehr oder weniger trockenhäutig, bisweilen rot angelaufen, lineal, spitz oder spitzlich, 3—14 mm lang, im allgemeinen kürzer als die Blütenstiele, die längsten Hüllblätter in einer Dolde $^2/_3$ bis selten 2mal so lang als die längsten Blütenstiele.

Kelch oberwärts rot gefärbt, 7—11 mm lang, auf $^2/_7$—$^2/_3$ eingeschnitten; Kelchzähne eiförmig, länglich oder lanzettlich, stumpflich oder spitzlich, häufig mit etwas kapuzenförmigen Spitzen, abstehend.

Oberfläche der grünen Teile anscheinend kahl. Mit scharfer Loupe sieht man am Kelche und am Blattrande reichliche, auf den stärkeren Nerven der unteren Blattfläche hier und da spärliche und mit dem Mikroskop in den Einsenkungen der oberen Blattfläche, welche die durchsichtigen Punkte hervorbringen, einzelne kleine, äusserst kurz gestielte Drüsen. Drüsenhaare bis $^1/_{20}$ mm lang.

Blüten rosenrot, ins Violette spielend; Röhre aussen heller gefärbt als der Saum, Schlund und innere Fläche der Röhre weisslich. Kronsaum weit trichterförmig, fast flach, Radius desselben 11—16 mm; Kronzipfel auf $^1/_4$—$^1/_3$ eingeschnitten. Kronröhre 10—16 mm lang, 1—2$^1/_2$mal so lang als der Kelch.

Kronröhre kahl oder sehr spärlich, Schlund und innerer Teil des Saumes reichlicher mit sehr kurzen Drüsenhärchen besetzt.

Staubkolben der kurzgriffligen Blüten $^1/_4$—$^1/_3$ der Kronröhrenlänge unter dem Schlunde.

Fruchtkapsel gut $^1/_2$—$^2/_3$ so lang als der Kelch, ca. 6 mm.

P. spectabilis Trattinnick, ausgewählte Tafeln aus dem Archiv der Gewächskunde. IV. p. 426. t. 377. — Rchb. fil. p. 50. t. 64. — Pax p. 154. — Fl. ital. p. 641.

P. spectabilis β denticulata Koch p. 677.

P. integrifolia Tausch. Flora 1821.

P. Polliniana Moretti. Prim. ital. p. 12. — Duby p. 40.

Bergamasker Alpen, Alpen des südlichen Tirols und nördlich von Vicenza (v. s. et vc.) auf Kalk von 500—2200 m ü. M.

Hierher gehört *P. Weldeniana* Rchb. Ich verweise auf die Besprechung derselben bei *P. Auricula (Balbisii)* + *spectabilis*.

Trattinnick, der Autor der *P. spectabilis* sagt, er habe die Pflanze von Dr. Lehmann lebend aus den Karpathen erhalten. Seitdem wurde sie dort nicht gefunden. Dagegen haben die neueren Autoren den Namen auf die Pflanze des südlichen Tirols übertragen. Entweder nun hat bei L e h m a n n eine Verwechslung des Standortes stattgehabt, oder T r a t t i n - n i c k s Pflanze wächst wirklich in den Karpathen. Im letzteren Falle besteht die Frage, ob sie identisch mit der südtirolischen Pflanze sei; hiergegen findet sich ein Bedenken, dass es nämlich bei den Primeln sonst nicht vorkommt, dass eine Art in zwei räumlich entfernten Gebieten wächst, wenn in dem zwischenliegenden Gebiet eine andere Art des gleichen Typus (hier die in Österreich wachsende *P. Clusiana* Tausch) sich findet. Die etwas dürftige Beschreibung von T r a t t i n n i c k und die recht gute Ab- bildung stimmt mit der südtirolischen überein bis auf das Merkmal „Blätter unterseits fein behaart", während sie bei dieser im allgemeinen kahl, nur hier und da auf den stärkeren Nerven mit sehr kurzen und spärlichen Härchen bestreut sind. Sollte in den Karpathen die Pflanze von T r a t t i n n i c k aufgefunden werden und sich als etwas Besonderes erweisen, so müsste die bisherige *P. spectabilis* aus Südtirol *P. Pollinana* Mor. heissen.

20. P. minima L. = Typ XII (S. 28).

Wurzelstock niederliegend, verlängert, bis 6 cm und darüber, mehr oder weniger vielköpfig.

Spreite der Laubblätter steiflich, glänzend, ohne Knorpelrand, keil- förmig oder verkehrt-dreieckig, ungestielt oder allmählich in einen kurzen, selten längeren Blattstiel verschmälert, der obere Rand gerade abgeschnitten oder etwas, selten stark gebogen, sägezähnig; Zähne gross, in eine Knorpel- spitze zugespitzt, an dem gerade gestutzten Rande 3—7, gleich gross und in gleicher Höhe; bei gebogenem Rande 5—9, gleich gross oder der mittlere oder 3—5 mittlere grösser und höher, die seitlichen, jederseits 1—3, kleiner und an Grösse abnehmend. Durchschnittliche Entfernung zweier Zähne 1—3 mm; Höhe derselben 1—3 mm; Einschnitte zwischen den Zähnen spitz, seltener stumpfwinkelig. Länge des ganzen Blattes 0,5—2, selten 3,5 cm, Breite desselben 0,3—0,8 cm.

Blütenschaft meist sehr kurz, gewöhnlich kürzer, selten länger als die Blätter (bis doppelt so lang) 1—2 blütig. Länge 0,2—3 cm; Frucht- schaft an Pflanzen aus den Sudeten bis 6 cm.

Blütenstiele fast 0—3 mm; Fruchtstiele 0—5 mm.

Hüllblätter 1—2, wenn einzeln, lanzettlich, nach oben etwas breiter werdend, wenn zwei, das obere lineal, nach der Spitze eher verschmälert; — blass, nach oben grün, spitzlich oder stumpf, mit einem kleinen, auf- gesetzten Spitzchen, 4—8 mm lang, meist wenig kürzer, seltener bloss ¹/₂ so lang als der Kelch.

Kelch grün, 6—9 mm lang, auf ¹/₃—²/₅ eingeschnitten. Kelchzähne abgerundet oder stumpflich, oft mit einem aufgesetzten Spitzchen, anliegend oder abstehend.

Oberfläche der grünen Teile nicht klebrig, scheinbar kahl. Mit hinreichender Vergrösserung sieht man auf der Blattfläche sehr zerstreute, äusserst kurz gestielte Drüsen. Am Kelch sind dieselben ziemlich zahlreich. Am Blattrande beträgt die Länge der Drüsenhaare (samt der Drüse) kaum ¹/₂₀ mm.

Blüten von einem leuchtenden Rosa, im Alter verblassend, trocken hell- oder rot-violett. Röhre weisslich, Schlund und innerer Teil des Saumes weiss, ebenso die Innenfläche der Röhre. Saum deutlich von der Röhre abgesetzt; erst weit trichterförmig, dann flach; Radius desselben 7—16 mm. Kronzipfel mehr oder weniger schmal keilförmig und spreizend, auf ²/₅—¹/₂ eingeschnitten; Lappen schmal und spreizend. Kronröhre 5—11 mm lang, 1—2, meist 1¹/₂ mal so lang als der Kelch.

Kronröhre und Aussenfläche des Saumes ziemlich kahl, innerer Teil des Saumes, Schlund und Innenfläche der Röhre von gegliederten Drüsenhaaren zottig.

Staubkolben der kurzgriffligen Blüten in der Mitte der Kronröhre, seltener ¹/₃ der Röhrenlänge unter dem Schlunde.

Fruchtkapsel kaum ¹/₂ so lang als der Kelch, 3—5 mm.

P. minima Linné Species plant. I. p. 143. — Lehm p. 85. — Rchb. p. 402. — Duby p. 39. — Koch p. 678. — Rchb. fil. p. 52 t. 59. — Pax p. 159. — Fl. ital. p. 654.

P. Sauteri Schultz in »Flora« vol. 19 p. 123.

Die geographische Verbreitung erstreckt sich über die östlichen Alpen und die Gebirge von Osteuropa vom 11. bis fast zum 26.⁰ östl. Länge von Greenwich mit einem nördlich gelegenen inselartigen Vorkommen bis 51⁰ nördlicher Breite. Tirol (v. v.). Östlichstes Bayern (v. v.). Salzburg (v. v.). Österreich (v. s.). Steiermark (v. v.). Kärnthen (v. s.). Nordöstliches Italien (Veltlin, im Bellunensischen, Friaul). Sudeten (v. s.). Ungarn, Karpathen (v. s.). Siebenbürgen (v. vc.). Serbien. Bulgarien. Thracien. — *P. minima* wächst auf kalkarmem Boden (Schieferpflanze), in den Alpen von 1600—2700 m ü. M., in den Sudeten von 880—1420 m.

Die früheren Schweizer Botaniker gaben *P. minima* L. als eine selten vorkommende Schweizer Pflanze an. In neuerer Zeit ist dieselbe aber nirgends in der Schweiz gefunden worden, und es hat sich erwiesen, dass jene Annahmen auf Verwechslung mit verschiedenen kleinen hochalpinen Primeln wie *P. oenensis* Thom., *P. viscosa* forma *breviscapa*, *P. Muretiana* (*P. integrifolia + latifolia*), *P. Heerii* (*P. integrifolia + viscosa*) beruhten. Nun befinden sich aber im Schweizer Herbar in Zürich 2 Pflanzen, welche wirklich *P. minima* L. sind, die eine nach der Etikette aus den Bündneralpen, die andere aus dem Beverserthal stammend, und von B o v e l i n an H e e r mitgeteilt. Hier müssen wohl Standortsverwechslungen vorliegen.

Über die Gleichmässigkeit oder Ungleichmässigkeit und die verhältnismässige Höhe der Zähne an den Blättern von *P. minima* kann ich nach genauer Musterung einer grossen Menge von Exemplaren aus den verschiedensten Gegenden folgende Kategorien unterscheiden.

1. Alle Zähne des Blattes sind gleich gross und gleich hoch.

2. 2, 3, 4 mittlere Zähne sind gleich gross und gleich hoch, die seitlichen liegen tiefer und sind häufig auch kleiner.

3. Alle Zähne sind ziemlich gleich gross, liegen aber in einer gebogenen Linie, so dass der mittelste etwas höher ist als die übrigen.

4. Die Zähne bilden eine gebogene Linie, der mittelste ist der grösste und höchste, die übrigen werden nach beiden Seiten hin kleiner, wobei die letzten vielmal kleiner sein können als der mittelste.

Gegen den Einwurf, dass viele dieser Pflanzen hybriden Ursprungs sein könnten, bemerke ich, dass alle Formen auch bei Pflanzen aus den Sudeten vorkommen, wo kein Anlass zu Bastardbildung gegeben ist, und dass sogar hier die ausgesprochenste Ungleichheit in Höhe und Grösse der Zähne zu beobachten ist.

21. P. glutinosa Wulf = Typ. XIII (S. 28).

Wurzelstock vielköpfig.

Spreite der Laubblätter, steiflich, matt glänzend, nach dem Scheitel hin etwas knorpelig berandet, oberseits punktiert; die Punkte, nicht durchscheinend, bei auffallendem Lichte dunkel, sind kleine, seichte Grübchen. Spreite lanzettlich-keilförmig oder länglich-lanzettlich, sehr allmählich in den breiten, meist nur kurzen, zuweilen aber auch sehr langen Blattstiel verschmälert, am Scheitel stumpf oder abgerundet, von der Mitte oder auch von tiefer an, oder nur am Scheitel gezähnt, selten ganzrandig. Zähne 7—20, klein, zuweilen undeutlich, meist spitz, selten stumpf. Durchschnittliche Entfernung zweier Zähne $\frac{1}{2}$—$1\frac{1}{2}$ mm; Höhe derselben $\frac{1}{2}$ bis kaum 1 mm. Einschnitte zwischen denselben bald spitz, bald stumpf. Länge des ganzen Blattes 1,6—6 cm, Breite 0,3—0,7 cm.

Blütenschaft selten kürzer, meist $1\frac{1}{2}$, selten mehr als 2 mal so lang als die Blätter, 1—6 blütig. Länge 1—7,5 cm.

Blütenstiele fast 0. Fruchtstiele bis 2 mm.

Hüllblätter krautig, meist braunrot gefärbt, breit-oval und länglich, am Scheitel abgerundet oder stumpf, unten mit den Rändern sich deckend, 7—11 mm lang, die Kelche oft überragend.

Kelch meist braunrot, oval, oben etwas eingezogen, 4—8 mm lang, auf $\frac{1}{3}$—$\frac{1}{4}$ gespalten; Kelchzähne eiförmig, stumpf, anliegend.

Oberfläche der grünen Teile anscheinend kahl, klebrig; bei hinreichender Vergrösserung sieht man zahlreiche, äusserst kurz gestielte Drüsen; je eine in einem der flachen Grübchen. Länge der Drüsenhaare samt der Drüse weniger als $\frac{1}{20}$ mm.

Blüten stark duftend, anfänglich dunkelblau, später schmutzig-violett, beim Abblühen lila, sehr selten weiss. Über dem Schlunde ein dunkler Ring, Schlund heller gefärbt als der Saum, Röhre aussen heller als der Saum, an der Innenfläche weisslich. Saum deutlich von der Röhre abgesetzt, klein, trichterförmig; Radius desselben 5—10 mm. Kronzipfel etwas spreizend, auf $^1/_3$—$^2/_5$, selbst auf $^1/_2$ eingeschnitten; Lappen spreizend Kronröhre 5—9 mm lang, so lang oder wenig länger ·als der Kelch.

Kronröhre und Aussenfläche des Saumes ziemlich kahl, auf der Innenfläche gegen den Schlund hin dicht drüsenhaarig.

Staubkolben der kurzgriffligen Blüten im Schlunde oder dicht an demselben.

Fruchtkapsel ein wenig kürzer als der Kelch.

P. glutinosa Wulfen apud Jaquin Fl. austr. V. p. 44 t. 26. — Lehm. p. 69. — Rchb. p. 402. — Duby p. 40. — Koch p. 678. — Rchb.fil. p. 53 t. 60. — Pax p. 159. — Fl. ital. p. 646.

Von dem östlichsten Teil der Schweiz (Unterengadin) (v. s.), durch Nord- und Südtirol (v. v.), Kärnthen (v. s.), Steiermark (v. s.) in das angrenzende Krain und Salzburg (v. s.) und ins nordöstliche Italien (Veltlin, Gebirge nördlich von Belluno, Friaul). Ein vereinzeltes Vorkommen mitten in Bündten auf dem Parpaner Rothorn hat Brügger aufgefunden. *P. glutinosa* wächst auf kalkarmem Gestein (Schieferpflanze) von 2000—2600 m ü. M. auf Weiden.

22. P. deorum Vel. = Typ. XIV (S. 28).

Wurzelstock fast fingerdick, schief, samt den trockenen Blättern angenehm nach Harz riechend.

Spreite der Laubblätter wenig fleischig, mehr lederartig, steif, mit einem deutlichen Knorpelrand, oberseits punktiert, die Punkte, nicht durchscheinend, bei auffallendem Lichte dunkel, sind kleine, seichte Grübchen. Spreite länglich bis lanzettlich, in den scheidenförmigen Grund sehr allmählich oder kaum verschmälert, am Scheitel spitz, ganzrandig. Länge des ganzen Blattes 2,5—4 cm. Breite 0,5—0,8 cm.

Blütenschaft 3—4 mal länger als die Blätter, 5—10 blütig. Länge 6—10 cm. Blütenstand meist deutlich einseitswendig mit nickenden Blüten.

Blütenstiele 2—5 mm.

Hüllblätter länglich-lineal, 3—7 mm lang, die längsten die Spitze des Kelches erreichend.

Kelch 3—4 mm lang, auf $^1/_2$ eingeschnitten; Kelchzähne schmal dreieckig, zugespitzt.

Oberfläche der grünen Teile kahl. Bei hinreichender Vergrösserung sieht man fast stiellose Drüsen in den Grübchen auf der Oberseite der Blätter, am Schaftende, den Blütenstielen und dem Kelche.

Schaft, Blütenstiele und Kelche auffallend schwarz und klebrig.

Blüten dunkel rot-violett, Röhre aussen samt dem Schlunde gleich gefärbt wie der Saum. Röhre allmählich in den trichterförmigen Saum übergehend, 10—12 mm lang, bis 3 mal so lang als der Kelch. Radius der Blumenkrone ca. 6—7 mm. Kronzipfel höchstens bis auf $^1/_5$ ausgerandet.

Kronröhre und Aussenfläche des Saumes ziemlich kahl, auf der Innenfläche gegen den Schlund hin drüsenhaarig.

Staubkolben der kurzgriffligen Blüten etwa $^1/_4$ der Kronröhrenlänge unter dem Schlunde.

Fruchtkapsel (noch unreif) in dem nicht vergrösserten Kelch eingeschlossen.

Beschreibung nach der Diagnose des Autors, mit Hülfe zweier getrockneter Exemplare vervollständigt.

P. deorum Velenovsky Plantae novae bulgaricae. ·Sonderabdruck Pars II. 1890.

Bulgarien: Mt. Rilo 2500 m ü. M. (v. s.); feuchte, begraste Stellen unter den Schneefeldern, auf kalkarmer Unterlage (Syenit).

P. deorum gleicht in der Blütenfarbe und im Habitus einer kleineren, schmalblättrigen *P. latifolia*. Sie ist gewiss eine schöne Primel; den Namen „Götterprimel" würde ich aber viel eher einer der alpinen Arten mit zahlreichen, grossen, leuchtenden Blüten wie *P. pedemontana* vom Mt. Cenis, *P. viscosa* von Faido und Aosta, *P. calycina* von den Corni di Canzo, *P. spectabilis* aus dem Ledrothal etc. geben.

Der Autor sagt „foliis integris vel apice obsolete pauci-dentatis". Mit Zustimmung desselben darf ich indes die Zähne am Blattrande als falsche, beim Pressen entstandene erklären, wie dies bei *P. integrifolia* und auch bei den *Cartilagineo-marginatae* vorkommt.

P. deorum wurde erst im August 1889 von Velenovsky entdeckt und im Jahre 1890 veröffentlicht. Sie gehört, wie schon aus manchen anderen Merkmalen hervorgeht, zu den *Auriculastren* und hat auch, wie ich an einem noch unentwickelten Blatte nachweisen konnte, anfänglich einwärts gerollte Blätter. Den einseitswendigen Blütenstand, die nickenden Blüten, Kelch, Farbe und Gestalt der Blumenkrone hat sie gänzlich von *P. latifolia*, die ganzrandigen, mit einem breiten Knorpelrand versehenen Blätter von den *Cartilagineo-marginatae*, die auf der oberen Blattfläche in Grübchen stehenden Drüsen und die im übrigen herrschende Kahlheit der grünen Pflanzenteile von *P. glutinosa*; auch die Anatomie des Blattes stimmt im wesentlichen mit dieser Art überein. Die Spaltöffnungen befinden sich alle an der oberen Blattfläche; unter denselben befinden sich sehr grosse Atemhöhlen, welche im trockenen Blatte durch Einsenken der Epidermis als Grübchen sich darstellen.

Hybride Primeln der Sektion Auriculastrum.

Den in der Einleitung dargelegten Grundsätzen folgend, habe ich bei Bastarden, die in ununterbrochener Reihe zwei Arten verbinden und auch da, wo bloss die Endglieder fehlen, nur eine Form a + b beschrieben und ausserdem höchstens eine forma accedens ad a oder accedens ad b unterschieden; — waren dagegen von der hybriden Reihe nur einzelne Bruchstücke vorhanden, dieselben als besondere Formen aufgeführt.

Die Primelarten bastardieren sich um so leichter, je näher sie mit einander verwandt sind, und ähnlich verhält es sich mit der Fruchtbarkeit der Bastarde, so dass diejenigen zwischen entfernter stehenden Arten unfruchtbar, diejenigen zwischen den nächst verwandten Species auch am fruchtbarsten sind. Die grösste Fruchtbarkeit besitzen die Bastarde innerhalb eines Typus, wie *P. oenensis + viscosa* und *P. calycina + spectabilis.* Der Verwandtschaft zwischen den Arten eines Typus folgt die Verwandtschaft der einander näher stehenden Typen, so die Brevibracteen mit Einschluss der brevibractealen *P. Auricula.* Die Bastarde zwischen den Brevibracteen und Longibracteen sind unfruchtbar und zum Teil, auch da, wo die Stammarten unter einander wachsen, sehr selten. Am fernsten scheinen sich *P. Auricula* und *P. minima, P. Auricula* und die *Cartilagineo-marginatae* zu stehen, denn, so oft diese auch schon neben und unter einander gefunden wurden, so glückte es bis jetzt nie, einen wirklichen Bastard zwischen denselben zu entdecken.

Die Bastarde sind in gleicher Reihenfolge angeordnet wie die Species, so zwar, dass diejenigen Bastarde von der zunächst beschriebenen Art mit allen übrigen Arten erledigt werden und dann die nächstfolgenden u. s. w.

Typ.	Spec.	Verzeichnis der Bastarde		Seite
I + IV	1 + 4	*P. Auricula*	+ *carniolica* (*P. venusta* Host.) .	80
I + V	1 + 5	**P. Auricula*	+ *latifolia*	81
I + VI		*P. Auricula*	+ *Rufiglandulae*	83
	1 + 11	*P. Auricula*	+ *viscosa* (*P. pubescens* Jacq.) . .	83
	1 + 8	*P. Auricula*	+ *oenensis* (*P. discolor* Leyb.) . .	87
	1 + 9	**P. Auricula*	+ *villosa*	89
	1 + 6	*P. Auricula*	+ *pedemontana* (*P Sendtneri*) . .	90
I + VIII	1 + 13	*P. Balbisii*	+ *tirolensis* (*P. obovata* Huter) .	90
I + X	1 + 15	*P. Auricula*	+ *integrifolia* (*P. Escheri* Brügger)	90
I + XI		**P. Auricula*	+ *Cartilagineo-marginatae* . . .	91
	1 + 16	**P. Auricula*	+ *Clusiana*	92
	1 + 17	**P. Auricula*	+ *Wulfeniana*	92
	1 + 19	**P. Auricula*	+ *spectabilis*	92
V + VI		*P. latifolia*	+ *Rufiglandulae*	93
	5 + 11	*P. latifolia*	+ *viscosa* (*P. Berninae* Kern.) . .	93
	5 + 8	*P. latifolia*	+ *oenensis* (*P. Kolbiana*)	95
V + X	5 + 15	*P. latifolia*	+ *integrifolia* (*P. Muretiana* Mor.)	95
VI	8 + 11	*P. oenensis*	+ *viscosa* (*P. Seriana*)	97
VI + X	11 + 15	*P. integrifolia*	+ *viscosa* (*P. Heerii* Brügger) . .	98
VI + XI	11 + 18	**P. calycina*	+ *viscosa*	100
VI + XII		*P. minima*	+ *Rufiglandulae*	101
	11 + 20	*P. minima*	+ *viscosa* (*P. Steinii* Obrist) . .	101

Typ.	Spec.	Verzeichnis der Bastarde	Seite
	8 + 20	*P. minima* + *oenensis* (*P. pumila* Kern.) . . .	103
	9 + 20	*P. minima* + *villosa* (*P. Sturii* Schott.) . . .	104
VIII + XI	13 + 17	*P. tirolensis* + *Wulfeniana* (*P. Venzoi* Hut.) . .	105
VIII + XII	13 + 20	*P. minima* + *tirolensis* (*P. juribella* Sünd.) . .	106
X + XI	15 + 18	*P. calycina* + *integrifolia*	106
X + XIII	15 + 21	*P. glutinosa* + *integrifolia* (*P. Hugueninii* Br.) .	106
XI	18 + 19	*P. calycina* + *spectabilis* (*P. Caruelii* Porta) . .	107
XI + XII		*Cartilagineo-marginatae* + *minima*	107
	16 + 20	*P. Clusiana* + *minima* (*P. intermedia* Port.) . .	108
	17 + 20	*P. minima* + *Wulfeniana* (*P. vochinensis* Gusm.)	109
	18 + 20	*P. minima* + *spectabilis* (*P. Facchinii* Schott.) .	109
XII + XIII	20 + 21	*P. glutinosa* + *minima* (*P. Floerkeana* Schrad.)	111

Anmerkung. Die mit einem * bezeichneten Bastarde sind zweifelhafte Formen oder irrtümlich aufgestellte Kombinationen.

P. Auricula + carniolica (P. venusta Host.).

Typ. I + IV Spec. 1 + 4.

Die geringen Unterschiede zwischen den beiden Stammarten beschränken sich auf Folgendes:

P. Auricula (S. 27 und 31). Blüten gelb. Die grünen Pflanzenteile mit kurzen Drüsenhaaren besetzt, welche die Fähigkeit haben, Mehlstaub abzusondern. Dieser bedeckt zuweilen alle grünen Teile, zuweilen ist er auf die innere Fläche und die Ausschnitte des Kelches beschränkt. Laubblätter meist dunkelgrün oder graugrün, ganzrandig bis deutlich gezähnt. Blütenschaft bis 23 blütig.

P. carniolica (S. 27 und 39). Blüten lila bis rosa. Die grünen Pflanzenteile kahl, ohne Mehlstaub, nur vereinzelte Drüsenhaare am Blattrand und am Kelch. Laubblätter gelblich grün, ganzrandig oder randschweifig, nie stark gezähnt. Blütenschaft bis 8 blütig.

P. Auricula + *carniolica.* Kronsaum an den von mir gesehenen Exemplaren purpurn, ins Braune spielend oder dunkel purpurn, etwas ins Bläuliche spielend, oder hellbräunlich-rosa. Schlund, in welchem die Farbe durch einen breiten Mehlstaubring verdeckt ist, gleichfarbig (wie bei den beiden Stammeltern). Innenfläche der Röhre gleichfarbig oder etwas heller. Blüten etwas wohlriechend. Oberfläche der grünen Pflanzenteile bald überall mit Mehlstaub bestreut, bald bloss die Kelchausschnitte und die innere Fläche des Kelches bestäubt. Drüsenhärchen am Blattrand. Laubblätter geschweift-gezähnt oder gezähnt. Blütenschaft bis 13 blütig. Fruchtkapsel ³/₄- bis 2 mal so lang als der Kelch (wie bei den beiden Stammeltern).

P. Auricula + *carniolica.*

P. venusta Host. Fl. austr. I. p. 248. — Rchb. p. 403. — Koch p. 676. — Rchb. fil. p. 43 t. 53. — Pax p. 153. — Fl. ital. p. 629. — In

Gärten geht sie auch unter den Namen *P. carniolica* (v. vc.) und *P. multi-ceps* (v vc.).

Krain, Gebirge um Idria, 1100 m ü. M. (v. s. et vc).

Die Bastarde sind fruchtbar Die hybride Reihe geht unmerklich in *P carniolica* über, so dass man eine bestimmte Grenze nicht feststellen kann. Man erhält auch die gleiche Pflanze bald als *P. carniolica*, bald als *P. Auricula + carniolica*.

Zu P. Auricula + latifolia.

Typ. I + V. Spec 1 + 5.

Dieser Bastard ist noch nicht gefunden und existiert wahrscheinlich über-haupt nicht, da die beiden Stammarten, so viel jetzt bekannt ist, nirgends nahe bei einander wachsen

Gaudin (fl helv II S 97 1828) stellte seine *P rhaetica* auf nach Exemplaren, die ihm von Roesch aus Graubündten, und zwar, wie sich aus Moritzi (Pfl Grau-bündtens S 116) ergibt, von einem Standort über Marschlins geschickt worden waren Diese Pflanze ist, wie sich aus den Bemerkungen Gaudins als auch aus dem Standorte ergibt, unzweifelhaft ein Bastard von *P Auricula* und *P vis-cosa* Vill.

Unter dem Namen *P. rhaetica* Gaud. führten dann Koch und später Reichenbach fil eine Pflanze auf, welche von Schleicher als *P alpina* versendet worden war Kerner (österr. bot. Zeitschrift 1875 S 125) stellt nun die Behauptung auf, dass Koch und Reichenbach fil. mit Unrecht die Schleichersche Pflanze mit *P. rhaetica* Gaud. identifiziert hätten, die letztere sei vielmehr ein Bastard von *P Auricula* und *P latifolia*, wie sich aus der Lage der Staubgefässe »am oberen Ende der Röhre ganz dicht unter dem Schlunde« ergebe Er nennt also *P alpina* Schleich. *Auricula + viscosa* Kerner. Pax hat *P alpina* Schleich. (*superauricula + viscosa* All) und *P. Peyritschii* Stein (*subauricula + viscosa* All). *P. viscosa* All ist *P latifolia* Lap.

Diese Behauptung muss ich für irrtümlich und die Annahme eines Bastardes von *P Auricula* und *P latifolia* überhaupt zur Zeit für noch nicht gerechtfertigt halten, aus folgenden Gründen

1 Was das Vorkommen betrifft, so ist der Fundort vieler der von Schleicher als *P alpina* versendeten Exemplare unbekannt, wie ja Schleicher die Fundorte überhaupt zu verheimlichen pflegte und sie auch auf den Zetteln nicht anführte. Nach Reichenbach fil. wurde die Pflanze von Thomas kultiviert und stand auf einem Zettel der von ihm ausgegebenen Exemplare »Suisse italienne« Thomas war der Nachfolger von Schleicher und zog wie dieser viele der verkäuflichen Pflanzen teils in einem Garten bei Bex teils in einem alpinen Garten auf dem nahen Gebirge So besitze ich beispielsweise ein Gartenexemplar der *P marginata* Curt. aus seinem Katalog von 1841. In der oben als Fundort angegebenen »italienischen Schweiz« ist *P. latifolia* bis jetzt nicht gefunden worden. Einen andern Standort für *P alpina* Schleich oder *P. Auricula + latifolia* wissen Reichenbach fil und Kerner nicht anzugeben.

Nach Gaudin (Syn. S. 160) wurde *P. alpina* Schleich. auf dem Mt. Javernaz gesammelt, auch Pax führt als Fundort der *P Auricula + latifolia* diesen Berg an. Ob die von Schleicher als *P alpina* verschickten Pflanzen alle oder ein Teil derselben diesen Ursprung hat, lässt sich nicht ermitteln. Der

Mt. Javernaz liegt in der Westschweiz, im Kanton Wadt nahe der Grenze von Wallis und kann unmöglich eine *P. Auricula + latifolia* beherbergen, da die Standorte von *P. latifolia* in der Schweiz nur im südöstlichen Teil von Graubündten sich befinden. Auf dem Mt. Javernaz wächst *P. Auricula + viscosa* Vill. (*P. pubescens* Jacq.) — In Graubündten kommt aber *P. Auricula + latifolia* nicht vor, Professor Brügger in Chur, der Graubündten genau kennt, hat in der so reichhaltigen Aufzählung aller von ihm gesehenen wildwachsenden Pflanzenbastarde (Jahresbericht der naturf. Gesellsch. Graubündtens 1878—1882) den Bastard *P. Auricula + latifolia* nicht erwähnt und er sagt brieflich, dass es ihm trotz eifriger Bemühungen noch nicht gelungen sei, denselben zu entdecken, und dass die beiden Stammarten ziemlich weit von einander getrennt wüchsen.

2. Was die Merkmale betrifft, so ist *P. alpina* Schleich. (*P. rhaetica*, Koch) nicht so beschaffen, wie man es von einem Bastard *P. Auricula + latifolia* erwarten möchte.

a) Bei den beiden Stammarten (*P. Auricula* und *P. latifolia*) befinden sich die Staubkolben der kurzgrifligen Blüten im Schlunde der Blumenkronen; sie müssen dieselbe Lage auch im Bastard behalten. Nun trifft das aber bei *P. rhaetica* Koch und Reichenbach fil. nicht genau zu; Koch sagt von letzterer »staminibus sexus brevistyli sub apice tubi insertis«, während es bei *P. Auricula* und *P. latifolia* heisst »staminibus sexus brevistyli fauci insertis«. Wenn die Lage der Staubkolben die gleiche wäre, so hätte dieser genaue Autor sich auch des gleichen Ausdruckes bedient. Die Bezeichnung »sub apice tubi« passt aber ganz gut für manche Exemplare von *P. Auricula + viscosa* Vill., bei denen, wie ich zeigen werde, die Staubkolben dicht unter dem Schlunde eingefügt sind.

b) Die Formen von *P. Auricula* in dem Gebiete der Schweiz, wo *P. latifolia* vorkommt, haben einen stark mehligen, *P. latifolia* einen schwachmehligen Kronschlund. Letzterer muss bei dem Bastard mehr oder weniger mehlig sein. Nun sagen aber Koch und Reichenbach fil. von ihrer *P. rhaetica*(= *P. alpina* Schleich.), der Schlund sei nicht mehlig. Dieser Umstand verbietet die Kombination *P. Auricula + latifolia*, gestattet aber die Annahme *P. Auricula + viscosa* Vill. Er zeigt ferner, dass *P. rhaetica* Koch und Reichenbach wirklich *P. rhaetica* Gaud. ist, welche ebenfalls »flores circulo interiori neutiquam farinoso« hat.

c) Die Blütenfarbe von *P. rhaetica* Koch und Reichenbach fil. = *P alpina* Schleich. ist nach Beschreibung und namentlich nach der Abbildung von Reichenbach fil. gerade so wie bei manchen Pflanzen von *P. Auricula + viscosa* Vill., bei solchen nämlich, die ähnlich wie *P. viscosa* Vill. selbst blühen, und könnte bei *P. Auricula + latifolia* gewiss nicht so ausfallen.

d) Die Blätter der von Reichenbach fil. abgebildeten *P. rhaetica* = *alpina* Schleich. sind nebst den übrigen Teilen der Pflanze gerade so wie bei einzelnen Exemplaren von *P. Auricula + viscosa* Vill., die ich auf dem Arlberg gesammelt habe, während der Bastard von *P. Auricula* und *P. latifolia* eine mehr allmählich verschmälerte Blattspreite und einen längeren, breiteren Blattstiel haben müsste.

Somit glaube ich, dass Vorkommen und Merkmale deutlich erkennen lassen, es seien *P. rhaetica* Koch und Rchb. fil. = *alpina* Schleich., ebenso wie *P. rhaetica* Gaud., Formen der *P. Auricula + viscosa* Vill., die sich durch mehlstaubfreien Kronschlund auszeichnen. Dabei scheint aber noch eine Verschiedenheit zwischen den Pflanzen dieser Autoren selbst zu bestehen, indem Koch sagt: »simillime *P. villosae*«, d. h. *viscosae* Vill., und ebenso Gaudin: »*P. viscosae* (Vill.) multo proprior« (quam *P. Auriculae*), Rchb. fil. dagegen: »sehr ähnlich der *P. Auriçulae*«.

Ich besitze ein seinerzeit von T h o m a s mitgeteiltes Exemplar von *P. rhaetica*, welches mit der K o c h schen Diagnose von *P. rhaetica* übereinstimmt und wohl die Pflanze ist, die S c h l e i c h e r früher als *P. alpina* verkaufte. Es unterscheidet sich nicht von Formen der *P. Auricula + viscosa* Vill., die im Gschnitz vorkommen und auch von mir auf dem Arlberg gesammelt wurden. — *P. alpina* Schleich., welche unter diesem Namen und als *P. superauricula + (viscosa* All.) *latifolia* von Innsbruck in den bot. Garten in München kam, hat ganz das Aussehen einer *P. Auricula + viscosa* Vill. Ihre Blüten sind purpurn, der Schlund samt dem innersten Teil des Saumes weiss. Der Bastard *P. Auricula + latifolia* könnte aber unmöglich einen weissen Schlund haben, da derselbe bei den beiden Stammarten gleichfarbig wie der Saum ist. Er müsste entweder ebenfalls gleichfarbig sein, wie er es bei *P. Auricula + carniolica* ist, oder aber gelb, wie dies bei *P. Auricula + integrifolia* der Fall ist.

P. Auricula + Rufiglandulae.
Typ. I + VI.

Diese Bastarde bilden sich sehr leicht, wo die beiden Stämme zusammenkommen, und da *P. Auricula* auf Kalk, die *Rufiglandulae* auf Schiefer wachsen, so kann die hybride Befruchtung nur da stattfinden, wo die beiden Gesteine zusammenstossen.

P. A u r i c u l a (S. 27 und 31). Kronsaum gelb, Röhre und Schlund gleich, farbig, letzterer mit mehr oder weniger Mehlstaub. Blüten oft wohlriechend. Die grünen Pflanzenteile mit kurzen ($^1/_{10}$—$^1/_6$ mm langen) und farblosen Drüsen besetzt, welche die Fähigkeit haben, Mehlstaub abzusondern. Dieser bedeckt zuweilen alle grünen Teile, zuweilen ist er auf die innere Fläche und die Ausschnitte des Kelches beschränkt. Kelch 2—6,5 mm lang, Kelchzähne fest oder locker anliegend. Fruchtkapsel meist ziemlich länger als der Kelch. Laubblätter dick, fleischig, mit Knorpelrand, meist verkehrt-eiförmig, oft ganzrandig. Schaft bis dreimal so lang als die Blätter. Blütenstiele 3—23 mm lang. Staubkolben der kurzgriffligen Blüten im Schlunde bis $^1/_3$ unter demselben.

R u f i g l a n d u l a e (S. 27 und 44). Kronsaum rosa bis lila, Schlund und Innenfläche der Röhre weiss. Blüten geruchlos. Die grünen Pflanzenteile sehr dicht mit Drüsenhaaren besetzt. Drüsen seltener farblos, meist gelb bis dunkelrot. Nirgends an der Pflanze Mehlstaub. Laubblätter mässig dick, ohne Knorpelrand.

Aus der Bastardreihe *Auricula + Rufiglandulae* sind mit Sicherheit nur 2 Bastarde bekannt, nämlich diejenigen von *P. Auricula* mit *P. viscosa* und *P. oenensis*.

P. Auricula + viscosa (P. pubescens Jacq.).
Spec. I + 11.

P. Auricula siehe bei *Auricula + Rufiglandulae*.

P. viscosa siehe ebendaselbst, ferner (S. 46 und 55):

Drüsenhaare an den grünen Pflanzenteilen ziemlich lang (bis $^1/_3$ mm). Drüsen (im Gebiete, wo der Bastard vorkommt) farblos bis goldgelb. Kelch 2,5 bis 7 mm lang, Kelchzähne abstehend. Blätter stets gezähnt. Schaft meist kürzer selten etwas länger als die Blätter. Staubkolben der kurzgriffligen Blüten $^1/_4$—$^2/_5$ der Kronröhrenlänge unter dem Schlunde.

6*

P. *Auricula* + *viscosa*. Kronsaum dunkelrot, violett, lila, braun, terracottafarben, gelb und reinweiss, Röhre gelb, weiss oder rot; Innenfläche der Rohre und Schlund gelb bis weiss, Schlund mit oder ohne Mehlstaub. Blüten oft wohlriechend. Die grünen Pflanzenteile mit kurzen oder manchmal ziemlich langen (bis fast ⅓ mm) Drüsenhaaren besetzt, die kurzen Drüsenhaare sondern mehr oder weniger Mehlstaub ab. Zuweilen sind die Blätter damit bestreut, und der obere Teil der Pflanze von Mehlstaub weiss, zuweilen beschränkt sich der zusammenhängende Mehlstaub auf die Innenfläche und die Ausschnitte des Kelches, zuweilen fliesst er nirgends zusammen, sondern bedeckt nur die Drüsen der oberen Teile der Pflanze, bald dicht, bald locker und färbt sie mehr oder weniger weisslich. Kelch 2,5—6,5 mm; Kelchzähne anliegend, selten abstehend. Fruchtkapsel so lang, etwas kürzer oder etwas länger als der Kelch. Laubblätter mehr oder weniger dick, mit oder ohne schmalem Knorpelrand. Blätter ganzrandig oder gezähnt. Staubkolben der kurzgriffligen Blüten dicht unter dem Schlunde bis ½ der Kronröhrenlänge unter demselben. — Auch beim Bastard gilt wie bei *P. Auricula* das Gesetz, dass im Allgemeinen die langen Drüsenhaare keinen und die kurzen am meisten Mehlstaub absondern.

P. *Auricula* + *viscosa* Vill, *P. Auricula* + *hirsuta* All. *P. Auricula* + *villosa* Jacq. part.

P. *pubescens* Jacquin Miscellan. I p. 159. — Rchb p. 404. — Rchb. fil. p. 47 t. 68. — Koch p. 675. — Pax p 155 — Fl ital p. 630.

P. *rhaetica* Gaudin fl helvetica II p 91. — Koch p. 675. — Rchb fil p. 44 t. 54.

P *helvetica* Don. Schleicher exsic. — Rchb. fil p. 44. t. 65.

P. *alpina* Schleicher exsic.

P. *Auricula* var. mollis Rchb. fil. p. 43. t. 52

P. *Arctotis* Kerner Österr. bot. Zeitschrift 1875 p. 124.

P. *Peyritschii* Stein.

P *Kerneri* Göbl & Stein Österr. bot. Zeitschrift 1878 p. 8.

P *Göblii* Kerner Österr. bot. Zeitschrift 1875 p. 82.

P. *Auricula* + *viscosa* wird gewöhnlich gefunden, wo die beiden Stammarten zusammentreffen, was aber nicht sehr häufig der Fall ist. Schweiz: Mt. Javernaz über Bex 2100 m (v. s. in Schultz herb. normale Nr. 1829), über Beatenberg am Thunersee (Bamberger), Sernfthal im Ct. Glarus (an verschiedenen Orten) 1200—1900 m (leg. Marti v. v. et s), über Marschlins im Rheinthal (Roesch), Arosa & Davos (Brügger v. s.). Tirol. über St. Anton am Arlberg ca. 2000 m (v. v.), auf verschiedenen Bergen im Gschnitz und Pflerschthal, 1900—2100 m ü. M. (Kerner, Huter etc. v s. et vc.)

In der Bastardreihe gibt es für jedes einzelne Merkmal einen allmählichen Übergang von der einen bis zu der andern Stammart. Das Gleiche gilt auch für die ganzen Pflanzen, so dass die den Stammarten zunächst kommenden Formen von denselben kaum mehr zu unterscheiden sind. Dies rührt ohne Zweifel von wiederholter Kreuzung des Bastardes mit den Stammarten her; denn die Bastarde sind, im Gegensatz zu den meisten übrigen Primelbastarden zwischen den verschiedenen Typen von *Auriculastrum* fruchtbar.

Kerner, Österr. bot. Zeitschrift 1875 S. 124, unterscheidet 2 hybride Arten: *P. Arctotis* und *P. pubescens.*

P. Arctotis Kerner (*subauricula + hirsuta*). Blattflächen sowie die übrigen Teile mit gestielten Drüsen besetzt, welche namentlich an den oberen Teilen der Pflanze den Eindruck des Mehlstaubes machen, ohne jemals jene warzenförmigen, unregelmässigen, krümeligen, glanzlosen Massen zu bilden, welche der *P. pubescens* das gepuderte Ansehen geben. Kelch glockig-röhrig, die Zähne desselben länglich-eiförmig, 1¹/₂mal so lang als breit. Saum der Krone rot, der Schlund durch einen weisslichen Stern geziert, beide nicht gepudert.

P. pubescens Kerner (*superauricula + hirsuta*). Blattflächen ohne Drüsenhaare, Blütenstiele und Kelche mit einem aus glanzlosen, weissen, warzigen Klümpchen gebildeten Beschlag, der insbesondere in der Kommissur der Kelchzipfel zu einer dicht aufgetragenen weissen, krümelichen Masse zusammenfliesst. Kelch glockig, Kelchzipfel kürzer, eiförmig, Schlund und Aussenseite der Korolle bepudert.

Kerner gibt noch Unterschiede in der Lage der Fortpflanzungsorgane bei lang- und kurzgriffligen Pflanzen an, deren Sinn mir unverständlich geblieben ist. Ich finde übrigens zwischen ausgesprochenen Exemplaren von *P. pubescens* und *P. Arctotis* sowohl in der Länge der Griffel als in der Höhe der Staubkolben durchaus keinen Unterschied.

Es kommt selbst hohe Insertion der Staubkolben bei Pflanzen vor, bei welchen die Bepuderung mangelt wie bei *P. Arctotis*, und die in dem längeren Kelch und in der längeren Behaarung über *P. Arctotis* hinausgehen und sich *P. viscosa* nähern. Auch die übrigen Merkmale der Kernerschen Arten sind nicht permanent. Nicht selten kommen kurze Kelche oder bepuderte Kelche oder kurze Behaarung bei Pflanzen vor, welche im übrigen mit *P. Arctotis* übereinstimmen, ebenso lange Kelche oder mangelnde Bepuderung oder lange Behaarung bei Pflanzen, welche nach den übrigen Merkmalen als *P. pubescens* bestimmt werden müssen. Es gibt nämlich keine Pflanzen der hybriden Reihe, bei denen die Blattflächen ›ohne Drüsenhaare‹ wären. Die Drüsenhaare sind immer vorhanden, indem sie nur in der Länge und in der Häufigkeit variieren.

Im ganzen finden sich nicht sehr viele Pflanzen der Bastardreihe, welche alle Merkmale der *P. Arctotis* oder alle der *P. pubescens* vereinigen. Die meisten haben Merkmale der einen und andern Kernerschen Art.

Es gibt überhaupt bei *P. Auricula + viscosa* alle möglichen Kombinationen der Merkmale. Wie es sich bei dem eben betrachteten Mehlstaub verhält, so verhält es sich mit allen übrigen Merkmalen. Ich führe beispielsweise noch das so wichtige des Knorpelrandes an, welcher bei *P. Auricula* vorhanden ist, bei *P. viscosa* mangelt. Bei den deutlich bestäubten Pflanzen ist häufig auch ein deutlicher Knorpelrand vorhanden, zuweilen aber ist er undeutlich oder er mangelt auch ganz. Bei den Exemplaren, welche keinen zusammenhängenden Mehlstaub besitzen (*P. Arctotis* Kern.) fehlt der Knorpelrand oft gänzlich, oft ist er aber auch deutlich vorhanden. Unter den Bastarden endlich, die etwa mit Ausschluss des bestäubten Kronschlundes keinen Mehlstaub haben, gibt es solche ohne Knorpelrand, aber auch solche, die mit einem sehr deutlichen und mit ziemlich langen Drüsenhaaren besetzten Knorpelrand ausgestattet sind.

Es scheint mir, dass man nur Hybride, welche mehr oder weniger die Mitte zwischen *P. Auricula* und *P. viscosa* halten, als *P. Auricula + viscosa* (*P. pubescens* Jacq.) und daneben zwei Grenzvarietäten, von denen die eine entschieden der *P. Auricula*, die andere der *P. viscosa* sich nähert, als accedens ad *P. Auriculam* und accedens ad *P. viscosam* unterscheiden kann.

Aus dem Sernfthal im Kanton Glarus wurde mir von Herrn Lehrer Marti eine Sammlung von einigen 60 Primeln geschickt. Dieselben hatten ziemlich das Aussehen von *P. viscosa*. Die Blüten waren (im frischen Zustande) rot, violett bis lila, viele auch rein weiss, letztere hatten an verschiedenen Exemplaren gelbe Kronröhren. Bei genauerem Studium liessen sich 3 Gruppen unterscheiden:

I. Zahlreiche mit Mehlstaubkörnchen besetzte Drüsenhaare besonders am Kelche, spärlicher an den Blütenstielen und dem Schaftende, seltener an den Blättern. Drüsenhaare an den Blättern lang oder kurz. Fruchtkapseln (an den vorjährigen Schäften) bald länger, bald etwas kürzer als die Kelche. Kelche lang oder kurz. Staubkolben der kurzgriffligen Blüten dicht am Schlunde oder tiefer in der Kronröhre. Im Schlunde der Blumenkronen fand ich keinen Mehlstaub.

II. Mehlstaubtragende Drüsenhaare spärlich. Drüsenhaare am Blattrand lang oder kurz. Kelch lang oder kurz. Staubkolben der kurzgriffligen Blüten ¹/₄ unter dem Schlunde bis ¹/₂ der Kronröhrenlänge unter demselben.

III. Keine mehlstaubtragende Drüsenhaare. Drüsenhaare lang oder kurz. Lange oder ziemlich kurze Kelche. Staubkolben der kurzgriffligen Blüten ¹/₄ bis ¹/₂ der Kronröhrenlänge unter dem Schlunde.

Die Pflanzen gehören ohne Zweifel der hybriden Reihe *P. Auricula + viscosa* an. Die an verschiedenen Exemplaren beobachteten Merkmale: reichliche mit Mehlstaub bedeckte Drüsen, kurze Drüsenhaare, kurze Kelche, hohe Insertion der Staubkolben, gelbe Kronröhren lassen keine andere Deutung zu. Viele Pflanzen sind als *accedens ad P. viscosam* zu bezeichnen. — Der Standort ist nach Mitteilung des Finders nicht sehr ausgedehnt und 3 bis 4 km von *P. Auricula* entfernt. Der Bastard muss entweder durch Samen hierher gekommen oder durch Aussterben von *P. Auricula* isoliert worden sein, oder eine Biene hat zufällig den Pollen einer *P. Auricula* mitgebracht. Durch Befruchtung mit den Pollen von *P. viscosa* hat er sich dieser Art mehr oder weniger genähert.

Im Herb. norm. von F. Schultz Nr. 1829 (Exemplar im k. Staatsherbarium in München) mit der Bezeichnung *P. rhaetica* Gaud., *P. Auricula + viscosa* Vill., *P. Auricula hirsuta* All. befinden sich Pflanzen, die ebenfalls der *P. viscosa*, und zwar kleineren Exemplaren derselben ähnlich sehen, auch lange Haare am Kelch und den Blättern, dagegen kurze Kelche haben. Ich erwähne dieselben hier deswegen, weil, was ich sonst nie gesehen habe, alle grünen Teile durchaus mehlstaubfrei sind, der Kronschlund aber bestäubt ist.

Den Ursprung der so mannigfaltigen und so weit verbreiteten Gartenaurikel hat Kerner in dem interessanten Schriftchen: „Die Geschichte der Aurikel" 1875 in vortrefflicher Weise behandelt. Er zeigt, wie schon im Jahre 1582 Clusius, der selbst ein eifriger Bergsteiger, Erforscher der Alpenblumen und Züchter derselben war, *P. pubescens* Jacq. (*P. Auricula + viscosa* Vill.) an seinen Freund van der Dilft nach Belgien schickte, der sie eifrig pflegte, vermehrte und an seine Bekannten verteilte. Die Pflanze verbreitete sich rasch über·Deutschland, wurde im Jahre 1595 in Strassburg gepflanzt, und in der Mitte des folgenden Jahrhunderts war sie schon in den meisten belgischen, deutschen und englischen Blumengärten in verschiedenen Spielarten eingebürgert. Diese Abänderung, welche in späteren Zeiten zu dem grössten Reichtum der Spielarten führte, rührt von der hybriden Natur der Pflanze her, während *P. Auricula*, welche sonst als die Stammpflanze der Gartenaurikel angesehen worden war, als reiner Stamm auch in einer langen Kultur unverändert bleibt.

Die klare und überzeugende Darlegung Kerners hat nicht überall die gebührende Zustimmung erfahren, besonders die englischen Aurikelzüchter sind der Meinung, dass die Gartenaurikel noch von anderen Primeln abstammen müsse. Als solche werden genannt *P. Göblii* (angeblicher Bastard von *P. Auricula + villosa*) *P. venusta* (*P. Auricula + carniolica*), *P. discolor* (*P. Auricula + oenensis*), *P. Balbisii*, *P. Palinuri*. Die meisten dieser Primeln sind aber noch nicht sehr lange bekannt und gelangten zu spät und zu spärlich in Kultur, als dass sie auf die Zucht der Gartenaurikeln in Holland und England hätten Einfluss haben können. Ferner ist *P. Auricula + viscosa* in Form und Kolorit so verschieden, sie kommt so sehr in allen Farben vor, bald ganz mit Mehlstaub bedeckt, bald mehlstaubfrei, dass der Einfluss jeder der genannten Primeln für die Aurikelzucht überflüssig erscheint. Dies um so mehr, als die Blüten aller roten Arten der Auriculastren mit Ausnahme von zweien, nämlich von *P. latifolia* und *P. glutinosa*, ebenso gefärbt sind wie die von *P. viscosa* Vill., nämlich rosa und lila Nur in einer Hinsicht möchte man vielleicht die Annahme einer ferneren Einwirkung für wünschbar halten. Es gibt Gartenaurikeln mit sehr dunkelm, fast schwarzem Kolorit, das einen bläulichen oder braunroten Schimmer zeigt. So gefärbte *P. Auricula + viscosa* habe ich in wildem Zustande nicht gesehen, und man möchte glauben, dass *P. latifolia* mit ihren oft dunkelvioletten Blüten in die Zucht der Gartenaurikel Blut abgegeben habe, wenn *P. latifolia* in der Kultur besser gedeihen würde, wo man sie fast kaum zur Blüte bringt. Der in der Kultur besser fortkommende Bastard von *P. latifolia*, nämlich ·*P. latifolia + viscosa* ist aber neueren Datums und kann bei der Aurikelkultur noch keinen Einfluss ausgeübt haben. Seine Kreuzung mit der Gartenaurikel wäre jedenfalls sehr zu empfehlen.

P. auricula + oenensis (P. discolor Leybold).
Spec. 1 + 8.

P. Auricula siehe bei *Auricula + Rufiglandulae.*

P. oenensis siehe ebendaselbst. Ferner (S. 45 und 49): Drüsenhaare an den grünen Pflanzenteilen ziemlich kurz, ($\frac{1}{6}$ bis $\frac{1}{4}$, seltener bis $\frac{1}{3}$ mm lang). Drüsen gelb-braun, bis dunkelrot, ziemlich gross. Kelch 2,5—4,5 mm lang, Kelchzähne anliegend. Fruchtkapsel so lang oder meist etwas länger als der Kelch, selten etwas kürzer. Blütenstiele kurz, 1,5—6 mm lang. Laubblätter mässig dick, ohne Knorpelrand, meist länglich-keilförmig, immer gezähnt. Staub·

kolben der kurzgriffligen Blüten $^1/_4 - {}^2/_5$ der Kronröhrenlänge unter dem Schlunde.

P. Auricula + *oenensis.* Kronsaum violett, purpurn bis weisslich-gelb, Innenfläche der Röhre und Schlund nebst innerem Teil des Saumes gelb oder gelblich; Röhre aussen gelblich-weiss, rot oder bläulich. Schlund mit oder ohne Mehlstaub. Die grünen Pflanzenteile bald mit mässig langen Drüsenhaaren, Drüsen rötlich, bald mit kurzen Drüsenhaaren besetzt, welche mehr oder weniger Mehlstaub absondern. Zuweilen sind die Blätter damit bestreut, der Blattrand und der obere Teil der Pflanze von Mehlstaub weiss, oder es beschränkt sich der zusammenhängende Mehlstaub auf die Innenfläche und die Ausschnitte des Kelches; zuweilen sind nur die Drüsen mit Mehlstaubkörnchen bedeckt, bald auf allen grünen Pflanzenteilen, bald nur an den oberen; zuweilen fehlt der Mehlstaub gänzlich, und es ist dann die ganze Pflanze mit Haaren bedeckt, deren Drüsen, sowie alle nicht Mehlstaub erzeugenden Drüsen des Bastards rötlich, sehr selten rot sind. Kelch 3,5—5 mm lang, Kelchzähne fest oder locker anliegend. Fruchtkapsel so lang oder etwas kürzer als der Kelch. Blütenstiele 2—10, Fruchtstiele 8—15 mm lang. Laubblätter mehr oder weniger dick, bald mit deutlichem, bald ohne Knorpelrand. Laubblätter verkehrteiförmig bis seltener länglich-keilförmig, fast ganzrandig oder gezähnt. Staubkolben der kurzgriffligen Blüten bald dicht unter dem Schlunde, bald $^2/_7$ der Kronröhrenlänge unter demselben.

P. Auricula + *oenensis. P. Auricula* + *daonensis.*

P. discolor Leybold. Österr. bot. Wochenblatt 1854. — Rchb. fil. p. 44 t. 55. — Pax. p. 156. — Fl. ital. p. 638.

P. Portae Huter — Kerner Österr. bot. Zeitschrift 1875 p. 81.

Judicarien, besonders Val Daone, Val Breguzzo, Mte. Frate, Mte. Stabolette, 2000—3000 m ü. M. (v. s. et vc.).

Die Bastarde sind fruchtbar und es findet Befruchtung mit *P. Auricula* und *P. oenensis* statt, wie sich aus einzelnen den beiden Stammarten äusserst nahe tretenden Pflanzen ergibt. Die vorliegenden Pflanzen lassen auf eine kontinuierliche Übergangsreihe schliessen.

Die Kernersche Schule unterscheidet zwei Bastardarten.

P. discolor Leybold (*superauricula* + *oenensis*). Mehliger Anflug wenigstens am Schlunde der Krone und an den Kelchzähnen. Drüsen am Schaft, an den Blütenstielen, und besonders am Rande der Kelchzähne fast sitzend.

P. Portae Huter (*subauricula* + *oenensis*). Der mehlige Anflug mangelt gänzlich. Drüsen am Schaft, an den Blütenstielen und den Kelchzähnen fast durchgehends deutlich gestielt. Der Stiel wenigstens so lang als die Drüse.

Ich finde dagegen, dass unter den Pflanzen, welche an den oberen Teilen Mehlstaub tragen, mit Rücksicht auf alle übrigen Merkmale viele Pflanzen in der Mitte zwischen den beiden Stammarten, nicht der *P. Auricula* näher stehen. Andrerseits gibt es unter den Pflanzen, welche keinen Mehlstaub besitzen, manche, die in Gestalt und Aussehen der Blätter, mit Ausnahme der rötlichen Drüsen, ganz mit *P. Auricula* übereinstimmen und ebenfalls die Mitte zwischen *P. Auricula* und *oenensis* halten.

Daher bin ich der Meinung, dass auch hier wie bei *P. Auricula +
viscosa*, neben einem in der Mitte stehenden Bastard *P. Auricula + oenensis*
(*P. discolor* Leybold) noch 2 Grenzformen Var. *accedens* ad *P. Auriculam*
und Var. *accedens* ad *P. oenensem* zu unterscheiden sind.

Der Bastard *P. Auricula + oenensis* ist dem Bastard *P. Auricula + viscosa* sehr ähnlich. Der einzige durchgreifende Unterschied ist der, dass
bei den ersteren die mehlstaubfreien Drüsen rötlich, bei letzteren farblos
sind. Dieser Unterschied kann nur bei verhältnismässig sehr wenigen
Pflanzen, nämlich bei denen, die ganz mit mehlstaubtragenden Drüsen
bedeckt sind, nicht angewendet werden. Die kürzeren Drüsen, die kürzeren,
anliegenden Kelche und die schmäleren Blätter sind Merkmale für *P.
Auricula + oenensis*, welche nur bei den der *P. oenensis* sich nähernden Pflanzen
entscheidend sind.

So ähnlich die Bastarde *P. Auricula + oenensis* und *P. Auricula +
viscosa* in den sichtbaren Merkmalen sind, so scheint doch ein wesent-
licher Unterschied in der inneren Natur derselben zu bestehen, welcher
sich in der Bildung von Mehlstaub kundgibt. Bei *P. Auricula + viscosa*
sind nur die Pflanzen mehlstaubfrei, welche schon in allen Merkmalen
sehr nahe der *P. viscosa* stehen. Bei *P. Auricula + oenensis* kommt der
vollständige Mangel an Mehlstaub auch bei Pflanzen vor, welche viele
Merkmale von *P. Auricula* besitzen.

Zu P. Auricula + villosa.
Spec. 1 + 9.

Dieser von verschiedenen botanischen Autoren angeführte Bastard ist noch
nicht gefunden.

Kerner veröffentlichte in der Österr. bot. Zeitschrift 1875 P. Göbelii
oder nach anderen Göblii (*P. Auricula + villosa*), welche von Herrn Kriegs-
kommissar A. Peheim in Graz auf dem Eisenhut bei Turrach aufgefunden und
an Herrn Oberinspektor Göbl in Innsbruck in lebenden Stöcken übersendet
worden war. Später geben Göbl und Stein einem unter den übersendeten
Pflanzen befindlichen Exemplare den Namen *P. Kerneri (subauricula + villosa)*
in Öster. bot. Zeitschrift 1878. Diese zwei hybriden Arten wurden auch von
Pax aufgeführt.

Glaubhaften Aussagen zufolge stammen nun die nach Innsbruck ge-
sendeten Exemplare aus Gärten in Turrach und sind nichts anderes als *P. Auricula + viscosa*. Mehrere Gärtner, Obrist, Kellerer, Gusmus haben nach-
einander tagelang den Eisenhut und die Umgegend von Turrach abgesucht und
weder den Bastard noch auch die eine Stammart, nämlich *P. Auricula* gefunden.
Das gleiche Resultat hatte auch Dr. Correns. Ebenso leugnen Einwohner von
Turrach das Vorkommen der beiden genannten Pflanzen. Vgl. auch, was darüber der verdienstvolle Gärtner Obrist in Kolb, Alpenpflanzen, S. 242 sagt.

Aus dem bot. Garten in Innsbruck kam ein Exemplar von *P. Göblii* im
Jahre 1883 in den bot. Garten von München. Es unterscheidet sich nicht von
vielen Exemplaren der *P. Auricula + viscosa* und kann nach seinen Merkmalen
nicht von *P. villosa* herstammen. Diese Art hat wie *P. oenensis* rote Drüsen,
und es müsste der Bastard ebenfalls rötliche Drüsen besitzen wie *P. Auricula +*

oenensis. P. Göblii aber stimmt in den nicht mehlstaubabsondernden Drüsen, welche farblos sind, mit *P. Auricula + viscosa* überein.

P. Auricula + pedemontana.
Typ. I + VI. Spec. 1 + 6.

Dieser Bastard kommt in der Natur nicht vor, da in dem ganzen Gebiet von *P. pedemontana* keine *P. Auricula* oder *P. Balbisii* wächst.

Im Münchener botanischen Garten hat Herr Kellerer im Jahre 1890 *P. pedemontana* mit *P. Auricula* gekreuzt. Unter den Sämlingen, die aus den Samen der *P. pedemontana* aufgegangen sind und jetzt noch nicht geblüht haben, sind die meisten *P. pedemontana*, einige wenige sind Bastarde *P. Auricula + pedemontana.*

Herr Kellerer wünscht, dieselbe nach dem um die Primelkultur hochverdienten Herrn Bankdirektor Sendtner *P. Sendtneri* zu nennen.

P. (Auricula) Balbisii + tirolensis (P. obovata Huter).
Typ. I + VIII. Spec. 1 + 13.

Diesen Bastard hat Huter im Jahre 1872 in nur 2 Exemplaren auf-gefunden und davon eines an Kerner mitgeteilt. Keiner der beiden Autoren, die diese Primel erwähnen, gibt eine Beschreibung des Bastardes, Kerner bemerkt nur, dass derselbe der *P. tirolensis* näher stehe.

Ich habe diesen Bastard nicht gesehen. Eine im hiesigen botanischen Garten unter dem Namen *P. obovata* kultivierte Primel vom Mte. Cavallo musste als *P. tirolensis* bestimmt werden.

P. Balbisii + tirolensis, P. ciliata + tirolensis.

P. obovata Huter Österr. bot. Zeitschrift 1873 p. 125. — Kerner Österr. bot. Zeitschrift 1875 p. 126.

Venetianische Alpen: Mte. Cavallo (Distrikt Belluno).

P. Auricula + integrifolia (P. Escheri Brügger).
Typ. I + X. Spec. 1 + 15.

Unterschiede zwischen den beiden Stammarten.

P. Auricula (S. 27 und 31). Blüten gelb, wohlriechend. Schlund mehl-staubig. Kronzipfel bis auf 1/5 ausgerandet, Radius ca. 6—12 mm. Staub-kolben der kurzgriffligen Blüten im Schlunde bis 1/3 der Kronröhrenlänge unter demselben. Hüllblätter trockenhäutig, breiteiförmig, zwei- bis vielmal kürzer als die Blütenstiele. Blütenstiele bis 23 mm lang. Schaft bis 25blütig. Kelch kurz, 2—5 mm lang, Kelchzähne spitz. Laubblätter dick und fleischig, matt, mit deutlichem Knorpelrand, ganzrandig bis grobgezähnt, rundlich bis länglich-lanzettlich. Oberfläche der grünen Teile mit kurzen Drüsenhaaren besetzt, welche die Fähigkeit haben, Mehlstaub abzusondern. Dieser bedeckt zuweilen alle grünen Teile, zuweilen ist er auf die innere Fläche und die Ausschnitte des Kelches beschränkt. Fruchtkapsel meist ziemlich länger, selten kürzer als der Kelch.

P. integrifolia (S. 28 und 66). Blüten matt rot-lila, geruchlos. Schlund von langen Haaren zottig. Kronzipfel bis auf 1/2 eingeschnitten, Radius 8 bis

13 mm. Staubkolben der kurzgriffligen Blüten ¹/₂, selten ¹/₃ der Kronröhrenlänge unter dem Schlunde. Hüllblätter krautig, lineal oder lanzettlich, die Basis
des Kelches stets überragend. Blütenstiele 0—1¹/₂ mm lang. Schaft 1- bis
3 blütig. Kelch lang, 5—9 mm, Kelchzähne abgerundet oder stumpf. Laubblätter weich, etwas glänzend, ohne Knorpelrand und immer streng ganzrandig,
elliptisch oder länglich. Oberfläche der grünen Teile mit langen (bis ³/₅ mm) gegliederten Haaren locker bestreut. Nirgends Mehlstaub. Fruchtkapsel ¹/₃- bis
¹/₂ mal so lang als der Fruchtkelch.

P. *Auricula* + *integrifolia*. Blüten wohlriechend, Kronsaum beider-
seits schmutzig rot, Schlund gelb, ziemlich dicht mit Mehlstaub besetzt.
Kronröhre aussen dunkelgelb, kahl. Kronzipfel bis auf ¹/₄ ausgerandet.
Radius des Saumes c. 8—9 mm. Staubkolben der kurzgriffligen Blüten
¹/₄ der Kronröhrenlänge unter dem Schlunde bis dicht unter demselben.
Hüllblätter meist krautig bis etwas trockenhäutig, länglich oder lanzettlich,
bald nur die Basis des Kelches, bald die Spitze desselben erreichend.
Blütenstiele sehr kurz bis 4 mm lang. Schaft 5—6 blütig. Kelch
4,5—7 mm lang; Kelchzipfel breit-eiförmig, stumpf. Laubblätter weich,
mit undeutlichem Knorpelrand, elliptisch bis länglich, ganzrandig oder
entfernt gezähnelt. Oberfläche der grünen Teile: Blätter locker mit
¹/₄—¹/₃ mm langen, nicht gegliederten Drüsenhaaren besetzt; ohne Mehlstaub. Schaftende und Kelch mit sehr kurzen, mehlstaubabsondernden
Drüsenhaaren ziemlich dicht besetzt. Fruchtkapsel ¹/₂—³/₄ so lang als
der Kelch.

P. *Auricula* + *integrifolia*.

P. *Escheri* Brügger Jahresber. der naturf. Gesellsch. Graubünd. XXIV.
N. 104.

Schweiz: Bündtner Alpen (v. sc.). Glarneralpen (v. vc.). Äusserst
selten.

Die von Sündermann aus den Glarner-Alpen geschickte Pflanze
blühte zweimal im botanischen Garten zu München. Die von Professor
Brügger zur Ansicht mitgeteilten Exemplare waren in Chur kultiviert.
Die Glarner Pflanze steht genau in der Mitte zwischen den beiden Stammarten, die Bündtner Pflanzen sind der P. *Auricula* nur wenig näher.

Zu P. Auricula + Cartilagineo-marginatae.
Typ. I + XI.

Von fast allen Arten der *Cartilagineo-marginatae* werden Bastarde mit
P. *Auricula* oder der dazu gehörigen P. *Balbisii* angegeben. Allein keiner derselben hält einer strengen Kritik stand. Offenbar besteht eine sehr geringe geschlechtliche Affinität zwischen beiden Typen, da oft Tausende von Pflanzen
des einen und des andern durcheinander wachsen, ohne dass Bastardierung erfolgt. So sind die Corni di Canzo am Comersee mit P. *calycina* bedeckt, und
stellenweise wächst dazwischen in Menge P. *Auricula* var. *albocincta*. Bei längerem Suchen fand ich keine Spur von einem Bastard, und andere Forscher
hatten keinen besseren Erfolg.

Ich will die hier ausgesprochene Meinung noch im speciellen nachweisen.

Zu P. Auricula + Clusiana.
Spec. 1 + 16.

Nach G u s m u s soll die oben (S. 70) als *P. Clusiana Var. admontensis*
aufgeführte Pflanze hierher gehören. Wenn dies richtig ist, so müsste sie durch
wiederholte Befruchtung mit *P. Clusiana* alle von *P. Auricula* herstammenden
Merkmale bis auf die Zähnung der Blätter verloren haben. Denn der *P. admontensis* Gusmus sowie dessen *P. Churchilii* fehlt der Mehlstaub gänzlich, auch
auf der Innenfläche des Kelches und im Kronschlund, und die Blütenfarbe sowie der Kelch sind wie bei *P. Clusiana*. Wiederholt wurden die Berge um Admont, sowie auch andere Orte, wo *P. Auricula* und *Clusiana* zusammen vorkommen, durchsucht, ohne dass ein ausgesprochener Bastard zwischen diesen
Arten gefunden wurde.

Zu P. Auricula + Wulfeniana.
Spec. 1 + 17.

G u s m u s will diesen Bastard im Gebiete der *P. Wulfeniana* aufgefunden
haben. Er nannte ihn *P. Lebliana* G u s m. Von seiner Existenz weiss ich nicht
mehr, als dass er in einigen Katalogen verzeichnet ist.

Zu P. (Auricula) Balbisii + spectabilis.
Spec. 1 + 19.

Nach W e l d e n in Bertoloni fl. ital. sollte *P. venusta (Auricula + carniolica)*
auf dem Mte. Baldo vorkommen. Diese Angabe `veranlasste R e i c h e n b a c h
zur Aufstellung von *P. v e n u s t a β. W e l d e n i a n a* »grösser, mit buchtig gezähnten Blättern, Kelchausschnitte und Kronschlund weiss mehlig.« Welche
Bewandtnis es mit *P. Weldeniana* hat, lässt sich vielleicht aus dem Umstande
ermessen, dass R e i c h e n b a c h fil. in den Icones, wo er die Angaben seines
Vaters, welche er für irrtümlich hält, stets mit Stillschweigen übergeht, auch
dieser Pflanze keine Erwähnung thut.

Dagegen sagt Rchb. fil., bei der *P. spectabilis* vom Mte. Baldo sei der Kelch
bald lang ausgezogen, bald so kurz wie bei *P. Auricula*, dennoch dürfe man um
so weniger an Bastarde glauben, als es Mittelformen gebe, und keine Anzeichen
von Mehlstaub da seien. Eine äusserste Abänderung bildet er in Tab. 22 als
brachycalyx oder *microcalyx* ab.

K e r n e r (Öster. bot. Zeitschrift 1875) meint, dass die von W e l d e n ge-
fundene Pflanze ein Bastard von *P. Balbisii* und *P. spectabilis* sein könnte, und
P a x führt wirklich nach Stein *P. ciliata* (Balbisii) + *spectabilis* mit dem Synonym *P. Weldeniana* Rchb. auf.

Hierzu ist zu bemerken, erstlich, dass *P. Weldeniana* Rchb. nicht ein Synonym von *P. ciliata + spectabilis* sein kann, da sie am Kelch und im Schlund der
Blumenkrone Mehlstaub hat, ferner, dass die mehlstaubfreie *P. spectabilis var.
microcalyx* Rchb. fil. nicht wohl ein Bastard sein kann, weil dieselbe durch Abstufungen in die gewöhnliche *P. spectabilis* übergeht, und weil, wie bei dieser
die Hüllblätter schmal und die Laubblätter ganzrandig sind. Ganz ähnliche
Pflanzen wie die von Rchb. fil. abgebildete *microcalyx* besitze ich aus dem Südtirol. Bei denselben kann aber an Hybridität nicht gedacht werden, da es eine
Menge von Zwischenformen bis zur gewöhnlichen Form gibt, und weil die
Pflanzen mit kürzerem Kelch offenbar das Gleiche sind wie diejenigen mit längerem Kelch. Wäre die angebliche *P. Balbisii + spectabilis* in Kultur, so würde

man sich leicht von der Zugehörigkeit zu *P. spectabilis* überzeugen können. — Herr Kellerer, Alpenpflanzengärtner im bot. Garten zu München, hat den Mte. Baldo drei Tage lang nach allen Richtungen hin abgesucht und nichts von einem Bastard gefunden, wohl aber *P. spectabilis* in Menge gemengt mit sehr spärlichen *P. Balbisii*.

P. latifolia + Rufiglandulae.
Typ. V + VII.

Wo die beiden Stämme zusammen vorkommen, bilden sich die Bastarde leicht. Bis jetzt war nur der Bastard von *P. latifolia + viscosa* (*P. Berninae* Kern.) bekannt.

P. latifolia (S. 27 und 40). Blüten violett, Schlund und Innenfläche der Röhre gleichfarbig mit dem meist ziemlich eng-trichterförmigen, allmählich sich verjüngenden Saum. Kronzipfel bis auf ¹/₅ ausgerandet. Schlund mit spärlichem Mehlstaub. Staubkolben der kurzgriffligen Blüten im Kronschlund oder dicht unter demselben. Drüsenhaare an den grünen Pflanzenteilen ¹/₈—¹/₄, sehr selten bis ¹/₃ mm lang, Drüsen farblos, Kelch 2—4 mm lang, Kelchzähne fest anliegend. Fruchtkapsel bis doppelt so lang als der Kelch. Blütenschaft meist länger als die Blätter bis doppelt so lang als dieselben. Blütenstand einseitswendig mit nickenden Blüten. Laubblätter harzig riechend, gelbgrün, schlaff, sehr oft wellig verbogen, entfernt gezähnt, oval bis lanzettlich-keilförmig, rasch oder allmählich in den Blattstiel verschmälert. Wurzelstock sehr lang und strauchartig.

Rufiglandulae (S. 27 und 44). Blüten rosa oder lila, Schlund und Innenfläche der Röhre weiss, Saum zuletzt flach. Kronzipfel bis auf ³/₅ ausgerandet. Schlund ohne Mehlstaub Staubkolben der kurzgriffligen Blüten ¹/₄—¹/₅ der Kronröhrenlänge unter dem Schlunde. Blüten aufrecht. Wurzelstock kürzer und weniger strauchartig als bei *P. latifolia*. Laubblätter schwach riechend, grasgrün, etwas steif.

P. latifolia + viscosa (P. Berninae Kerner).
Spec. 5 + 11.

P. latifolia siehe bei *P. latifolia + Rufiglandulae*.

P viscosa siehe ebendaselbst, ferner (S. 46 und 55): Drüsenhaare an den grünen Pflanzenteilen ¹/₆—¹/₃, selten bis ¹/₂ mm lang. Drüsen im Gebiete, wo der Bastard vorkommt, farblos bis rötlich, beim Trocknen rot abfärbend. Kelch 3—7 mm lang; Kelchzähne abstehend. Fruchtkapsel ¹/₂—³/₄ mal so lang als der Kelch. Blütenschaft meist kürzer als die Blätter. Laubblätter rundlich bis verkehrteiförmig, seltener länglich, meist rasch in den Blattstiel zusammengezogen.

P. latifolia + viscosa. Blüten dunkelrot-violett wie *P. latifolia*, mit gleichfarbigem oder mit weissem Schlund, purpurn, hellrot-lila wie *P. viscosa*, mit gleichfarbigem oder mit weissem Schlund. Röhre gleichfarbig wie der Saum oder heller. Saum eng bis weit trichterförmig. Kronzipfel auf ¹/₅—¹/₃ ausgerandet. Schlund mit spärlichen Drüsenhärchen, welche manchmal etwas Mehlstaub absondern. Staubkolben der kurzgriffligen Blüten fast im Schlund bis ²/₅ der Kronröhrenlänge unter demselben. Drüsenhaare an den grünen Pflanzenteilen ziemlich dicht, bald so kurz wie bei *P. latifolia*, bald so lang wie bei *P. viscosa*. Drüsen farblos bis gelblich. Kelch 3—6 mm lang, anliegend oder wenig abstehend. Fruchtkapsel kaum ²/₃ so lang bis so lang als der Kelch. Blütenschaft ¹/₂ so lang bis gut 1¹/₂ mal so lang als die Blätter. Blütenstand oft etwas einseitswendig,. bald mit nickenden, bald mit aufrechten Blüten. Laubblätter oft harzig riechend, rundlich bis länglich-lanzettlich, plötzlich bis ganz allmählich in den Blattstiel verschmälert. Wurzelstock oft lang und strauchartig.

    P. latifolia + *viscosa* Vill. — *P. hirsuta* All. + *viscosa* All. — *P. graveolens* + *viscosa* Vill. Christ in Flora 1865 p. 213.

    P. Berninae Kerner Österr. bot. Zeitschrift 1875. p. 153. — Pax p. 156.

    P. Salisii Brügger Jahresb. der Naturf. Gesellsch. Graubünd. 1878 bis 1880. N. 107.

    Schweiz Oberengadin: Maloja (v. v.), Morteratsch (v. s.), Bernina (v. v.), Piz Ott (v. vc.), Beverserthal (v. s. et vc.), Müsella (v. s.). Unterengadin: Piz Nadis ob Süs (v. s.). Bergamasker-Alpen: Mt. Grabiasca im Val Seriana (v. vc.). 2000—2500 m ü. M.

    Die Bastarde sind fruchtbar und kreuzen sich teils unter einander, teils mit den Stammarten; dadurch entsteht eine vollständige Reihe zwischen den letzteren. Auch jedes einzelne Merkmal variiert, so dass es bald der einen, bald der andern Stammart nahe kommt, und die Merkmale kombinieren sich so verschiedenartig, dass eine grosse Mannigfaltigkeit in den Formen entsteht. Es gibt namentlich auch Bastarde, welche in den Blüten der *P. latifolia*, in den übrigen Merkmalen der *P. viscosa* ähnlich sind, andere, welche ganz die Blüten von *P. viscosa* haben, in den übrigen Merkmalen mehr eine *P. latifolia* sind. Gewöhnlich erhält man als *P. Berninae* eine in allen Merkmalen mittlere Form, während andere Formen teils als *P. latifolia*, teils als *P. viscosa* bestimmt werden. Ein auf dem Piz Ott im Oberengadin von dem Gärtner J. Obrist gefundener und im Münchener botanischen Garten kultivierter Bastard hat Blüten fast wie *P. viscosa* und wurde daher vom Finder *P. ciliata* (zù *P. viscosa* gehörend) genannt, eine Bestimmung, die durch mehrere Merkmale als unrichtig dargethan wird. Sie hat nämlich ziemlich kleine, mehr oder weniger trichterförmige Blüten, die Insertion der Staubkolben ist höher, der Kelch kleiner als bei *P. viscosa* (meist 4 mm), mit fest anliegenden Zähnen, die Blätter etwas riechend, allmählich verschmälert. Exemplare, welche die Blütenfarbe der *P. latifolia* und auch einen gleichfarbigen Schlund haben, erkennt man als hybrid an den geruchlosen, ziemlich rasch verschmälerten Blättern mit ihrer dichteren und längeren Behaarung, sowie an der tieferen Insertion der Staubkolben. Solche Pflanzen kommen übrigens nicht vor, wenn *P. latifolia* allein auf dem Standort vertreten ist. Auch der weisse Kronschlund allein kennzeichnet den Bastard, weil er nie bei der *P. latifolia* gefunden wird.

P. latifolia + oenensis (P. Kolbiana).

Spec. 5 + 8.

P. latifolia siehe bei *P. latifolia + Rufiglandulae.*

P. oenensis siehe ebendaselbst, ferner (S. 45 und 49): Drüsenhaare an den grünen Pflanzenteilen ¹/₆ — ¹/₄ mm lang Drüsen gross, rot-gelb oder dunkelrot. Kelch 2,5 — 4,5 mm lang; Kelchzähne anliegend. Fruchtkapsel ca. so lang als der Kelch. Blütenstiele 1,5 — 6 mm lang. Laubblätter länglich-keilförmig bis seltener verkehrt eiförmig, allmählich, seltener ziemlich rasch in den Blattstiel verschmälert, feingezähnt.

P. latifolia + oenensis. Oberfläche der Blätter ziemlich dicht mit Drüsenhaaren besetzt. Drüsenhaare ca. ¹/₄ mm lang. Drüsen blassrot oder dunkelrot. Blätter harzig riechend, Spreite derselben eiförmig bis oval, allmählich in den Blattstiel verschmälert, fast ganzrandig oder mit entfernten, sehr seichten Zähnen. Wurzelstock etwas strauchartig.

P. latifolia + oenensis.

P. Kolbiana.

Bergamasker Alpen: Mte. Cimone im Val Seriana.

Dieser Bastard wurde im Jahre 1890 von dem Alpenpflanzengärtner Kellerer in einigen Exemplaren unter den Stammeltern gefunden und in den Münchener botanischen Garten verpflanzt. Leider haben die Pflanzen nicht geblüht, und ist deshalb die Beschreibung unvollständig.

P. integrifolia + latifolia Lap. (P. Muretiana Moritzi).

Typ. V + X. Spec. 5 + 15.

Unterschiede zwischen den beiden Stammarten.

P. integrifolia (S. 28 und 66). Blüten matt rot-lila, geruchlos. Saum weit trichterförmig; Radius desselben 8 — 13 mm. Schlund von langen Haaren zottig. Kronzipfel bis auf ¹/₂ eingeschnitten. Staubkolben der kurzgriffligen Blüten ¹/₂, selten ¹/₃ der Kronröhrenlänge unter dem Schlunde. Hüllblätter krautig, lineal oder lanzettlich, die Basis des Kelches stets überragend. Blütenstiele 0 — 1¹/₂ mm lang. Schaft 0,5 — 5 mm lang, 1 — 3 blütig. Kelch lang, 5 bis 9 mm, Kelchzähne abgerundet oder stumpf. Laubblätter etwas glänzend, nicht klebrig, geruchlos, immer streng ganzrandig, elliptisch oder länglich, sehr kurz gestielt. Oberfläche der grünen Teile mit langen (bis ⁸/₆ mm) gegliederten Haaren locker bestreut. Fruchtkapsel ¹/₃—¹/₂mal so lang als der Fruchtkelch.

P. latifolia (S. 27 und 40). Blüten violett, Saum meist eng trichterförmig; Radius desselben 6—10 mm. Kronzipfel bis auf ¹/₅ ausgerandet. Schlund mit spärlichem Mehlstaub. Staubkolben der kurzgriffligen Blüten im Kronschlund oder dicht unter demselben. Hüllblätter breiteiförmig, zwei- bis vielmal kürzer als die Blütenstiele. Blütenstiele 3 — 18 mm lang. Schaft 1,2 — 18 cm lang, bis 25 blütig. Blütenstand einseitswendig mit nickenden Blüten. Kelch 2 bis 4 mm lang, Kelchzähne spitz oder anliegend. Laubblätter klebrig, balsamisch duftend, etwas schlaff, matt (im Gebiete, wo der Bastard vorkommt) meist gezähnt, rundlich, oval bis lanzettlich-keilförmig, meist lang gestielt Oberfläche der grünen Teile ziemlich dicht mit kurzen (¹/₈ — ¹/₄ mm langen) Drüsenhaaren bedeckt. Fruchtkapsel wenig länger bis doppelt so lang als der Fruchtkelch

P integrifolia + latifolia. Blüten dunkelrot, rot-violett bis dunkel-
blau-lila, etwas dunkler als bei *P. integrifolia* bis etwas heller als bei *P.
latifolia*, beim Abblühen blauer werdend. Saum enger bis weiter trichterförmig; Radius desselben 7—13 mm. Kronzipfel auf $^1/_5$—$^1/_3$ ausgerandet.
Staubkolben der kurzgriffligen Blüten im Schlunde bis $^1/_3$ der Kronröhrenlänge unter demselben. Schlund und innerer Teil des Saumes mehr oder
weniger dicht mit ziemlich kurzen Drüsenhaaren besetzt, welche hier und
da Mehlstaub absondern. Hüllblätter grün bis etwas trockenhäutig, lanzettlich bis oval, 2—9 mm lang, die Hälfte der Blütenstiele bis $^2/_3$ des Kelches
erreichend. Blütenstiele fast 0—6 mm lang. Schaft 0,5—9 cm, 1- bis
6 blütig. Blütenstand oft deutlich einseitswendig, Blüten mehr oder weniger
nickend, manchmal auch aufrecht. Kelch 3,5—9 mm lang, oft rot überlaufen; Kelchzähne abgerundet, stumpf oder seltener spitz. Fruchtkapsel
kaum bis gut $^1/_2$ so lang als der Kelch. Laubblätter mehr oder weniger
klebrig, meist etwas glänzend, nicht oder wenig riechend, fast ganzrandig
oder in der oberen Hälfte undeutlich bis deutlich kleingezähnt, länglich-
keilförmig oder lanzettlich-keilförmig, sehr selten oval, oder elliptisch-oval,
am Scheitel meist abgerundet, selten etwas spitz. Oberfläche der grünen
Teile bald mit langen, gegliederten Haaren locker, bald mit mässig langen
Drüsenhaaren ziemlich dicht besetzt.

P. *integrifolia + latifolia*, P. *integrifolia + viscosa* All.

P. *Muretiana* Moritzi Pflanzen Graubündtens p. 111. — Rechb. fil.
p. 48 t. 60, 63, 67 — Kerner, Österr. bot. Zeitschrift 1875 p. 155. —
Pax p. 157

P. *Dinyana* Lagger Flora 22 p. 670. — Koch p. 678. — Kerner l. c.
— Pax p. 157

Schweiz, Oberengadin: Albula (v s.), Beverserthal (v. s.), Maloja (v. v.),
Fexthal (v. v.), Bernina (v. v.), Alp Lavirums (v. s.) 2100—2300 m ü. M.

Auf Standorten, wo die beiden Stammarten untereinander wachsen,
tritt meistens der Bastard auf, doch gibt es auch solche Standorte, wo
er mangelt. Es gibt ferner Lokalitäten, wo er nur spärlich, und wieder
solche, wo er in so grosser Menge vorkommt, dass er an Zahl den beiden
Stammarten gleich ist oder sie sogar übertrifft.

Den Bastard *P. integrifolia + latifolia* muss ich für unfruchtbar halten.
Er bildet zwar Fruchtkapseln, aber die darin enthaltenen Samen sind
taub. Demnach fehlt die Kreuzung mit den Stammarten, und es mangeln
auch die hybriden Annäherungen an dieselben. — Dagegen spielt bei
dem Bastarde die vegetative Vermehrung eine grosse Rolle, denn man
trifft Kolonien von zahlreichen Individuen, die einander ganz gleich und
augenscheinlich durch Teilung entstanden sind.

Wenn man eine grosse Zahl von Bastarden, die von verschiedenen
Orten stammen, beisammen hat, so kann man von denjenigen, die der
einen Stammart am ähnlichsten sind, bis zu denen, die der andern am
ähnlichsten sehen, eine ununterbrochene Reihe bilden. Die Merkmale
kommen in mannigfaltigen und sehr verschiedenen Kombinationen vor.

Zwei solcher schon von Brügger und Reichenbach fil. betonten Kombinationen sind die, dass bei den einen Exemplaren Kelch und Blüte der *P. integrifolia*, Laubblätter, Behaarung und Wurzelstock der *P. latifolia* ähnlich sind, bei den anderen verhält es sich umgekehrt. Aber man kann danach keineswegs die ganze hybride Reihe in diese zwei Varietäten sondern, eine grosse Zahl der Bastarde würde diesem Schema nicht entsprechen. Es gibt auch Bastarde, die in allen Merkmalen ungefähr die Mitte halten, und solche, die in der Mehrzahl der Merkmale sich nach der einen oder andern Seite mehr von der Mitte entfernen.

Kerner (l. c.) unterscheidet zwei hybride Arten.

1. *P. Muretiana (subintegrifolia + viscosa* All., nach meiner Terminologie (*subintegrifolia + latifolia*). Blätter weich, verkehrteiförmig oder fast spatelförmig, in einen ziemlich langen Blattstiel zusammengezogen, deutlich geschweift-gezähnt. Schaft schlank.

2. *P. Dinyana (superintegrifolia + viscosa* All. = *superintegrifolia + latifolia*) Blätter dicklich, keilförmig, die elliptische Spreite in den sehr breiten, kurzen Blattstiel allmählich verschmälert, ganzrandig oder undeutlich in wenige stumpfe Zähne ausgeschweift. Schaft niedrig, wenig länger als die Blätter.

Pax (l. c.) folgt Kerner genau. Bei dieser Einteilung liegt ein grosser Fehler darin, dass sie sich auf die mehr unwesentlichen Merkmale, die Form der Blätter und die Höhe des Schaftes stützt, während die viel wichtigeren Merkmale, Blumenkrone, Kelch, Insertion der Staubkolben, unberücksichtigt bleiben. Daraus folgt dann, dass zu der Kernerschen *P. Muretiana* auch solche Pflanzen, die mehr von der *P. integrifolia* haben, zu seiner *P. Dinyana* auch solche gelegt werden müssen, welche der *P. latifolia* näher stehen. Überdem sind die Blattformen bei den beiden Stammarten meist sehr wenig verschieden, denn gerade in dem Gebiete des Bastardes kommt gar nicht selten die *Var. cuneata* der *P. latifolia* vor, welche verhältnismässig ebenso schmale Blätter besitzt, wie die *P. integrifolia*. Diese Varietät wird daher zuweilen fälschlich als *P. integrifolia + latifolia* bestimmt.

Der Bastard hat fast immer ziemlich schmale und fast ganzrandige Blätter, unter Hunderten von Pflanzen, die ich auf dem Maloja sah, und sehr vielen, die ich vom Albula besitze, gibt es keine anderen. Daher rührt der einförmige Habitus, indem die unterscheidenden Merkmale nur in den Blüten vorhanden sind. Ein sehr interessantes Exemplar mit elliptisch-ovalen Blättern, das ganz die Blüten von *P. integrifolia* hatte, sah ich von Krättli gesammelt im Brüggerschen Herbarium.

P. oenensis + Viscosa (P. Seriana).[1]
Typ. VI Spec. 9 + 11.

Unterschiede zwischen den beiden Stammarten.

P. oenensis (S. 45 und 49). Schaft bis doppelt so lang als die oft schmalen und keilförmigen und zuweilen auch breiteren, allmählich verschmälerten Blätter. Blütenstiele kurz, (1,5 — 5 mm). Behaarung überall dicht und kurz ($^1/_6$ — $^1/_4$ mm).

---

[1] *P. Plantae* Brügger, welche nach ihrem Autor diesem Bastard entsprechen soll, vgl. S 50.

Drüsen gross, rotgelb oder dunkelrot. Kelch 2,5 — 4,5 mm lang, Kelchzähne
eng anliegend. Fruchtkapsel etwas länger, selten wenig kürzer als der Fruchtkelch.

P. viscosa (S. 46 und 55). Schaft meist kürzer, selten etwas länger als
die rundlichen bis ovalen, meist sehr rasch in den Blattstiel verschmälerten
Blätter. Blütenstiele lang (3 — 17 mm). Behaarung überall dicht, meist mässig
lang ($^1/_6$ — $^1/_3$ mm). Drüsen mässig gross, farblos bis goldgelb und rötlich.
Kelch 3—7 mm' lang; Kelchzähne abstehend. Fruchtkapsel $^1/_2$—$^3/_4$ mal so lang
als der Fruchtkelch.

P. oenensis + viscosa. Schaft $^1/_3$ so lang als die ovalen bis länglichen, ziemlich allmählich in den Blattstiel verschmälerten und an der
Spitze abgerundeten Blätter. Blattränder von der Mitte an kleingezähnt.
Blütenstiele 8—10 mm lang. Behaarung überall dicht ($^1/_5$—$^1/_3$ mm). Drüsen
farblos bis ziegelrot und hochrot gefärbt. Kelch 5—6 mm lang, Kelchzähne etwas abstehend. Fruchtkapsel ca. $^3/_4$ mal so lang als der Fruchtkelch.

P. oenensis + viscosa.
P. Seriana.

Bergamasker Alpen: Mte. Cimone im Val Seriana (v. vc.).

Der Alpenpflanzengärtner Kellerer im botanischen Garten zu München fand diesen Bastard im Jahre 1887 unter den Stammeltern. Da
dieselben ohnehin einander sehr nahe verwandt sind, ist der Bastard sehr
schwer zu erkennen.

Die Bastarde sind fruchtbar. Die hybride Reihe geht unmerklich in
die Stammarten über, so dass man eine bestimmte Grenze nicht feststellen kann.

P. integrifolia + viscosa (P. Heerii Brügger).
Typ. VI + X. Spec. 11 + 15.

Unterschiede zwischen den beiden Stammarten.

P. integrifolia (S. 28 und 66). Blüten etwas schmutzig mattrot-lila. Röhre
und Schlund ebenso gefärbt wie der weit trichterförmige Saum, Schlund durch
länge Haare zottig. Radius des Saumes 8—13 mm; Kronzipfel auf $^1/_4$—$^2/_5$ eingeschnitten. Blütenstiele bis 2 mm lang. Hüllblätter lineal bis lanzettlich, die
Basis des Kelches stets überragend. Kelch meist rötlich überlaufen, 5 bis
9 mm lang, mit aufrechten, bis oben gleich breiten, abgerundeten Zähnen. Blätter
glänzend, ganzrandig, elliptisch oder länglich, ganz allmählich in den Blattstiel
verschmälert. Schaft kürzer oder länger, seltener bis doppelt so lang als die
Blätter. Oberfläche der grünen Teile mit langen (bis $^3/_5$ mm) gegliederten und
mit winzigen Drüsen versehenen Haaren locker bestreut.

P. viscosa (S. 46 und 55). Blüten heller oder dunkler rot bis lila, von
lebhafter Farbe, Schlund und innerer Teil des zuletzt flachen Saumes weiss,
kurzhaarig. Radius des letzteren 6—9 mm (im Gebiete des Bastardes). Kronzipfel auf $^1,_9$ — $^1/_3$ ausgerandet. Blütenstiele bis 17 mm lang. Hüllblätter breit
eiförmig, kurz, 3- bis vielmal kürzer als die Blütenstiele. Kelch grün, 3—7 mm
lang mit abstehenden, nach oben sich verschmälernden, meist spitzen Zähnen.
Blätter matt, gezähnt, meist verkehrteiförmig und plötzlich in den Blattstiel
verschmälert, seltener (in der Höhenlage, wo der Bastard vorkommt) breit keil-

förmig. Schaft gewöhnlich so lang bis viel kürzer als die Blätter. Oberfläche der grünen Teile überall dicht mit kurzen (bis 1/3 mm) nicht gegliederten Drüsen- haaren bedeckt. Drüsen von mittlerer Grösse.

P. integrifolia + viscosa. Blüten schmutzigrot-lila bis dunkel-rosen- rot, Röhre und Schlund gleichgefärbt wie der Saum oder heller bis weiss, ersterer von langen, gegliederten Haaren zottig bis kurz drüsenhaarig. Kronsaum weit trichterförmig bis fast flach, Radius desselben 7—13 mm. Kronzipfel auf 1/5 bis etwas über 1/3 ausgerandet. Blütenstiele 1—9 mm lang. Hüllblätter lanzettlich-lineal bis aus breiter Basis länglich, 3—8 mm lang, bald kaum die Hälfte des Blütenstieles, bald 2/3 des Kelches er- reichend. Kelch teilweise rot überlaufen, 4—9 mm lang, Kelchzipfel abstehend oder etwas anliegend, bis oben gleich breit und abgerundet oder sich verschmälernd und stumpflich. Laubblätter mattglänzend oder matt, fast ganzrandig, gezähnelt oder deutlich gezähnt, elliptisch, länglich bis verkehrteiförmig und ziemlich plötzlich in den Blattstiel verschmälert. Schaft kürzer oder wenig länger, selten bis doppelt so lang als die Blätter. Oberfläche der grünen Teile mehr oder weniger dicht behaart. Haare meist die Mitte haltend zwischen beiden Arten, 1/4—1/2 mm lang, manch- mal mehr der einen, manchmal mehr der andern Stammform sich nähernd.

P. integrifolia + viscosa Vill. — *P. integrifolia + hirsuta* All. *P. Heerii* Brügger Jahresb. der naturf. Gesellsch. Graubünd. 1878—80. N. 105. — Pax p. 154.

Schweiz, Bündtner Alpen: Davos (v. s.), Arosa, Hochwang, Calanca, Bernina (v. v.), Maloja (v. v.); Glarner Alpen, 2200—2400 m ü. M.

Von diesem Bastard besitze ich eine ziemlich ansehnliche Zahl. Ich habe ihn auf einem Standort des Oberengadins, auf den ich von Herrn Lehrer Käser aufmerksam gemacht wurde, in einer nicht geringen Menge von Exemplaren gesehen, auf einem andern allerdings kaum über ein Dutzend gefunden. Überdem wurde er mir getrocknet mitgeteilt, und konnte ich ihn im botanischen Garten zu München mehrfach lebend beobachten. Aus allen diesen Exemplaren lässt sich eine vollständige Reihe von den der *P. integrifolia* am nächsten stehenden bis zu den der *P. viscosa* sich am meisten nähernden Bastarden herstellen. Dass das Nämliche auch für jedes einzelne Merkmal gilt, ergibt sich aus der obigen Beschreibung. Es gibt Bastarde, welche in allen Organen ziemlich die Mitte halten, es gibt ferner andere, die in den oberen Teilen der Pflanze der *P. integrifolia*, in den Laubblättern der *P. viscosa* näher stehen und endlich solche, bei denen das Umgekehrte stattfindet. Häufiger jedoch sind die Eigenschaften der beiden Stammarten in jeder möglichen Weise miteinander kombiniert, wobei nicht selten die einen oder die anderen das entscheidende Übergewicht gewinnen. — Da der Bastard unfruchtbar ist, so kann er sich nicht mit den Stammarten kreuzen, und es mangeln somit die Übergänge von der Bastardreihe zu denselben.

P. viscosa wächst an Felsen, *P. integrifolia* im Rasen. In der Höhe aber tritt *P. viscosa* auf die steinigen Weiden über und wächst dann

7*

gemengt mit *P. integrifolia*. Hier bilden sich die Bastarde, welche daher immer kleine Pflanzen sind. *P. viscosa* dieser höchsten Standorte ist sehr häufig forma *breviscapa* (*P. exscapa* Hegetschw.), unterscheidet sich aber sonst nicht wesentlich von denen mit längerem, deutlichem Schafte begabten Pflanzen. Vergl. p. 59.

Sündermann, der verdienstvolle Alpenpflanzengärtner in Lindau, hat aus diesem Verhalten Anlass genommen, zwei verschiedene Bastardreihen zu unterscheiden. Derselbe verschickt folgende Pflanzen, wobei er statt *viscosa* den Namen *hirsuta* gebraucht.

    1. *P. Heerii* (*subhirsuta* + *integrifolia* und *hirsuta* + *integrifolia*).

    2. *P. assimilis* (*superhirsuta* + *integrifolia*).

    2a. *P. Thomasiana* (*superhirsuta* + *integrifolia*).

    3. *P. Laggeri* (*subexscapa* + *integrifolia*).

    4. *P. Davosiana* (*superexscapa* + *integrifolia*).

Indem ich diese Formen nach den von Sündermann erhaltenen, im Münchener bot. Garten befindlichen Pflanzen beurteile, finde ich, dass die beiden Reihen 1—2 und 3—4 sich nicht von einander unterscheiden. Sie bilden, wenn alle Merkmale berücksichtigt werden, zusammen eine Reihe von folgender Ordnung 1, 2, 3, 4. Davon steht 2 ziemlich in der Mitte zwischen den beiden Stammarten, 1 ist fast ebenso wie 2, nur wenig sich nach *P. integrifolia* hinneigend. 3 ist ebenfalls wenig von 2 verschieden, nur etwas gegen *P. viscosa* hin abweichend. 4 nähert sich entschieden dieser Art. (Von 2a sah ich bloss Blätter, welche ebensowohl einer *P. viscosa* angehören könnten.) Sündermanns 4 hybride Arten bieten eine dürftige Auswahl für die ganze Bastardreihe und geben kein vollständiges Bild von der in Wirklichkeit bestehenden Mannigfaltigkeit.

Das Originalexemplar von *P. Heerii* Brügger, welches der Autor mir gütigst zur Ansicht mitteilte, wurde am 26. Juni 1857 in Davos 2100 m ü. M. gefunden, ist in Blumenkrone, Kelch, Hüllblätter und Blütenstielen sehr ähnlich der *P. integrifolia*, dagegen in Blättern und Behaarung der *P. viscosa*. Dieser interessante Bastard ist ziemlich verschieden von der *P. Heerii* Sündermanns

P. calycina + viscosa.

Typ. VI + XI. Spec. 11 + 18.

Unterschiede zwischen den beiden Stammarten.

P. calycina (S. 28 und 71). Hüllblätter lang, lanzettlich oder lineal, oft die Spitze des Kelches erreichend. Kelch rot gefärbt, 8—18 mm lang. Laubblätter ganz kahl, glänzend, steif, ganzrandig, mit breitem Knorpelrand, lanzettlich bis elliptisch-länglich, ganz allmählich in den Blattstiel verschmälert.

P. viscosa (S. 46 und 55). Hüllblätter breiteiförmig oder aus breiterer Basis länglich, zwei- bis vielmal kürzer als die Fruchtstiele, nur das unterste bisweilen länger. Kelch grün, 3—7 mm lang. Laubblätter mit Drüsenhaaren dicht besetzt, matt, weich, gezähnt, ohne Knorpelrand, rundlich bis seltener länglich, meist rasch in den Blattstiel verschmälert.

P. calycina + *viscosa*. Von diesem Bastard ist nur ein einziges Fruchtexemplar bekannt, welches von Dr. Levier gesammelt und dem k. Herbar zu Florenz einverleibt wurde, von wo es mir, durch die Güte von Herrn Prof. Caruel, zur Ansicht mitgeteilt wurde.

Hüllblätter 2—5,5 mm lang, schmal, lanzettlich oder länglich lanzettlich, spitzlich Fruchtstiele 6—11 mm. Länge des Fruchtkelches 6 bis fast 10 mm Laubblätter wie bei *P. viscosa*, in der Form einer Var. *angustata* gleichend, aber die Blattspreiten etwas breiter und weniger allmählich verschmälert.

P. calycina + viscosa Vill *P glaucescenti + villosa* Fl. ital p. 633 Veltlin: Val d'Ambra bei Sondrio (v. s.).

Die Pflanze hat ganz den Habitus einer *P viscosa*, nur die Länge des Kelches und die ausnahmsweise schmalen Hüllblätter erinnern an *P calycina*, und es ist immerhin noch fraglich, ob diese Pflanze wirklich der hybriden Reihe angehöre, da bis jetzt von anderen Forschern unter Tausenden von untereinander wachsenden *P calycina* und *P viscosa* ein Bastard nicht gefunden worden ist.

P. minima + Rufiglandulae.
Typ VI + XII

Diese Bastarde werden, da die Verwandtschaft zwischen den Stammarten gering ist, nur selten in einzelnen Pflanzenstöcken gefunden und sind unfruchtbar. Es gibt daher nirgends vollständige hybride Reihen, sondern nur einzelne Bruchstücke derselben, welche einzeln zu beschreiben sind.

P minima (S 28 und 74). Oberfläche der grünen Teile nicht klebrig, scheinbar kahl (mit hinreichender Vergrösserung sieht man zerstreute, ausserst kurz gestielte Drüsen). Laubblätter glänzend, keilförmig oder verkehrt dreieckig, der obere Rand gerade abgeschnitten oder etwas gebogen, mit 3—9 gleichen Sägezähnen, welche in eine lange Knorpelspitze vorgezogen sind Hüllblätter krautig, lanzettlich oder lineal, meist wenig kürzer, seltener bloss $1/2$ so lang als der Kelch Blütenschaft 1—2 blütig, 0,2—3 cm lang Blütenstiele fast 0 bis 3 mm. Kelch 6—9 mm lang, Kelchzähne abgerundet, oft mit einem aufgesetzten Spitzchen, anliegend oder abstehend Blüten schön rosa, Kronzipfel. spreizend, auf $2/5$—$1/2$ eingeschnitten. Radius des Saumes 7—16 mm Schlund und innerer Teil des Saumes von langen, gegliederten Haaren zottig. Fruchtkapsel kaum $1/2$ so lang als der Kelch

Rufiglandulae (S. 27 und 44) Oberfläche der grünen Teile klebrig, dicht mit Drüsenhaaren besetzt. Laubblätter nicht glänzend, Zähne am Blattrand ohne Knorpelspitzen Hüllblätter breiteiförmig oder aus breiter Basis länglich, zwei- bis vielmal kürzer als die Blütenstiele Blütenschaft 1—17 blütig Kronzipfel nicht spreizend, auf $1/7$—$1/3$, sehr selten auf $2/5$ ausgerandet. Radius des Saumes 5—13 mm. Schlund und innerer Teil des Saumes mit kurzen Drüsenhärchen besetzt.

P. minima + viscosa (P. Steinii Obrist)
Spec. 11 + 20.

P minima siehe bei *minima + Rufiglandulae*.

P. viscosa siehe ebendaselbst, ferner (S. 46 und 55) Drüsenhaare an den grünen Pflanzenteilen ziemlich lang (bis $1/3$ mm) Drüsen (im Gebiete, wo der Bastard vorkommt) ziemlich farblos. Laubblätter rundlich, verkehrteiförmig oder oval, meist plötzlich in den Blattstiel verschmälert, von der Mitte an oder fast am ganzen Umfange, selten erst gegen den Scheitel gezähnt. Zähne oft unregelmässig, gross oder klein. Blütenschaft bis 7 cm lang. Blütenstiele 3 bis 17 mm. Kelch 3—7 mm, Kelchzähne spitz oder stumpflich, abstehend. Blüten rosa bis lila. Fruchtkapsel $1\frac{1}{2}$—$^3/_4$ mal so lang als der Kelch.

P. minima + *viscosa*. Dieser Bastard ist bis jetzt in drei verschiedenen Formen gefunden worden.

a) Var. *Forsteri* Stein. Oberfläche der grünen Teile nicht klebrig, mit sehr kurzen Drüsenhärchen, ziemlich locker, auf den Blattflächen sehr zerstreut, besetzt. Laubblätter glänzend, keilformig, vorn abgerundet, mit 8—13 Sägezähnen. Zähne in eine kurze Knorpelspitze vorgezogen. Hüllblätter krautig, länglich-lanzettlich bis lineal, $^1/_2$—$^2/_3$ des Kelches erreichend. Blütenstiele 3—4 mm lang. Blütenschaft kurz, 1—3 blütig. Kelch ca. 7 mm lang. Kronzipfel mehr oder weniger spreizend, auf $^1/_4$—$^1/_2$ eingeschnitten. Radius des Saumes ca. 12 mm. Schlund und innerer Teil des Saumes von langen Haaren zottig. Fruchtkapsel wohl halb so lang als der Kelch (nach lebenden Ex.).

Diese Form unterscheidet sich von *P. minima* namentlich durch stärkere Behaarung, durch kürzere Knorpelspitzen der Blattzähne, durch etwas breitere und am Scheitel stärker gerundete Blätter. Im Münchener botanischen Garten trägt sie wohl Fruchtkapseln, aber ohne oder mit tauben Samen.

b) Var. *Steinii* Obrist. Oberfläche der grünen Teile etwas klebrig, überall mit kurzen Drüsenhärchen, an den Blattflächen locker, an den Rändern, ziemlich dicht besetzt. Laubblätter mattglänzend, keilformig-oval bis spatelformig, von der Mitte an gezähnt. Zähne 7—10, mit einem kurzen, aufgesetzten Knorpelspitzchen. Hüllblätter krautig, aus breiter Basis länglich, meistens bis an die Basis des Kelches reichend. Blütenstiele ca. 5 mm lang. Blütenschaft 2—5 blütig. Kelch 5—7 mm lang. Kronzipfel auf $^1/_6$—$^2/_5$ eingeschnitten. Radius bis 11 mm. Schlund und innerer Teil des Saumes zottig (nach lebenden Ex.)

Diese Form hält die Mitte zwischen den Stammarten

c) Var *Kellereri* Oberfläche der grünen Teile ziemlich klebrig, überall ziemlich dicht mit Drüsenhaaren, welche etwa $^1/_6$ mm lang sind, besetzt. Laubblätter ziemlich matt, oval, wenig keilformig, von der Mitte an mit kleinen, zahlreichen Zähnen. Zähne bis 15, teils mit einem äusserst kurzen, aufgesetzten Knorpelspitzchen, teils scheinbar ohne dasselbe. Hüllblätter, bald das unterste lanzettlich, $^2/_3$ so lang als die Blütenstiele, die anderen kurz, bald alle lanzettlich, halb bis fast so lang als dieselben. Blütenstiele 5—8 mm lang. Schaft $^1/_3$—$^2/_3$ so lang als die Blätter, 3 bis 6 blütig. Kelch 4—6 mm lang. Kronzipfel schmäler als bei *P. viscosa*, auf $^1/_4$—$^1/_3$ eingeschnitten. Radius 11—12 mm. Schlund und innerer Teil des Saumes mit sehr kurzen Drüsenhärchen besetzt. (Nach lebenden Ex.).

Diese vom Alpenpflanzengärtner Kellerer entdeckte Form unterscheidet sich von *P. viscosa* namentlich durch das Knorpelspitzchen der Zähne, durch die längeren Hüllblätter und die kürzeren Drüsenhaare.

Die Farbe der Blumenkronen wechselt zwischen rosa und lila. So sah ich z B. bei *P Forsteri* eine Pflanze mit grösseren, rosa-, eine andere mit kleineren, lilafarbenen Blüten, letztere im übrigen, wie zur Ausgleichung, der *P minima* etwas näher stehend als erstere.

P minima + viscosa Vill. — *P. hirsuta* All. + *minima*.

a) *P Forsteri* (*superhirsuta* + *minima*) Stein Gartenflora 1879 p. 322. — Pax p. 160.

b) *P. Steinii* (*hirsuta* + *minima*) Obrist, Stein in Gartenflora 1879 p. 322 t. 123. — Pax p. 160 (*superhirsuta* + *minima*)

c) *Kellereri* Widm. in Sched.

Berge um Innsbruck ca. 2000 m ü M.: Gschnitzthal, Rosenjoch etc. Var. c. im Vennerthal (v. vc.).

Die Var *Steinii* wurde nach Exemplaren des bot Gartens in München, aus dem Gschnitz stammend, beschrieben Die Abbildung derselben in der Gartenflora würde nach Form und Zähnung der Blätter eher auf die *Var Kellereri* hinweisen. Allein Obrist, der Autor der *P Steinii*, erklärte, die Exemplare im bot. Garten seien wirklich seine Pflanze und *Var Kellereri* sei eine andere, der *P viscosa* näher stehende Form Die Abbildung in der Gartenflora wurde offenbar mehr in floristischem Sinne gefertigt, und die Blätter mehr oberflächlich und schematisch behandelt Die Beschreibung ebendaselbst ist zwar sehr detailliert, doch wenig charakteristisch gehalten, gleichwohl deutet sie mehr auf *P Steinii* als *P Kellereri* Die Angabe derselben, dass die Haare des Blattrandes bis 0,5 mm messen, ist offenbar unrichtig, da die Haare der *P viscosa* selten diese Länge erreichen und diejenigen der Bastarde *P minima + viscosa* alle viel kürzer sind. — *P Steinii* wurde mit Unrecht als *P superhirsuta + minima* bezeichnet. Dem unbefangenen, alle Merkmale berücksichtigenden Beobachter steht sie vielmehr in der Mitte zwischen den beiden Stammarten, dies wurde auch durch die Auffindung der *P. Kellereri* klar gemacht

P. minima + oenensis (P. pumila Kern)

Spec 8 + 20

P. minima siehe bei *minima* + *Rufiglandulae*.

P oenensis siehe ebendaselbst, ferner (S. 45 und 49) Drüsenhaare an den grünen Pflanzenteilen kurz ($\frac{1}{6} - \frac{1}{4}$ mm) Drüsen rotgelb oder dunkelrot. Laubblätter länglich keilförmig bis lanzettlich-keilförmig, selten verkehrteiförmig, meist allmählich in den Blattstiel verschmalert, in der vorderen Hälfte oder nur gegen den Scheitel hin gezähnt. Zähne meist klein und abgerundet. Blütenschaft bis 7 cm lang Blütenstiele 1,5—6 mm Kelch 2,5—4,5 mm. Kelchzähne anliegend Fruchtkapsel so lang bis etwas länger als der Kelch

Von diesem Bastard, den ich nur in wenigen Exemplaren gesehen habe, kenne ich zwei Formen.

a) Var. *pumila* Kerner Oberfläche der grünen Teile mit Ausnahme der Blattflächen mit farblosen, sehr kurzen Drüsen locker bestreut. Am dichtesten und kürzesten sind die Drüsenhaare am Schafte. Laubblätter keilförmig, oben etwas gebogen, mit 6—7 oder 7—9 ziemlich grossen, regelmässigen Sägezähnen, welche in eine kleine, deutliche Knorpelspitze vorgezogen sind, die 3 mittleren Zähne gleich hoch, oder der mittlere grösser und höher. Schaft kaum so lang als die Blätter, 2 blütig. Blütenstiele 2 mm. Hüllblätter lineal, $^3/_4$ des Kelches·erreichend. Kelch ca. 6,5 mm. Radius der Blumenkrone ca. 9 mm. Schlund mit ziemlich langen, farblosen Drüsenhaaren besetzt.

b) Oberfläche der grünen Theile mit Ausnahme der Blattflächen mit kurzen, gelb bis rötlich gefärbten Drüsenhaaren besetzt. Am dichtesten und kürzesten sind die Haare wiederum am Schaft. Laubblätter verkehrt eiförmig, mit 8—10 kleinen, in eine undeutliche Knorpelspitze endigenden Zähnchen. Schaft $1^1/_2$ mal so lang als die Blätter, 4 blütig. Hüllblätter lanzettlich-lineal, die Hälfte bis $^3/_4$ des Kelches erreichend. Blütenstiele ca. 2—3 mm lang. Kelch ca. 5 mm lang. Radius der Blumenkrone ca. 10 mm. Schlund und innerer Teil des Saumes mit kurzen, rötlichen Drüsenhärchen dicht besetzt.

P. minima + oenensis.

P. pumila Kerner Österr. bot. Zeitschrift 1875 p. 156. — Pax p. 160. Judicarien: Alpe Magiassone ca. 2000—2300 m ü. M. Von Porta aufgefunden (v. s.).

Die Form a) hat den Habitus von Var. *Forsteri* der hybriden Reihe *minima + viscosa*, die Form b) hat, abgesehen von den spärlichen Haaren und den kürzeren Blütenstielen den·Habitus von Var. *Kellereri.*

P. minima + villosa (P. Sturii Schott).
Spec. 9 + 20.

P. minima siehe bei *minima + Rufiglandulae.*

P. villosa siehe ebendaselbst, ferner (S. 45 und 51): Drüsenhaare an den grünen Pflanzenteilen lang ($^1/_4$—$^1/_2$ mm). Drüsen dunkelrot. Laubblätter oval bis seltener länglich-lanzettlich, meist allmählich in den Blattstiel verschmälert, von der Mitte an oder nur gegen den Scheitel mit meist sehr kleinen, regelmässigen Zähnchen. Blütenschaft 3—15 cm. Blütenstiele 1—7 mm lang. Kelch 3—6 mm; Kelchzähne anliegend. Blüten lila bis rosa. Fruchtkapsel meistens etwas länger als der Kelch.

P. minima + villosa. Von diesem Bastard, der mir nur in wenigen Exemplaren bekannt ist, kann ich zwei Formen unterscheiden.

a) Var. *Sturii* Schott. Oberfläche der grünen Teile mit sehr kurzgestielten, farblosen oder blassrötlichen Drüsen locker bestreut. Laubblätter mattglänzend, breit keilförmig, der obere Rand sehr stark gebogen mit 8—9 mit kleinen Knorpelspitzen versehenen Zähnen. Hüllblätter lanzettlich, 2,5—5 mm lang. Blütenschaft kürzer als die Blätter, 1- bis 5 blütig. Blütenstiele ca. 5 mm. Kelch 7 mm lang, auf $^1/_3$ eingeschnitten, Kelchzähne mit einem aufgesetzten Spitzchen. Blüten rotlila, Kronzipfel auf $^2/_5$ eingeschnitten. Kronröhre aussen mit rötlichen Drüsenhärchen besetzt, Schlund von langen Drüsenhaaren zottig (nach lebenden Ex.).

b) Var. *truncata* (Lehm?). Oberfläche der grünen Teile, namentlich die Blattränder mit sehr kurzen, farblosen Drüsenhaaren bestreut, Laubblätter mattglänzend, keilförmig, vorn abgerundet, mit 5—7 mit sehr kurzen Knorpelspitzen versehenen Zähnen. Hüllblätter ca. ½ so lang als der Kelch. Schaft 2blütig, kürzer als die Blätter, Blüten fast sitzend. Kelch wie bei *P. minima*, nur Kelchzähne ohne Knorpelspitzchen, Blüten rotlila; Kronzipfel auf ⅓ eingeschnitten. Kronröhre aussen mit farblosen Drüsenhärchen besetzt, sowie auch der Schlund.

a) *P. Sturii* Schott Verhandl. der zool. bot. Gesellsch. Wien 1853 p. 302. — Pax p. 160. — Kolb, »Alpenflanzen« als *P. subminima + villosa*.

b) *P. truncata* Lehm p. 86? Kolb, Alpenpflanzen als *P. superminima + villosa*.

Steiermark und Kärnthen, äusserst selten. a) am Falkert bei Reichenau, b) am Sekkauer Zinken, von Obrist gesammelt (v. vc.) 2000—3000 m ü. M.

Die Form a) steht ziemlich in der Mitte zwischen den Stammeltern, die Form b) nähert sich entschieden *P. minima*.

P. tirolensis + Wulfeniana (P. Venzoi Huter).

Typ. VIII + XI. Spec. 13 + 17.

Unterschiede zwischen den beiden Stammarten:

P. tirolensis (S. 28 und 64). Pflanze sehr klein. Blätter weich, matt, rundlich, mit Knorpelspitzchen auf den kleinen Zähnchen an dem nicht knorpeligen Rande, nebst den übrigen grünen Teilen klebrig und sehr dicht drüsenhaarig. Blütenschaft 0,4—2 cm, 1—2blütig. Blütenstiele 0—2 mm lang. Hüllblätter schmal, meist die Hälfte oder das obere Ende des Kelches erreichend, Kelch grün.

W. Wulfeniana (S. 68 und 70). Pflanze ansehnlicher. Blätter dunkelblaugrün, sehr steif, sehr glänzend, lanzettlich oder elliptisch, immer streng ganzrandig, mit breitem Knorpelrand, kahl, nur am Blattrand und Kelche äusserst kurzgestielte Drüsenhärchen. Blütenschaft 1—4,5 cm, 1—3blütig. Blütenstiele 2—8 mm. Hüllblätter schmal, die Basis bis die Hälfte des Kelches erreichend. Kelch ganz oder oberwärts rot gefärbt.

P. tirolensis + Wulfeniana. Pflanze bald ziemlich klein, bald ansehnlich. Blätter steif oder etwas weich, glänzend und etwas blaugrün bis ziemlich matt, länglich-elliptisch bis verkehrteiförmig, fast ganzrandig oder mit undeutlichen Zähnchen bis deutlich kleingezähnt (bis 15 Zähne), mit einem bald deutlichen breiten, bald kaum wahrnehmbaren schmalen Knorpelrand, nebst den übrigen grünen Teilen mit kurzen Drüsenhärchen bald dicht, bald weniger dicht bestreut, oder die Blattflächen kahl. Hüllblätter bis ⅗ des Kelches bedeckend. Kelch oft rötlich gefärbt. (Nach lebenden, kultivierten Ex.)

Von den hybriden Pflanzen stehen die einen der *P. Wulfeniana*, die anderen der *P. tirolensis* näher. Da ich aber nur wenige gesehen habe, so kann ich nicht entscheiden, ob sie eine kontinuierliche Reihe bilden oder in zwei Formen geschieden sind.

P. tirolensis + Wulfeniana.

P. *Venzoi* Huter Exsicc. 1872. — Kerner, Österr. bot. Zeitschrift 1875 p. 155. — Pax p. 158.

P. *venzoides* Huter Exs.

P. *cridalensis* Gusmus ex Dewar.

Venetianische Alpen: auf der Alpe Valmeron zwischen Val di Torno und Cimolais, 1900—2200 m ü. M. (v. vc.).

P. minima + tirolensis (P. juribella Sündermann).
Typ. VIII + XIV. Spec. 13 + 20.

Unterschiede zwischen den beiden Stammarten.

P. *tirolensis* (S. 28 und 64). Blätter rundlich, mit Knorpelspitzchen auf den kleinen Zähnen (Zähne wenige bis 24), matt, nebst den übrigen grünen Teilen sehr dicht drüsenhaarig. Blütenstiele 0—2 mm lang. Blüten rötlila.

P. *minima* (S. 28 und 74). Blätter keilförmig, am oberen, gestutzten Rande mit 5—9 grossen, in eine Knorpelspitze endigenden Zähnen, glänzend, nebst den übrigen grünen Teilen mit so winzigen, zerstreuten Drüsenhärchen, dass sie kahl erscheinen. Blüten rosenrot.

P. *minima + tirolensis*. Blätter eiförmig, von der Mitte an mit ca. 12 kleinen, mit einem aufgesetzten Knorpelspitzchen versehenen Zähnen, mattglänzend, mit sehr kurzen zerstreuten Drüsenhärchen.

(Nach einem lebenden, nicht blühenden, von Sündermann mitgeteilten Ex.)

P. *minima + tirolensis*.

P. *juribella* Sündermann Kat. — Österr. bot. Zeitschrift 1889 p. 156.

Süd-Tirol, Alpe Giur-Bella im Val Travignolo ca. 2500 m ü. M. (v. vc.).

Zu P. calycina + integrifolia.
Typ. X + XI. Spec. 15 + 18.

Dieser Bastard ist bis jetzt noch nicht gefunden worden.

Hegetschweiler Flora der Schweiz S. 196, gibt als Standort für seine P. *intermedia* »Berge gegen den Comersee im Kt. Tessin« an und bemerkt ausserdem, dass sie in Grösse und Überzug zwischen P. *calycina* und P. *integrifolia* stehe. Nach Einsichtnahme des Herbars Hegetschweiler und der betreffenden Pflanze, die mit *intermedia nobis* bezeichnet ist, muss ich aber dieselbe als P. *Clusiana* bezeichnen. Es kann hier nur eine Standortsverwechslung stattgefunden haben.

P. integrifolia + glutinosa (P. Hugueninii Brügger).
Typ. X + XIII. Spec. 15 + 21.

Bedarf noch weiterer Nachforschungen.

Wurde nach Angabe des Autors auf dem Parpaner Rothorn (Kanton Graubündten) gefunden, von wo sie in einen Garten verpflanzt und daselbst bald ausgestorben sei.

P. *integrifolia + glutinosa* Brügger.

P. *Hugueninii* Brügger.

Jahresber. der Naturf.-Gesellsch. Graubündt. 1878—80. No. 109.

P. calycina Var. longobarda + spectabilis (P. Caruelii Porta).

Typ. XI. Spec. 18 + 19.

Unterschiede zwischen den beiden Stammarten:

P. calycina Var. *longobarda* (S. 68 und 72). Laubblätter ohne durchsichtige Punkte, sehr steif, meergrün, sehr glänzend, nicht klebrig, lanzettlich oder elliptisch länglich, vollkommen kahl. Blütenstiele ca. 2—6 mm lang. Hüllblätter länger als die Blütenstiele, zuweilen die Spitze des Kelches erreichend. Kelch 7—9 mm, Kelchzähne stumpflich.

P. spectabilis (S. 68 und 73). Laubblätter mit durchscheinenden Punkten, ziemlich steif, grasgrün, glänzend, klebrig, länglich bis ovalrautenförmig. Drüsen am Blattrand und einzeln in den Einsenkungen der Epidermis, welche die durchsichtigen Punkte bilden. Blütenstiele oft sehr lang, 3—30 mm lang. Hüllblätter im allgemeinen kürzer als die Blütenstiele. Kelch 7—11 mm; Kelchzähne stumpflich oder spitzlich.

P. calycina Var. *longobarda + spectabilis*. Laubblätter mit spärlichen oder reichlichen durchscheinenden Punkten, länglich oder länglich-lanzettlich, spitz oder stumpf. Am Blattrand hier und da winzige Drüsenhärchen. Blütenstiele 3—19 mm lang, die Hüllblätter manchmal überragend. Kelch 6—9 mm. Kelchzähne stumpf oder spitz.

P. calycina Var. *longobarda + spectabilis*.

P. calycina + spectabilis Porta Sched.

P. Caruelii Porta Sched.

Lombardei: Alpen bei Brescia, Mte. Cadi 2000—2400 m ü. M. (v. s.) Ich besitze *P. calycina + spectabilis* nur von diesem einen Standort, von Porta gesammelt. Es ist der nämliche, von dem *P. calycina* Var. *longobarda* stammt. — Die Pflanzen unterscheiden sich alle von *P. spectabilis* durch schmälere, mehr zugespitzte Blätter und weniger reichliche durchscheinende Punkte; von *P. calycina* sind sie verschieden durch eben dieselben durchscheinenden Punkte, sowie auch durch die oft sehr kurzen Kelche und längeren Blütenstiele.

Wegen der nahen Verwandtschaft der beiden Species sind die Bastarde nicht leicht zu erkennen, so besitze ich z. B. zwei von Porta selbst gesammelte als *P. calycina* Var. *longobarda* mitgeteilte typische *P. Caruelii*.

Die Bastarde sind fruchtbar, und die hybride Reihe ist so vollständig, dass es oft schwer hält, zu sagen, welche Pflanzen noch zur Bastardreihe gehören.

Cartilagineo-marginatae + minima.

Typ. XI + XII.

Die Bastarde zwischen diesen beiden Typen sind unfruchtbar. Die einen, *P. Clusiana + minima, P. minima + Wulfeniana* sind selten und bis jetzt nur in einzelnen Formen aufgefunden worden, *P. minima + spectabilis* hingegen ist häufig und bildet eine hybride Reihe, die in einiger Entfernung von den Stammarten endigt.

Cartilagineo-marginatae (S. 28 und 67). Pflanzen ansehnlich. Laubblätter stets mit deutlichem Knorpelrand und immer streng ganzrandig, gewöhnlich spitz. Blütenschaft 1—7 blütig. Kronzipfel nicht spreizend. Kurze

Drüsenhärchen im Kronschlund. Staubkolben der kurzgriffligen Blüten $\frac{1}{6}$—$\frac{1}{3}$ der Kronröhrenlänge unter dem Schlunde.

P. *minima* (S. 28 und 74). Pflanze klein. Laubblätter keilförmig, am oberen gestutzten Rande mit grossen, in eine Knorpelspitze endigenden Zähnen, ohne Knorpelrand. Blütenschaft 1—2 blütig, selten länger als die Blätter. Blütenstiele fast 0. Hüllblätter grün, lanzettlich bis lineal, nach oben meist etwas breiter werdend und oft mit einem aufgesetzten Spitzchen, meist wenig kürzer als der Kelch. Kelch grün, die Kelchzähne ebenfalls häufig mit einem aufgesetzten Spitzchen. Oberfläche der grünen Teile nicht klebrig, kahl. Bei hinreichender Vergrösserung zerstreute, etwa $\frac{1}{20}$ mm lange Drüsenhaare, besonders am Rande der Blätter. Blüten schön rosa. Kronzipfel mehr oder weniger schmal keilförmig und spreizend, auf $\frac{2}{5}$—$\frac{1}{2}$ eingeschnitten; Lappen schmal und spreizend. Schlund und innerer Teil des Saumes von langen, gegliederten Drüsenhaaren zottig. Staubkolben der kurzgriffligen Blüten in der Mitte der Kronröhre, seltener bis $\frac{1}{3}$ derselben unter dem Schlunde.

P. Clusiana + minima (P. intermedia Portenschlag).
Spec. 16 + 20.

P. *Clusiana* siehe bei *Cartilagineo-marginatae + minima*, ferner (S. 68 und 69): Laubblätter oval oder länglich-oval, am Scheitel abgerundet bis etwas zugespitzt. Blütenschaft bis doppelt so lang als die Blätter. Blütenstiele meist 4—8 mm. Hüllblätter mehr oder weniger rot überlaufen, am Grunde oft scheidenförmig verbreitert, lanzettlich oder lineal, meistens länger als die Blütenstiele, selten die Hälfte des Kelches überragend. Kelch mehr oder weniger braunrot, Kelchzähne meist stumpf. Oberfläche der grünen Teile: Blätter ober- und unterseits kahl, Blattränder, Schaft, Hüllblätter und Kelch dicht mit kurzen, kaum $\frac{1}{5}$ mm langen Drüsenhaaren besetzt. Blüten rosenrot.

P. *minima* siehe bei *Cartilagineo-marginatae + minima*.

P. *Clusiana + minima*. Von diesem Bastard sind mir nur einige Kulturexemplare bekannt, leider ohne Blüten. Da ich den ganzen Formenkreis nicht vollständig kenne, unterlasse ich es daher, einzelne Varietäten hervorzuheben. (Beschreibung mit Hilfe von Trattinnicks Abbildung.) Pflanze mittelgross. Laubblätter oval-keilförmig, länglich-keilförmig bis länglich-lanzettlich, am Scheitel spitz, stumpf bis abgerundet, von der Mitte an oder im oberen Drittel mit 10—14 grösseren oder kleineren, in ein kurzes Knorpelspitzchen endigenden Zähnen. Längs des ganzen Blattrandes ein schmaler Knorpelrand und sehr kurze, ziemlich dicht stehende Drüsenhärchen. Blütenschaft ca. so lang als die Blätter, 2 blütig. Blütenstiele ca. 7 mm lang. Hüllblätter die Basis des Kelches erreichend. Kronzipfel breit, verkehrteiförmig, etwas spreizend.

P. *Clusiana + minima*.

P. *intermedia* Portenschlag in Trattinnicks Archiv der Gewächsk. t. 436. — Schott Blendlinge 1852. — Rchb. fil. p. 53, t. 65. — Kerner Österr. bot. Zeitschrift 1875 p. 156. — Pax p. 160 (als *P. superclusiana + minima*).

P. *Floerkeana* Salzer Verh. d. zool. Ver. I. (1851) p. 105.

P. *Portenschlagii* Beck Flora von Hernstein p. 232.

P. Wettsteinii Wiemann bot. Centralblatt (1886) p. 347 (als *P. sub-clusiana + minima*). — Ebenso Pax p. 160.

Steiermark und Österreich: Schneeberg, bei Admont (v. vc.) etc. ca. 2000 m ü. M.

P. minima + Wulfeniana (P. vochinensis Gusmus).
Spec. 17 + 20.

P. minima siehe bei *Cartilag.-marg. + minima.*

P. Wulfeniana siehe ebendaselbst, ferner (S. 68 und 70): Laubblätter an der Spitze etwas kapuzenförmig zusammengezogen, dunkelblau-grün, sehr steif, elliptisch oder länglich, am Scheitel spitz. Blütenschaft bis 1½ mal so lang als die Blätter. Blütenstiele 2—8 mm. Hüllblätter häufig rot überlaufen, lineal, spitz, wenigstens so lang als die Blütenstiele. Kelch oberwärts rotgefärbt; Kelchzähne eiförmig, stumpf. Am Blattrand und am Kelche äusserst kurzgestielte Drüsen. Blüten rosenrot bis lila. Kronzipfel auf $^1/_3$—$^2/_5$ eingeschnitten.

P. minima + Wulfeniana. Von diesem Bastard sind mir nur zwei Formen in Kulturexemplaren bekannt.

a) Var. *serratifolia* Gusmus. Pflanze ziemlich klein. Laubblätter länglich-lanzettlich oder länglich-keilförmig, mit deutlichem Knorpelrand und 7—9 kleinen, etwas knorpelspitzigen Zähnchen, die meist auf das obere Viertel oder die abgerundete Spitze des Blattes reduziert bleiben. Schaft und Blütenstiel fast 0, Hüllblätter lanzettlich, so lang als der Kelch. Kronsaum erst rosenrot, nachher lila. Schlund und innerer Teil des Saumes von langen Haaren zottig. Staubkolben der kurzgriffligen Blüten $^1/_3$ unter dem Schlunde (nach lebenden Ex.).

Diese Form steht ziemlich in der Mitte zwischen den beiden Stamm-eltern.

b) Var. *vochinensis* Gusmus. Pflanze ziemlich klein. Laubblätter länglich mit deutlichem Knorpelrand, selten ganzrandig, meist mit 1—3 kleinen Knorpelzähnchen. Schaft kaum 1 cm lang, viel kürzer als die Blätter. Hüllblätter die Hälfte des Kelches erreichend. Kronsaum rosa-lila, Kronzipfel spreizend, auf $^2/_5$ eingeschnitten. Schlund mit ziemlich langen Drüsenhaaren dicht besetzt (nach lebenden Ex.).

Diese Form steht der *P. Wulfeniana* näher.

P. minima + Wulfeniana.

a) *P. serratifolia (superminima + Wulfeniana)* Gusmus ex Dewar.

b) *P. vochinensis (subminima + Wulfeniana)* Gusmus l. c.

Kärnthen ca. 2000—2500 m ü. M. (v. vc.).

P. minima + spectabilis (P. Facchinii Schott).
Spec. 19 + 20.

P. minima siehe bei *Cartilag -marg. + minima.*

P. spectabilis siehe ebendaselbst, ferner (S. 68 und 73). Laubblätter klebrig, länglich bis oval-rautenförmig, am Scheitel mehr oder weniger spitz, mit durch-sichtigen Punkten, die von in Grübchen stehenden Drüsen herrühren. Blüten-schaft bis doppelt so lang als die Blätter. Blütenstiele 3 – 30 mm lang. Hüllblätter bisweilen rötlich, im allgemeinen kürzer als die Blütenstiele. Kelch oberwärts rot gefärbt. Kelchzähne eiförmig bis lanzettlich. Am Blattrand und am Kelche äusserst kurz gestielte Drüsen. Blüten rosenrot, ins Violette spielend. Kronzipfel auf ¹/₄—¹/₃ eingeschnitten.

P. minima + spectabilis. Die Hauptmasse der Bastarde hat folgende Merkmale:

Pflanzen meist ziemlich klein. Laubblätter verkehrteiförmig (rundlich bis rautenförmig verkehrteiförmig), von der Mitte an gezähnt, mit 8—15, selten bis 24 ziemlich kleinen, spitzen Knorpelzähnen. Blattrand etwas knorpelig berandet. Blütenschaft 1—2 blütig, kaum so lang bis doppelt so lang als die Blätter. Blütenstiele 2—5 mm. Hüllblätter lineal, spitz, bis zur Mitte des Kelches reichend. Kelch oberwärts rot gefärbt, Kelchzähne stumpf, seltener spitz, oder mit einem aufgesetzten, kaum bemerkbaren Spitzchen. Oberfläche der grünen Teile kahl, etwas klebrig. Bei hinreichender Vergrösserung äusserst kurzgestielte Drüsen am Blattrand und am Kelche. Obere Laubblattfläche mit spärlichen, undeutlichen, durchsichtigen Punkten. Blüten rosenrot. Kronzipfel oft etwas spreizend, auf ça. ¹/₃ eingeschnitten. Schlund und unterer Teil des Saumes flaumhaarig bis ziemlich zottig. Staubkolben der kurzgriffligen Blüten ¹/₄—²/₅ der Kronröhrenlänge unter dem Schlunde.

Die ununterbrochene Formenreihe des Bastardes geht in zwei Endglieder aus, die sich den Stammarten am meisten nähern.

Var. *Dumoulinii* Stein. Im Habitus mehr der *P. minima* ähnlich, klein, mit kurzem, einblütigem Schaft. Blätter mehr keilförmig, am vorderen Rande mit 7, etwas grösseren und stachelspitzigen Zähnen versehen. Kronzipfel fast zur Hälfte zweispaltig. Staubkolben der kurzgriffligen Blüten in der Mitte der Kronröhre eingefügt.

Var. *Magiassonica* Porta. Im Habitus der *P. spectabilis* ähnlich, grösser, mit längerem, zweiblütigem Schafte. Blätter oval-rautenförmig, deutlicher berandet, von der Mitte an mit stumpflichen Zähnen, deutlicher punktiert. Länge der Blütenstiele 4—6 mm. Kronzipfel auf ¹/₄ eingeschnitten.

P. minima + spectabilis.

P. Facchinii Schott. Blendlinge p. 18 t. 3. — Rchb. fil. p. 52 t. 59. — Kerner Österr. bot. Zeitschr. 1875 p. 156. — Pax p. 160 (als *P. subminima + spectabilis*).

P. Floerkeana Facchini Fl. v. Südtirol p. 19.

P. coronata Porta in Sched.

P. magiassonica Porta in Sched.

P. Dumoulinii Stein in Cat. hort. Breslau. — Porta in Sched (als *superminima + spectabilis*). — Pax l. c.

Judicarien, vorzüglich Alpe Magiassone, 2—3000 m ü. M. in beträchtlicher Anzahl (v. s. et vc.).

Die vorliegenden Exemplare, aus einem hochgelegenen Gebiete stammend, sind alle verhältnismässig klein und müssen zu richtiger Beurteilung mit kleinen Pflanzen der beiden Stammarten verglichen werden.

P. glutinosa + minima (P. Floerkeana Schrad.).

Typ. XII + XIII. Spec. 20 + 21.

Unterschiede zwischen den beiden Stammarten:

P. glutinosa, S. 28 und 76. Laubblätter sehr klebrig, mattglänzend, oberseits punktiert, keilig-lanzettlich oder länglich-lanzettlich, von der Mitte an oder nur gegen den Scheitel klein gezähnt, Zähne 7—20, nach dem Scheitel hin etwas knorpelig berandet, scheinbar kahl (nur mit dem Mikroskop sichtbare etwas eingesenkte Drüsen). Schaft meist 1½ mal so lang als die Blätter, 1- bis 6 blütig. Hüllblätter nebst den Kelchen meist braunrot gefärbt, breitoval bis länglich, 7—11 mm lang, die Kelche oft überragend, breiter als ein Kelchzahn. Blüten stark duftend, anfänglich dunkelblau, später schmutzig violett, über dem Schlunde ein dunkler Ring. Schlund heller gefärbt, mit kürzeren Drüsenhaaren, Innenfläche der Röhre weisslich. Kronsaum trichterförmig. Radius des Saumes bis 8 mm. Kronzipfel etwas spreizend. Staubkolben der kurzgriffligen Blüten im Kronschlunde oder dicht an demselben. Fruchtkapsel ein wenig kürzer als der Kelch.

P. minima, S. 28 und 74. Laubblätter nicht klebrig, glänzend, keilförmig oder verkehrt dreieckig, am oberen gestutzten Rande mit 3—9 grossen, in eine Knorpelspitze endigenden Sägezähnen, nebst den übrigen grünen Teilen mit so winzigen, zerstreuten Drüsenhärchen besetzt, dass sie kahl erscheinen. Schaft meist kürzer als die Blätter, 1—2 blütig. Hüllblätter grün, schmal, lanzettlich bis lineal, 4—8 mm lang, meist wenig kürzer, seltener bloss halb so lang als der Kelch, schmäler als ein Kelchzahn. Blüten geruchlos, rosenrot, Schlund und innerer Teil des Saumes, sowie die Innenfläche der Röhre weiss, von langen Drüsenhaaren zottig. Kronsaum flach, Radius des Saumes 7—16 mm. Kronzipfel meist keilförmig, spreizend. Staubkolben der kurzgriffligen Blüten ½—⅓ der Kronröhrenlänge unter dem Schlunde. Fruchtkapsel kaum ½ so lang als der Fruchtkelch.

P. glutinosa + minima. Laubblätter klebrig oder nicht, mattglänzend oder glänzend, punktiert, undeutlich oder nicht punktiert, keiliglanzettlich und länglich-lanzettlich wie bei *P. glutinosa*, länglich-spatelförmig, oval-spatelförmig, rautenförmig-keilig, verkehrteiförmig, endlich keilförmig oder verkehrt-dreieckig wie bei *P. minima*, in der oberen Hälfte, oder auch nur am oberen, gestutzten Rande gezähnt; 4—15 an Zahl. Zähne kurz, klein und mit knorpeliger Spitze, oder länger, in eine solche Spitze vorgezogen, oder gross und lang zugespitzt; Blätter bald im oberen Drittel knorpelig berandet, bald ohne Knorpelrand, kahl oder am Rande, nebst dem Kelche mit winzigen Drüsenhärchen. Hüllblätter nebst dem Kelch bald grün, bald teilweise oder ganz braunrot gefärbt, breitoval (hauptsächlich das unterste) oder länglich bis lanzettlich, so lang als der Kelch, oft etwas kürzer, oft breiter als ein einzelner Kelchzahn oder ebenso breit, selten schmäler. Blüten duftend bis geruchlos, dunkelblau-violett, rot-violett, blau- und rotlila, oder leuchtend dunkelrosa; mit einem dunkeln Ring über dem Schlunde (nur bei den lila und violetten Blüten) oder mit einem heller gefärbten, schmäleren oder breiteren, oder schneeweissen Stern. Saum trichterförmig bis flach; Radius desselben 6—14 mm. Staubkolben der kurzgriffligen Blüten bald im Schlunde, bald ⅖ der Kronröhrenlängen unter demselben.

P. glutinosa + minima.

P. Floerkeana Schrader in Krün. Encyc. vol. 107 p. 393. — Lehm. p. 81. — Rchb. p. 402. — Duby p. 40. — Koch p. 678. — Rchb. fil. p. 53 t. 59. — Kerner Österr. bot. Zeitschr. 1875 p. 156. — Pax p. 159.

    P. salisburgensis Floerke in Schedul. — Kerner l. c. — Pax l. c.

    P. biflora Huter in Kerner l. c. — Pax l. c.

    P. Huteri Kerner l. c. — Pax l. c.

Östliche Zentralalpen: Tirol (v. v.), Salzburg, Steiermark, Kärnthen, 2000—2600 m ü. M., bald in wenigen Exemplaren, bald in so grossen Kolonien, dass sie daselbst an Zahl den Stammarten gleichzukommen scheinen.

Die Bastarde zwischen *P. minima* und *P. glutinosa* sind fruchtbar, pflanzen sich fort, und kreuzen sich teils untereinander, teils mit den Stammarten. Daher kommt es, dass sie in allen möglichen Kombinationen vorkommen und so in die Stammarten übergehen, dass man von manchen Formen nicht weiss, ob man sie als rein oder als hybrid auffassen soll. Es besteht also eine ununterbrochene und gleitende Reihe von *P. glutinosa* zu *P. minima*, ebenso verhält es sich mit jedem einzelnen Merkmal.

Kerner l. c ist der Meinung, dass primär 2 Bastarde gebildet worden, *P. Floerkeana = P. superglutinosa + minima* und *P. salisburgensis = P. subglutinosa + minima*, und dass zwischen denselben und den Stammarten noch je eine Bastardierung stattgefunden habe: *P. biflora = P. Floerkeana + minima* vel *minima + salisburgensis* und *P. Huteri = P. Floerkeana + glutinosa* vel *glutinosa + salisburgensis*. Es gäbe also zwischen *P. glutinosa* und *P. minima* 4 Bastarde, welche nach ihrer Verwandtschaft mit den Stammarten folgende Reihe bilden und folgendermassen charakterisiert werden.

    P. Huteri. Blätter länglichspatelförmig, im vorderen Drittel von 11—15 kurzen, breitdreieckigen, an der Spitze kallös verdickten Zähnen gesägt; der endständige, unpaarige Zahn über die beiden benachbarten etwas vorragend. Schaft oben klebrig, Deckblätter 2—3, länglich, breiter als ein einzelner Kelchzipfel, von den Kelchen nicht überragt. Krone violett (von der Farbe der *Viola odorata*), der Saum kürzer als die Röhre.

    P. Floerkeana. Blätter spatelförmig, im vorderen Drittel von 9—15 kräftigen, dreieckigen, in eine kallöse Spitze vorgezogenen Zähnen gesägt, der endständige, unpaarige Zahn über die beiden benachbarten etwas vorragend, die Spitzen der seitenständigen Zähne nach vorn abstehend. Schaft etwas klebrig; Deckblätter länglich, so breit als ein einzelner Kelchzipfel, von den Kelchen etwas überragt. Krone rötlichviolett; der Saum so lang als die Röhre.

    P. salisburgensis. Blätter keilförmig, im oberen Viertel von 7—9 sehr kräftigen, dreieckigen, spitzen, in eine kurze hyaline Grane vorgezogenen Zähnen gesägt, der endständige, unpaarige Zahn über die beiden benachbarten nicht vorragend. Die Spitzen der unteren, seitenständigen Zähne etwas spreizend. Schaft nicht klebrig, Deckblätter länglich, so breit als ein Kelchzipfel, von den Kelchen deutlich überragt. Krone dunkel pfirsichblütrot, der Saum länger als die Röhre.

    P. biflora. Blätter keilig — verkehrteiförmig, vorn gestutzt, und an diesem gestutzten vorderen Rande mit 5—7 radial abstehenden, grossen, dreieckigen, in kurze hyaline Granen vorgezogenen Zähnen gesägt. Schaft nicht klebrig. Deckblätter 2—3, länglich, so breit als ein Kelchzipfel, von den Kelchen deutlich überragt. Krone pfirsichblütrot, der Saum länger als die Röhre.

Pax (l. c) hat diese Darstellung ohne Bemerkung angenommen. Nach derselben würden also die Bastarde zwischen *P glutinosa* und *P. minima* nur einmal mit jeder Stammart sich bastardieren können, und es würde das Produkt unfruchtbar sein, sonst müssten weitere Kreuzungen erfolgen. Sie würden ferner, im Gegensatz zu Kerners Theorie nur je eine der beiden Bastardformen hervorbringen können. Gegen diese beiden Schlüsse liessen sich durch den Sachverhalt keine erheblichen Einwände machen, wenn die Bastarde nur spärlich vorhanden wären. Aber ihnen widerspricht die ungeheure Mannigfaltigkeit der hybriden Formen, von der ich bereits gesprochen, und der Umstand, dass die Lücken zwischen den Kernerschen 4 Bastardarten und zwischen diesen und den Stammarten mit hybriden Formen vollkommen ausgefüllt sind.

Auf dem Brenner habe ich eine grössere Stelle gefunden, die ganz mit *P. glutinosa + minima* bedeckt war, und daselbst eine grosse Zahl (nämlich 640 Exemplare) gesammelt, die aber nur einen verschwindend kleinen Teil der ganzen Kolonie bildeten Um meine Behauptung zu motivieren, will ich eine Übersicht der Bastardformen geben.

A. Pflanzen, von denen es zweifelhaft ist, ob sie reine *P. glutinosa* sind oder etwas Hybrides an sich haben

1 Pflanzen, die bloss hellere, wenig gefärbte Hüllblätter, oder blasslilafarbige Blüten und hellgrüne, nicht braunrot gefärbte Hüllblatter haben, sonst alles wie *P glutinosa*.

2. Alles wie *P. glutinosa*, auch die Zahl der Hüllblätter, nämlich 5—6, aber Blütenschaft kürzer als 1 cm, Blattzähne etwas stärker, Hüllblatter grün, Blüten lila, ohne dunkeln Ring im Schlunde.

B. Hybride Pflanzen, die mehr oder weniger der *P. glutinosa* näher stehen.

3. Laubblätter matt glänzend, oberseits punktiert, länglich-keilförmig, im oberen 1/3 oder 2/5 mit 10—15, in ein kurzes Knorpelspitzchen vorgezogenen Zähnen, am Scheitel abgerundet oder spitz. Blattrand mit winzigen Drüsenhärchen. Schaft 1/2 bis fast doppelt so lang als die Blätter, 2—3 blütig. Hüllblätter samt dem Kelche braunrot, erstere oft breiter als ein einzelner Kelchzahn, länglich, fast so lang als die Kelchzähne Blüten schwach duftend, heller oder dunkler rotviolett, mit einem dunkeln Ring über dem weisslichen Schlund. Kronsaum trichterförmig. Radius ca. 7—8 mm. Staubkolben der kurzgriffligen Blüten etwa 1/3 unter dem Schlunde.

4. Laubblätter mattglänzend, oberseits punktiert, keilig-länglich, am Scheitel abgerundet, im oberen Drittel mit ca 8—10 sehr kleinen, teils bloss an der Spitze kallös verdickten, teils in ein kallöses Spitzchen vorgezogenen Zähnen, scheinbar ganz kahl. Schaft wenig länger als die Blätter, klebrig, 3 blütig Hüllblätter samt dem Kelche braunrot, breiter als ein einzelner Kelchzipfel, länglich, fast so lang als der Kelch. Blüten riechend, bläulich-lila mit einem dunkeln Ring über dem weisslichen Schlund. Kronsaum trichterförmig Radius ca. 6—7 mm Staubkolben der kurzgriffligen Blüten ca 1/4 unter dem Schlunde.

5. Laubblätter mattglänzend, etwas klebrig und etwas punktiert, keilig-länglich, am Scheitel abgerundet, mit 6—10 etwas dreieckigen, mit einer kallösen Spitze versehenen Zähnen. Schaft so lang oder nur wenig länger als die Blätter, 2—3blütig. Hüllblätter und Kelch oberwärts braunrot, erstere meist etwas breiter als ein einzelner Kelchzahn, oval-länglich, das Ende des Kelches hier und da erreichend. Blüten duftend, tiefblau und dunkler als bei *P. glutinosa*, Schlund, weisslich. Kronsaum trichterförmig. Radius des Saumes 5—7 mm. Staubkolben der kurzgriffligen Blüten dicht am Schlunde bis $^1/_5$ der Kronröhrenlänge unter demselben.

6. Wie 5, nur Laubblätter etwas gestutzt, mit etwas kleineren Zähnen, die 3 obersten fast oder ganz auf gleicher Höhe. Schaft $1^1/_2$ so lang als die Blätter. Blüten violett, über dem helleren Schlund ein dunkler Ring.

7. Alles wie 5, Blüten schwach riechend, blau-lila mit weissem Schlund samt dem inneren Teil des Saumes.

8. Laubblätter schwach glänzend, wenig oder kaum punktiert, spatelförmig, am Scheitel etwas gestutzt, mit 4—8 ziemlich ansehnlichen, aber nur in sehr kurze Knorpelspitzchen vorgezogenen Zähnen, die drei obersten oft in gleicher Höhe. Schaft so lang bis fast doppelt so lang als die Blätter, 2—3blütig. Hüllblätter samt dem Kelche grün und braunrot gefleckt, bald so breit, bald breiter oder schmäler als ein einzelner Kelchzipfel, $^2/_3$ des Kelches bis die Spitze desselben kaum erreichend. Blüten violett mit schwachem, dunkelm Ring über dem kaum weisslichen Schlund. Kronsaum trichterförmig. Radius des Saumes 7—8 mm. Staubkolben der kurzgriffligen Blüten wenig unter dem Schlunde. — Blüten mehr wie bei *P. glutinosa*, Blätter mehr wie bei *P. minima*.

9. Laubblätter länglich-spatelförmig, nicht klebrig und nicht punktiert, am Scheitel stumpf, oberwärts mit 6—10 kleinen, in ein kurzes Knorpelspitzchen endigenden Zähnen. Schaft $^1/_2$ so lang als die Blätter, 1—2blütig. Hüllblätter grün, oval bis länglich, etwas länger als der Kelch oder etwas kürzer, ca. so breit als ein einzelner Kelchzipfel. Blüten kaum duftend, hellrot-violett, Schlund weisslich. Kronsaum ziemlich flach, Radius 8—11 mm. Griffel kaum $^1/_4$ der Kronröhrenlänge unter dem Schlunde. — Blüten mehr wie bei *P. minima*, Blätter mehr wie bei *P. glutinosa*.

C. Pflanzen, die mehr oder weniger in der Mitte stehen.

10. Laubblätter mattglänzend, etwas punktiert, länglich-keilförmig, am Scheitel gerundet oder etwas gestutzt, mit 7—10 in eine deutliche Knorpelspitze endigenden Zähnen, oft drei Zähne in gleicher Höhe. Schaft so lang bis doppelt so lang als die Blätter, 1—3blütig. Hüllblätter und Kelch gegen die Spitze meist gefärbt, das unterste Hüllblatt meist breiter als ein einzelner Kelchzahn, das Ende des Kelches kaum erreichend. Blüten riechend, blau und rotlila, Schlund und innerer Teil des Saumes 6—9 mm. Staubkolben der kurzgriffligen Blüten etwa $^1/_4$ der Kronröhrenlänge unter dem Schlunde.

b) Ebenso, aber: Blüten nur schwach riechend, dunkelrot-lila. Schlund weisslich.

c) Ebenso, aber: Blüten geruchlos, dunkelrosenrot, Schlund und innerer Teil des Saumes weiss. Kronsaum fast flach. Radius des Saumes 10—12 mm. Staubkolben der kurzgriffligen Blüten kaum $^1/_5$ der Kronröhrenlänge unter dem Schlunde.

11. Laubblätter mattglänzend, etwas punktiert, länglich-spatelförmig, am Scheitel stark gebogen, oder auch gerade abgeschnitten, mit 6—10 kleinen,

etwas · knorpelspitzigen Zähnen. Hüllblätter und Kelch wie bei den vorigen, aber fast grün. Blüten fast geruchlos, ziemlich blaulila. Schlund und innerer Teil des Saumes weiss. Saum weit trichterförmig; Radius desselben ca. 10 mm. Staubkolben der kurzgriffligen Blüten wenig unter dem Schlund.

12. Laubblätter wenig punktiert, mattglänzend, spatelförmig, am oberen stumpfen, abgerundeten oder etwas gestutzten Rand mit 6—11 in eine kurze Knorpelspitze endigenden, kleinen Zähnen. Schaft wenig länger als die Blätter, 2—3 blütig. Hüllblätter nebst den Kelchen oberwärts rot gefärbt, Hüllblätter oval bis länglich, etwas kürzer als der Kelch und oft breiter als ein einzelner Kelchzahn. Blüten etwas duftend, hellrot-violett, Schlund undeutlich weisslich. Kronsaum weit trichterförmig; Radius desselben ca. 11 mm. Staubkolben der kurzgriffligen Blüten etwa ⅕ der Kronröhrenlänge unter dem Schlunde.

13. Laubblätter mattglänzend, etwas punktiert, spatelförmig bis verkehrt rautenförmig, mit 10—15 in eine kurze Knorpelspitze endigenden, ansehnlichen Zähnen. Schaft bis mehr als doppelt so lang als die Blätter, 3 blütig. Hüllblätter und Kelch grün bis braun gefärbt. Hüllblätter breiter oder so breit als ein einzelner Kelchzipfel, so lang oder etwas kürzer als der Kelch. Blüten riechend, blau-lila. Schlund und innerer Teil des Saumes weiss. Kronsaum weit trichterförmig; Radius desselben ca. 9 mm.

14. Laubblätter etwas glänzend und etwas punktiert, keilförmig, am Scheitel gestutzt, mit 6 groben in eine ziemlich lange Knorpelspitze vorgezogenen Zähnen, die drei mittleren in gleicher Höhe. Schaft etwas länger als die Blätter, 8 blütig. Hüllblätter und Kelche grün, die untersten Hüllblätter breiter als ein einzelner Kelchzipfel, fast so lang als der Kelch. Blüten schwach riechend, lila, Schlund kaum weisslich. Saum trichterförmig, Radius ca. 8 mm. Staubkolben der kurzgriffligen Blüten ca. ⅓ unter dem Schlunde.

15. Laubblätter glänzend, spärlich punktiert, spatelförmig, am Scheitel gerundet oder gestutzt, mit 6—10 mittelgrossen, in eine deutliche Knorpelspitze endigenden Zähnen, die drei mittleren Zähne gleich hoch. Schaft bis doppelt so lang als die Blätter, 3 blütig. Hüllblätter samt den Kelchen oberwärts braun gefärbt, oft breiter als ein einzelner Kelchzahn und wenig kürzer als der Kelch. Blüten kaum riechend, rotviolett, mit undeutlichem weissem Schlund und darüber hier und da ein schwacher dunkler Ring. Saum trichterförmig, Radius ca. 10—11 mm. Staubkolben der kurzgriffligen Blüten ¼ der Kronröhrenlänge unter dem Schlunde.

16. Laubblätter glänzend, wenig punktiert, spatelförmig, am oberen, gebogenen Rande mit 6—8 ziemlich grossen, in eine deutliche Knorpelspitze endigenden Zähnen. Schaft etwas länger als die Blätter, 3 blütig. Hüllblätter ungefähr so breit als ein einzelner Kelchzahn und etwas kürzer als dieselben, oberwärts samt dem Kelche etwas dunkler gefärbt. Blüten riechend, violett, mit einem dunkeln Ring über dem sehr schmalen, weissen Schlund. Kronsaum weit trichterförmig, Radius ca. 7—10 mm. Staubkolben der kurzgriffligen Blüten kaum ⅕ unter dem Schlunde.

17. Laubblätter ziemlich mattglänzend, wenig punktiert, keilförmig, am oberen hochgebogenen Rande mit 11—13 grösseren oder kleineren, in eine kurze Knorpelspitze endigenden Zähnen. Schaft kürzer oder bedeutend länger als die Blätter, 2—3 blütig. Hüllblätter und Kelch oberwärts rot gefärbt, erstere so breit oder etwas breiter als ein einzelner Kelchzahn, wenig bis ziemlich kürzer als der Kelch. Blüten schwach riechend, rotlila mit undeutlichem, weissem

Schlund. Kronsaum ziemlich flach, Radius desselben 9—12 mm. Griffel der gynodynamen Blüten $^1/_3$—$^2/_5$ unter dem Schlunde.

18. Laubblätter mattglänzend, etwas punktiert, am vorderen gestutzten Rande mit 7—9 grossen und breiten, aber an der Spitze bloss kallös verdickten Zähnen, die 3 mittleren Zähne gleich hoch. Schaft länger als die Blätter, 2- bis 3blütig. Hüllblätter und Kelche wie vorige. Blüten geruchlos, rotlila, mit schwachem, dunkelm Ring über dem weissen Schlund, Kronsaum weit trichterförmig, Radius desselben 8—10 mm Staubkolben der kurzgriffligen Blüten etwa $^1/_6$ der Kronröhrenlänge unter dem Schlunde.

D. Pflanzen, die entschieden der *P. minima* näher stehen.

19. Laubblätter glänzend, keilförmig, am vorderen, fast gerade abgeschnittenen Rande mit ca. 6 groben, in eine deutliche Knorpelspitze vorgezogenen Zähnen Schaft ca. so lang als die Blätter, 2—3blütig. Hüllblätter und Kelch an der Spitze dunkel gefärbt Hüllblätter so breit und etwas breiter als ein einzelner Kelchzahn, etwas kürzer als dieselben. Blüten wenig riechend, am gleichen Pflanzenstock verschieden, die einen dunkel blaulila und violett, fast dunkler als bei *P. glutinosa*, die anderen rotlila. Schlund und innerer Teil des Saumes weiss und gelblich. Kronsaum fast flach, Radius desselben 7—12 mm. Staubkolben der kurzgriffligen Blüten ca. $^1/_4$—$^1/_3$ unter dem Schlunde.

Pflanze äusserst eigenartig und selten.

20 Laubblätter glänzend, keilförmig, am oberen gerade abgeschnittenen oder etwas gebogenen Rande mit 5—7 grossen, in eine ziemlich lange Knorpelspitze ausgezogenen Zähnen Schaft wenig länger als die Blätter, 2—3blütig. Hüllblätter und Kelch nur an der Spitze dunkel gefärbt, erstere ca so breit als ein einzelner Kelchzipfel, wenig kürzer als dieselben Blüten riechend, hellrotlila. Schlund und innerer Teil des Saumes weiss Kronsaum ziemlich flach, Radius desselben ca. 10—12 mm. Staubkolben der kurzgriffligen Blüten $^1/_3$ unter dem Schlunde.

21 Laubblätter kaum klebrig, etwas glänzend, am oberen ziemlich gestutzten Rande mit 6—9 grossen, in eine lange Knorpelspitze endigenden Zähnen, 3—4 Zähne in gleicher Höhe Schaft etwas kürzer oder etwas länger als die Blätter, 2blütig. Hüllblätter und Kelch grün, erstere $^3/_4$ des Kelches erreichend von der Breite eines Kelchzipfels Blüten wenig riechend, prachtvoll dunkelrosenrot, mit breitem weissem Stern. Knospen blau. Saum flach, Radius desselben bis 14 mm. Griffel der gynodynamen Blüten $^1/_6$ der Kronröhrenlänge unter dem Schlunde

22 Laubblätter sehr glänzend, keilförmig, am oberen gestutzten Rande ziemlich gerade abgeschnitten, oder etwas gebogen und daselbst mit 6—9 grossen Zähnen, die in eine ziemlich lange Knorpelspitze endigen. Schaft so lang bis ziemlich länger als die Blätter, 2blütig Hüllblätter und Kelch grün, erstere so breit und etwas schmäler als ein einzelner Kelchzipfel, $^1/_4$—$^2/_3$ des Kelches erreichend Blüten geruchlos, dunkel feurigrot mit breitem, weissem Schlund. Saum flach, Radius desselben bis 11 mm. Griffel der gynodynamen Blüten $^1/_3$ bis fast $^2/_5$ unter dem Schlunde.

23 Laubblätter glänzend, keilförmig, am vorderen gebogenen Rande mit ca. 10 grossen in eine lange Knorpelspitze vorgezogenen Zähnen, 3 Zähne ziemlich in gleicher Höhe Schaft so lang als die Blätter, 2blütig Kelch und Hüll-

blätter grün Ein Hüllblatt breiter als ein einzelner Kelchzahn, das andere schmäler, etwa ³/₄ des Kelches erreichend. Blüten dunkelrosa ganz wie *P. minima.*

E. Pflanzen, von denen es zweifelhaft ist, ob sie reine *P. minima* sind oder etwas Hybrides an sich haben.

24. Laubblätter wie bei *P. minima.* Schaft kürzer als die Blätter, 1 blütig mit 2 Hüllblättern, die etwa ³/₄ des oberwärts etwas schwärzlich gefärbten Kelches erreichen Staubkolben etwa ¹/₄ der Kronröhrenlänge unter dem Schlund. Blüten etwas dunkler und blauer als bei *P. minima.*

25 Ganz wie *P. minima,* aber der 1 blütige Schaft mit 2 Hüllblättern, welche den Kelch beinahe erreichen.

Vorstehende Formen habe ich zu besserer Übersicht in Abteilungen gebracht, die wegen der allmählichen Abstufung und der mannigfaltigen Kombination der Merkmale wenig haltbar sind und wie jede andere Einteilung, die man versuchen wollte leicht angegriffen werden können. Am wenigsten aber ist es möglich, sie, wie Kerner es gethan, in 4 hybride Species zu trennen

Die Bastardformen, die mehr oder weniger in der Mitte stehen und nach der anderen Seite schon ziemlich hinneigen, kommen weitaus am häufigsten vor, wie dies auch schon Kerner angegeben hat. Weniger häufig diejenigen, die sich der *P minima,* und noch weniger häufig die, die sich der *P glutinosa* sehr stark nähern Es geht daraus hervor, dass die Bastarde sich weniger leicht mit *P minima* und noch weniger leicht mit *P. glutinosa* bastardieren

Nach der Kernerschen Darstellung sollen sich alle Merkmale der Bastarde in gleichem Masse abstufen, so dass diejenigen Pflanzen, welche der *P glutinosa,* ebenso die, welche der *P. minima* näher stehen, diese Annäherung gleichmässig in allen Organen zeigen Dies stimmt nicht mit meinen Beobachtungen überein Es gibt auch Bastarde, die ganz die Blüten von *P glutinosa* haben und in den Blättern mehr oder weniger an *P minima* hinneigen, es gibt ferner Bastarde mit Blüten der *P. minima* und Blättern, die einen starken Einfluss von *P glutinosa* verraten, es gibt selbst Bastarde, die auf dem gleichen Stock, breitgestutzte Blätter (wie *P minima*), teils lanzettlich-längliche Blätter, mehr wie *P glutinosa* haben.

Aleuritia (S. 25).

Der Wurzelstock bleibt immer kurz, weil der vorjährige Trieb zu Grunde geht. Desshalb trifft man auch nie auf einen verzweigten Wurzelstock.

Blätter im jüngsten Zustande mit den Rändern nach rückwärts eingerollt, welches Merkmal oft noch in ziemlich entwickeltem Zustande angedeutet ist. Sie sind wenig dicklich und häutig, ziemlich flach, fast ganzrandig oder kleingezähnt. Nerven und Adern auf der unteren Blattfläche etwas vorspringend. — Spaltöffnungen zahlreich auf der unteren Blattfläche, auf der oberen spärlich.

Hüllblätter aus breiterer Basis lineal oder pfriemförmig, am Grunde meist sackartig vorgezogen.

Kelch walzenförmig, mit 5 stumpfen Kanten, meist ziemlich kurz.

Oberfläche der grünen Teile stellenweise mit winzigen, mehlstaubabsondernden Drüsenhärchen besetzt, besonders sind die untere Blattfläche
und die oberen Teile der Pflanze weissbestäubt, zuweilen sind aber auch
die ganzen Pflanzen kahl.

Blüten bei den europäischen Arten rot-lila, meist fleischfarben. Saum
immer von der Röhre scharf abgesetzt, tellerförmig. Schlund durch einen
Kranz von mehr oder weniger deutlichen Wolbschüppchen verengt, kahl.
Die Blüten sind bei einer Art homostyl, bei den übrigen heterostyl, aber
die Staubkolben und Narben sind einander sehr genähert, höchstens
1 mm von einander entfernt.

Kapsel länglich, 2 bis 4 mal länger als breit.

Das europäische Verbreitungsgebiet der *Aleuritia* umfasst die Pyrenäen,
die Alpen, die Karpathen, den Kaukasus und die ganze gemässigte sub-
arktische und arktische Zone

Übersicht der Arten.

I. *Legitimae* Im Schlund der Blumenkrone breite wachsgelbe
Schüppchen. Hüllblätter am Grunde sackartig verdickt. Blätter dicklich,
im allgemeinen schmal.

A. *Breviflorae.* Kronröhre nicht über 10 mm lang, gelb, Kelchzähne eiförmig oder länglich. Pflanzen meist heterostyl.

1   Blattspreite rundlich oder oval, plötzlich in den Blattstiel verschmälert. Hüllblätter oval oder länglich, spitz oder kurz zugespitzt die sackartigen Vertiefungen am Grunde meist stark
ausgebildet (bis zu 2 mm). — Mehlstaub gänzlich mangelnd
Blüten im allgemeinen grösser, wenig zahlreich.

1 *P sibirica.*

2   Blattspreite allmählich in den Blattstiel verschmälert. Hüllblätter
aus breiterer Basis lineal, pfriemenförmig, am Grunde mit kurzen
(nicht über ¹/₂ mm), sackartigen Vertiefungen. — Dichter, weisser
Mehlstaub auf der unteren Blattfläche, am oberen Schaftende
und der Innenfläche des Kelches. Kelch cylindrisch. Blüten
im allgemeinen kleiner als bei vorhergehender Species, meist zahlreich, Zipfel des Kronsaumes tief ausgerandet. Samen meist
dunkelbraun.   2. *P farinosa.*

Var *lepida.* Blätter ohne Mehlstaub. Sonst wie *P farinosa.*

Var *exigua.* Mehlstaub ganz mangelnd oder an den ausgewachsenen
Blättern spärlich Blüten wenig zahlreich, Samen hellbraun.
Sonst wie *P farinosa.*

Subsp. *P stricta.* Mehlstaub fast mangelnd, bloss die Innenfläche
des Kelches mehlstaubig Kelch meist mehr oder weniger bauchig.
Blüten kleiner, wenig zahlreich Zipfel des Kronsaumes schwach
ausgerandet.

B. *Longiflorae.* Kronröhre 20 mm lang und darüber (selten bloss 16 mm), purpurn. Kelchzähne lanzettlich. Pflanzen alle homostyl. Staubkolben aller Blüten im Schlunde der Kronröhre eingefügt, Narben aus derselben vorragend. — Dichter Mehlstaub auf der unteren Blattfläche, auf dem oberen Schaftende und der Innenfläche des Kelches.   3. *P. longiflora.*

II. *Illegitimae.* Im Schlunde der Blumenkrone keine oder sehr undeutliche Schüppchen. Hüllblätter am Grunde nicht sackartig vorgezogen. Blätter sehr dünn, breiter.
                                          4. *P. frondosa.*

1. P. sibirica Jacq. (S. 118).

Spreite der Laubblätter ziemlich ganzrandig, rundlich oder oval, 7—13 mm lang, 4—13 mm breit, plötzlich in den meist langen Blattstiel verschmälert.

Blütenschaft bis 12 cm lang.

Blütenstiele 9—40 mm lang.

Hüllblätter oval oder länglich, spitz oder kurz zugespitzt, $1/7$—$1/2$ so lang als die Blütenstiele; die sackartigen Vertiefungen am Grunde meist stark vorgezogen, bis 2 mm lang.

Kelch walzenförmig, 3—7 mm lang, auf $1/4$—$1/2$ eingeschnitten.

Oberfläche der grünen Teile kahl, nur am Kelche sind winzige Drüsenhärchen vorhanden. Mehlstaub gänzlich mangelnd.

Blüten hell, lila. Radius des Kronsaumes 4—8 mm. Kronröhre so lang bis (seltener) doppelt so lang als der Kelch. Kronzipfel spreizend, auf $1/3$—$1/2$ eingeschnitten. Staubkolben der kurzgriffligen Blüten im Schlunde der Kronröhre eingefügt.

P. sibirica Jacq. Misc. Austr. I p. 160. — Duby p. 43. — Pax p. 125.

P. finnmarchica Jacq. Misc. austr. I. 160. — Pax p. 125 als Var.

P. norvegica Retz. Fl. scand. 240. — Lehm p. 66.

Im Norden von Schweden und Norwegen (v. s.); Finnland (v. s.).

Die sackartigen Vertiefungen am Grunde der Hüllblätter sind nur in der Grösse verschieden von denen der *P. farinosa*, übrigens variieren sie beträchtlich, und es gibt selbst solche, die ganz gleich sind, wie bei manchen Exemplaren der *P. farinosa*.

P. sibirica variiert ziemlich, doch lassen sich nach meiner Ansicht keine selbständigen Varietäten unterscheiden; nur die nicht in Europa wachsende *P. egallicensis* Wormsk. und Lehm. stellt eine bemerkenswerte Varietät derselben dar.

2. P. farinosa L. (S. 118).

Spreite der Laubblätter oberseits wenig glänzend und oft etwas runzelig, verkehrt eiförmig-länglich bis länglich, meist sehr allmählich in einen bald kurzen und breiten, bald langen und schmalen Blattstiel verschmälert (selten ist der Blattstiel länger als die Spreite), am Scheitel abgerundet

oder spitzlich, vom Grunde an oder nur in der oberen Hälfte gezähnt
oder fast ganzrandig. Zähne meist klein, zuweilen undeutlich. Blattrand
manchmal umgebogen. Länge des ganzen Blattes 1,7 — 8,0 cm; Breite
0,35 — 2 cm.

Blütenschaft sehr selten kürzer als die Blätter, bis 6 mal so lang als
dieselben, 1—15, seltener bis 20 blütig. Länge 1—32 cm.

Blütenstiele 2—17 mm lang.

Hüllblätter aus breiterer Basis schmal-lineal, spitz, selten breit-lanzett-
lich und zugespitzt, oft gezähnelt, am Grunde sackartig verdickt, 3—6 mm
lang, wenig länger oder kürzer (¹/₃, selten ¹/₅ so lang) als die Blütenstiele.

Kelch walzenförmig, stumpfkantig, grün, 3—6 mm lang, auf ²/₅— ¹/₈,
seltener nur auf ¹/₃ eingeschnitten; Kelchzähne eiförmig oder eilänglich,
spitz bis abgerundet stumpf.

Oberfläche der grünen Teile. meist dichter Mehlstaub auf der Unterseite der Blätter, so dass dieselbe mit Ausnahme der Blattnerven vollständig weiss erscheint. Ferner ist der Mehlstaub hauptsächlich gegen
das Schaftende reichlicher, ebenso am Kelch, besonders in den Ausschnitten und auf der Innenfläche stets vorhanden. Im übrigen ist die
Pflanze kahl, nur selten sind winzige und spärliche Drüsenhärchen
sichtbar.

Blüten rot-lila bis hellpurpurn, selten blau-lila oder dunkelpurpurn
und noch seltener weiss, Schlund intensiv gelb oder grünlich gelb; meistens
zuerst heller und mehr grünlich-gelb, nachher dunkler und intensiv gelb,
zuletzt oft orange, mit 10 deutlichen Wölbschüppchen. Röhre aussen und
innen gleich, grünlich-gelb oder gelb, 5 — 8 mm lang, so lang bis 1¹/₃ so
lang als der Kelch. Saum flach, klein; Radius 4—8,5 mm, meist 5—6 mm
lang. Kronzipfel oft spreizend, auf ¹/₃—¹/₂ eingeschnitten.

Staubkolben der kurzgriffligen Blüten etwas unter dem Schlunde.

Fruchtkapsel walzenförmig, schmal, 5—9 mm lang, so lang bis fast
doppelt so lang als der Kelch.

P. farinosa Linné Species plant. I p. 143. — Lehm p. 52. — Rchb.
p. 401. — Duby p. 44. — Koch p. 673. — Gr. Godr. p. 450. — Rchb. fil.
p. 42 t. 51. — Pax p. 126. — Fl. ital. p. 673.

P. scotica Hooker fl. londin. t. 133. — Pax p. 129.

Vorkommen von *P. farinosa* (mit Einschluss der Varietäten), besonders
an moorigen Stellen auf den Gebirgen des südlichen und in den Niede-
rungen des nördlichen Europas. Gebirge von Arragonien und Catalonien,
Pyrenäen 1300—1700 m ü. M. Jura (v. s.). Durch die ganze Alpenkette
bis 2300 m ü. M. (v. v.). Karpathen. — Schweizerische und süddeutsche
Hochebene (v. v.). Nördliches Deutschland (v. s.). England. Schottland
(v. s.). Dänemark. Skandinavien (v. s.) Lappland (v. s.). Finnland (v. s.).
Ungarn. Siebenbürgen. Kroatien. Bulgarien (v. s.). Rumänien. Südliches und mittleres Russland.

P scotica Hooker kommt nach der gewöhnlichen Deutung im nördlichen Schottland, in Norwegen, Lappland und dem nördlichen Schweden

vor. P a x beschränkt diese Species, um ihr mehr Halt zu geben, auf den Norden von Schottland und gibt ihr als vorzüglichstes Merkmal breit abgerundete Kelchzähne und ausserdem eine gleichmässige und feine Zähnelung des Blattrandes, breite, elliptische Blätter, einen kurzen Schaft und tief dunkelviolette Blüten. — Was zuerst die breit abgerundeten Kelchzähne betrifft, so kommen sie nicht bei allen nordschottischen Exemplaren vor, ferner finden sie sich bei einzelnen Exemplaren der *P. farinosa* aus den verschiedensten Gegenden. Das gleiche gilt von allen übrigen Merkmalen, denn unter dem Dunkelviolett der Blüten ist wohl nur ein dunkles Rot zu verstehen, ebenso wie die zu *P. farinosa* gehörende *P. Warei* Stein mit dunkelvioletten Blüten lebend nur ein schönes, intensives Rot zeigt. Solche dunkelrote Blüten findet man nicht sehr selten im Hochgebirge. — Ich vermag also *P. scotica* nicht von *P. farinosa* zu unterscheiden.

Die grosse Mannigfaltigkeit, welche *P. farinosa* in allen Merkmalen zeigt, hat die Aufstellung mehrerer weiterer Arten oder Varietäten veranlasst. Soweit ich die Formen kenne — leider habe ich den Norden Europas nicht besuchen können, und die dortige Primelvegetation ist mir nur aus trockenen Exemplaren bekannt — scheint es mir, dass eine eigentliche Gliederung in verschiedene Sippen auf dem phylogenetischen Wege noch nicht eingetreten ist. Ich sehe vielmehr, dass die einzelnen Merkmale der angeblichen Arten und Varietäten in allen Kombinationen an den verschiedensten Orten des ganzen Gebietes auftreten können, und betrachte daher die folgenden aufgeführten Formen als Varietäten von zweifelhaftem Werte. — Der Mangel an Mehlstaub ist bei *P. farinosa* ebensowenig mit einer Änderung in den übrigen Merkmalen verbunden, als es bei *P. Auricula* der Fall ist.

Var. *lepida.*

P. lepida Duby, *P. farinosa* Var. *denudata* Koch besteht aus den mehlstaubfreien Pflanzen, die sehr zerstreut vorkommen. R e i c h e n b a c h fil. besass sie aus den Pyrénées de la haute Garonne-Esquierry. Die Flora italiana gibt für die Var. *denudata* folgende Standorte an: Alpen von Cuneo (Seealpen), Mte. Rosa Ossola, Alpen von Trient, von Friaul, Val Sugana (am Comersee). Ich sah in den Herbarien Turins eine beinahe mehlstaubfreie *P. farinosa* von der Südseite des Mte. Rosa. — L e h m a n n gibt an, beinahe nackte Pflanzen auf Voralpen Tirols gefunden zu haben, und bildet dieselben als *P. Hornemanniana* (*P. stricta* Horn.) ab, sagt aber, sie stimmen nicht genau mit der richtigen *P. stricta* überein. T a u s c h (Flora 1829 p. 644) sagt, er besitze Exemplare der *P farinosa* aus Tirol und Corsika mit nackten, unbestäubten Blättern, die einen deutlichen Übergang in die *P. Hornemanniana* Lehm. (*P. stricta* Horn.) bilden. Wie es sich mit den Angaben von L e h m a n n und T a u s c h verhalte, bleibt dahingestellt, seitdem sind sie nicht bestätigt worden. Es wurde überhaupt die unbestäubte *P. farinosa* auf der Nordseite der Alpenkette in neuerer Zeit nicht gefunden.

P. lepida Duby p. 44. — Pax p. 126 als Var

P. farinosa var. *denudata* Koch p. 67.

Var. *exigua*, die von Velenovsky als Species unterschiedene Form aus Bulgarien, stimmt mit Ausschluss der Samenfärbung mit einer armblütigen *P. farinosa* überein, aber sie hat viel weniger Neigung, Mehlstaub abzusondern; bald mangelt derselbe gänzlich, bald ist er nur stellenweise und wenig dicht vorhanden. Die Blätter sind im jungen Zustande unterseits zuweilen ganz mit dünnem Mehlstaub bedeckt, der aber später mehr oder weniger schwindet. — Die Samenfarbe, welche bei *P. exigua* Vel. als hell angegeben wird, während sie bei *P. farinosa* dunkelbraun ist, kommt auch bei dieser Form ausnahmsweise vor, ebenso bei der *P. scotica* aus Nordschottland.

P. exigua Velenovsky Abh. d. k. böhm. Gesellsch. d. Wiss. 7. Folge p. 38. — Pax p. 127 als Var.

Aus Schweden erhält man zwei bemerkenswerte Wuchsformen, die, nach der Reichlichkeit der mitgeteilten Exemplare zu schliessen, dort in Menge vorkommen müssen und die in den Alpen ziemlich zu mangeln scheinen, nämlich:

forma *compacta*, Schaft gedrungen, vielblütig, kürzer als die Blätter. Öland, Resmö.

forma *flacca*, Schaft nebst den Blättern lang, dünn und schlaff, meist 1 blütig. Upland, Valö.

Subsp. **P. stricta** Wahlenberg (S. 118).

Die Pflanze ist meistens bis auf die weissbestäubte Innenfläche und die Ausschnitte des Kelches ganz ohne Mehlstaub; nur selten ist derselbe spärlich auf der Unterseite der Blätter vorhanden. Blütenstiele 2—30 mm lang, Kelch 3—5,5 mm lang, mehr oder weniger bauchig. Kronröhre 5—7 mm, 1—2 mal so lang als der Kelch. Kronzipfel schwach ausgerandet; Radius des Saumes 2,5—4 mm. Staubkolben der kurzgriffligen Blüten etwa ¹/₄ der Kronröhrenlänge unter dem Schlunde.

P. farinosa β. stricta Wahlenberg fl. lappon. p. 60.

P. stricta Hornemann fl. dan. 8. t. 1385. — Rchb. p. 401. — Duby p. 44. — Pax p. 126.

P. Hornemanniana Lehm. p. 55 part.

Norwegen, nördliches Schweden (v. s.), Lappland (v. s.), Finnland, nördl. Russland.

P. stricta ist spezifisch nicht von *P. farinosa* verschieden. Alle Merkmale zeigen Übergänge, auch das permanenteste, die schwache Ausrandung der Kronzipfel kommt bei manchen Exemplaren der als *P. scotica* unterschiedenen Form von *P. farinosa* vor.

3. P. longiflora All. (S. 119).

Spreite der Laubblätter oberseits wenig glänzend und oft etwas runzelig, verkehrteiförmig-länglich bis länglich, selten oval, meist sehr allmählich in einen kurzen und breiten, selten längeren und schmäleren Blattstiel verschmälert, am Scheitel abgerundet oder spitz, vom Grunde an oder nur in der oberen Hälfte gezähnt oder fast ganzrandig. Zähne klein, oft undeutlich. Blattrand manchmal umgebogen. Länge des ganzen Blattes 2—7 cm, Breite 0,4—2,8 cm.

Blütenschaft sehr selten kürzer als die Blätter, bis 5 mal so lang als dieselben, 1—6, selten bis 10 und 18 blütig. Länge 1—30 cm.

Blütenstiele 4—12, seltener bis 18 mm lang.

Hüllblätter aus breiterer Basis lang pfriemformig zugespitzt, oft gezähnelt, am Grunde sackartig verdickt, 4—13 mm, seltener bis 23 mm lang, bald länger (selten 2 mal so lang), bald kürzer (selten ½ so lang) als die Blütenstiele.

Kelch kantig, oft dunkel gefärbt, walzenförmig, 7—14 mm lang, auf ⅖—½, seltener auf ⅓ eingeschnitten; Kelchzähne lanzettlich, spitz bis abgerundet stumpf.

Oberfläche der grünen Teile: bald sehr dichter, bald etwas weniger dichter, weisslicher oder grünlich-gelber Mehlstaub auf der Unterseite der Blätter, so dass dieselbe mit Ausnahme der Blattnerven meist weiss oder grünlich-gelb erscheint. Ferner ist der Mehlstaub hauptsächlich gegen das Schaftende reichlicher, ebenso am Kelch, besonders in den Ausschnitten und auf der Innenseite stets vorhanden. Im übrigen ist die Pflanze kahl, nur spärlich sind winzige Drüsenhärchen sichtbar.

Blüten heller oder dunkler rot-violett, Schlund gelb, gewöhnlich hell und ins Grünliche spielend, mit 10 deutlichen Wölbschüppchen. Röhre aussen schmutzigrot oder besonders im oberen Teile gelblich oder gelb-grünlich angehaucht, innen ebenso gefärbt, oft noch etwas roter, 20—28 mm, selten bloss 16 mm lang, 2—3½ so lang als der Kelch Saum flach; Radius desselben 6—12 mm, meist 10 mm; Kronzipfel ziemlich spreizend, auf ⅓—⅖, seltener bis ½ eingeschnitten.

Staubkolben aller Blüten im Schlunde der Kronröhre, Narben über dieselbe herausragend.

Fruchtkapsel walzenförmig, schmal, 9—12 mm lang, so lang bis fast doppelt so lang als der Kelch.

P. longiflora Allioni Fl. ped. p. 92 t. 39 f. 3. — Lehm. p. 49. — Rchb. p. 401. — Duby p. 45. — Koch p. 673. — Rchb. fil. p. 42 t. 51. — Pax p. 126. — Fl. ital. p. 673.

In den Alpen und Karparthen zerstreut von 1900—2600 m ü. M. Schweiz: Wallis (v. s.) und Oberengadin (v. v.), Norditalien (v. s.), Nord- und Südtirol (v. v.), Steiermark, Kärnthen (v. v.), Krain, Ungarn, Siebenbürgen (v. vc.), Bosnien, Montenegro.

4. P. frondosa Janka (S. 119).

Spreite der Laubblätter sehr dünn, oval, bis 2,5 cm breit, ziemlich allmählich in den langen Blattstiel verschmälert. Schaft länger als die Blätter. Hüllblätter am Grunde nicht sackartig vorgezogen, lanzettlich-lineal, vielmal kürzer als die langen Blütenstiele. Kelch oval cylindrisch, auf $^2/_5$—$^1/_2$ eingeschnitten; Kelchzähne lanzettlich, dreieckig, spitz.

Oberfläche der grünen Teile: Meist dichter Mehlstaub auf der Unterseite der Blätter, so dass dieselbe mit Ausnahme der Blattnerven weiss erscheint.

Blumenkronröhre etwas länger als der Kelch. Saum so gross als bei *P. farinosa*. Kronzipfel auf $^1/_3$ — $^2/_5$ eingeschnitten.

Staubkolben der kurzgriffligen Blüten im Schlunde eingefügt.

P. frondosa Janka Plant. turc. brev. II p. 6. — Pax p. 129.

Im nördlichen Thracien: Mt. Kalofer (v. s. et vc.).

(Beschreibung nach einem Exemplar des k. Staatsherbars zu München und nicht blühenden, 1891 von Kellerer gesammelten Pflanzen.)

Zu P. farinosa + longiflora (P. Krättliana Brügger).

Von diesem Bastard ist bis jetzt nur ein einziges Exemplar bekannt, welches am 8. Juli 1876 im Val Fex Engadin bei 2000 m Höhe von Herrn Krättli gesammelt und von Brügger in den Jahr. der Naturf. Gesellsch. Graubündten 1882 p. 366 als *P. Krättliana* beschrieben wurde. Es ist sehr fraglich, ob die betreffende Pflanze wirklich ein Bastard von *P. farinosa* und *P. longiflora* war, oder nur eine abnormale Form von *P. longiflora*. — Die beiden Stammarten wachsen oft durcheinander, und bis jetzt sind trotz eifrigen Suchens noch keine weiteren hybriden Pflanzen gefunden worden. — Da künstliche Befruchtungen an den beiden Pflanzen meines Wissens noch nicht vorgenommen worden sind, so ist es auch nicht sicher, ob die homostyle *P. longiflora* überhaupt sich mit einer heterostylen Form kreuzt.

Die mir zur Ansicht mitgeteilte Pflanze hat folgende Merkmale:

Blätter klein, ca. 3 cm lang und 0,8 cm breit. 2 Schäfte, der eine kräftig, 11,5 cm lang, ca. 13 blütig, der andere schmächtig, ca. 8 cm lang, 6 blütig. Kelch 9 — 10,5 mm lang, oberwärts dunkel gefärbt. Blüten homostyl, in der Farbe wie *P. farinosa* (nach Brügger). Röhre 16—21 mm lang, dunkel, bis oberwärts heller gefärbt. Radius des Saumes 6—8 mm, Schlund gelb. Griffel aus der Kronröhre herausragend. (*P. longiflora* vom gleichen Standort soll 27 mm lange Kronröhren haben; ich besitze selbst wirkliche *P. longiflora* mit Kronröhren, die bloss 16 mm lang sind.)

Primulastrum (S. 25).

Wurzelstock ausdauernd, wenig verlängert.

Blätter im jüngsten Zustande mit den Rändern nach rückwärts eingerollt, welches Merkmal oft noch in ziemlich entwickeltem Zustande angedeutet ist. Sie sind häutig, haben eine runzelige Oberfläche und sind am Rande oft wellig und ausgebissen gezähnt. Nerven und Adern auf der unteren Blattfläche stark vorspringend. Spaltöffnungen zahlreich auf der unteren Blattfläche, auf der oberen spärlich.

Hüllblätter aus eiförmigem Grund pfriemlich, am Grunde nicht sackartig vorgezogen.

Kelch walzenförmig bis glockenförmig aufgeblasen, scharfkantig.

Oberfläche der grünen Teile mit längeren, gegliederten Haaren und kurzen Drüsenhärchen oder auch die Unterseite der Blätter mit langen, dünnen, etwas verzweigten, zu einem weissen Filz verflochtenen Haaren besetzt.

Blüten gelb, beim Trocknen leicht blau werdend, nur selten purpurn. Im Schlunde der Blumenkrone sehr undeutliche Wölbschüppchen und vereinzelte Härchen. Heterostylie streng durchgeführt. Die Staubkolben und die Narben weit von einander entfernt, bald mehr, bald weniger als die halbe Kronröhrenlänge.

Fruchtkapsel oval oder cylindrisch.

Die Arten von *Primulastrum* kommen durch ganz Europa, mit Ausschluss der arktischen Zonen sehr häufig, vorzüglich in der Ebene vor, gehen aber auch bis über 2000 m ü. M. in die Gebirge hinauf.

Übersicht der Arten.

I. Schaft 0. Blütenstiele wurzelständig, lang. Blumenkrone gross, blass schwefelgelb. Saum flach. Fruchtkapsel $^2/_3$ so lang als der Kelch, die Kelchzähne erreichend.   1. *P acaulis.*

Var. *balearica.* Blätter unterseits fast kahl, Blüten weiss.
Var. *Sibthorpii.* Blüten rosenrot, mit gelbem Schlund.

II. Schaft vorhanden, verlängert. Blütenstiele kürzer, in einer Dolde.

a) Fruchtkapsel den Kelch etwas überragend. Kelch meist eng anliegend, auf den Kanten grün, nebst der oberen Blattfläche, meist nur auf den Adern resp. Kanten mit langen, gegliederten Haaren. Blumenkrone schwefelgelb, mittelgross. Saum meist flach. — Blätter eiförmig oder eiförmig-länglich, meist plötzlich in den Blattstiel verschmälert.

        2. *P. elatior.*

Subsp. *P. intricata.* Blätter länglich, ganz allmählich in den Blattstiel verschmälert. Fruchtkapsel so lang als der Kelch. Behaarung kürzer.

b) Fruchtkapsel bloss $^1/_2$ so lang als der Kelch. Kelch glockenförmig aufgeblasen, weisslich gelb, nebst der unteren Blattfläche kurzhaarig sammtig. Blumenkrone dottergelb bis selten schwefelgelb, im Allgemeinen klein. Saum concav. — Blätter meist plötzlich in den Blattstiel verschmälert, unterseits sammtig, graugrün.   3. *P. officinalis.*

Var. *pannonica.* Blätter allmählich in den Blattstiel verschmälert, unterseits graufilzig. Blüten etwas grösser als bei der Hauptform, Blütenfarbe gleich.

Subsp. *P. Columnae.* Blätter meist herzförmig, unterseits weiss und dicht
    filzig. Sonst wie vorige.
Var. *Tommasinii.* Blüten schwefelgelb, fast flach. Sonst ganz wie *P.
    Columnae.*

1. P. acaulis L. (S. 125).

Spreite der Laubblätter runzelig, unterseits etwas graugrün, verkehrt
eiförmig-länglich oder länglich, an der Spitze abgerundet oder stumpf,
allmählich, seltener ziemlich rasch in den geflügelten Blattstiel verschmälert, unregelmässig gezähnt, manchmal mit einem aufgesetzten
Spitzchen auf den meist stumpfen Zähnen, oder auch nur geschweift-
gezähnelt. Blattrand oft etwas umgebogen. Länge des ganzen Blattes
3—20 cm, Breite 1,5—6,5, selten 8,5 cm.
    Schaft 0. Blütenstiele von dem kegelförmigen Ende des Wurzelstockes
entspringend, bis 25 an Zahl, 3,5—13 cm lang.
    Hüllblätter aus breiterer Basis lineal, blass, die unteren circa 20 mm
lang, die oberen kürzer.
    Kelch walzenförmig, anliegend, kantig, 8—20 mm lang, auf $^1/_3$—$^2/_5$
eingeschnitten. Kanten grünlich, der übrige Teil des Kelches blassgelb.
Kelchzähne lanzettlich oder lineal, meist lang zugespitzt, späterhin etwas
abstehend.
    Oberfläche der grünen Teile: Blätter unterseits auf den Adern und
am Rande, zuweilen auch spärlich auf der oberen Blattfläche mit langen,
gegliederten Haaren besetzt, ebenso die Blütenstiele und Kanten des
Kelches. Haare länger als der Querdurchmesser der Blütenstiele, bis
2 mm. Zwischen den Adern der unteren und auf der oberen Blattfläche
sehr kurze Drüsenhärchen.
    Blüten blass schwefelgelb, sehr selten weiss, geruchlos. Über dem
Schlunde 5 dreieckige orangefarbene oder in der Jugend grüngelbe Flecken.
Saum flach, Radius desselben 12—20 mm. Kronzipfel auf $^1/_7$—$^1/_5$ ausgerandet. Kronröhre so lang bis 1 $^1/_2$ so lang als der Kelch.
    Staubkolben der kurzgriffligen Blüten wenig unter dem Schlunde.
    Fruchtkapsel oval, $^2/_3$ so lang als der Kelch, bis an die Zähne des-
selben reichend.
    P. veris γ. acaulis Linné spec. plant. I. p. 143.
    P. acaulis Jaquin Misc. austr. I. p. 104. — Lehm. p. 30. — Rchb.
p. 401. — Koch p. 673. — Pax p. 108.
    P. vulgaris Hudson, Fl. angl. p. 70. — Fl. ital.
    P. silvestris Scopoli, Fl. carn. I. p. 132. — Rchb. fil. t. 50 p. 41.
    P. grandiflora Lamark, Fl. franc. II. p. 248. — Duby p. 37. —
Gr. Godr. 447.
    Durch ganz Europa, mehr auf fettem und etwas schattigem Boden,
von der Meereshöhe bis gegen 1500 m ü. M. Portugal, Spanien hauptsächlich im Norden (v. s.), Frankreich (v. s.), England, Holland, Belgien,
südliches Skandinavien (v. s.), Dänemark, Deutschland (zerstreut) (v. v.),

Schweiz, (v. v.), Österreichische Monarchie (Cisleithanien mit Ausschluss von Böhmen, Transleithanien), Italien (ich fand sie häufig an der Riviera di Levante), Balkanhalbinsel, südliches Russland.

Var. *balearica* Willkomm.

Blätter unterseits fast kahl. Blüten weiss.

P. vulgaris var. *balearica* Willkomm Illustrat. florae Hispaniac. tab. 35.

P. acaulis var. *balearica* Pax p. 109.

Balearische Inseln.

Var. *Sibthorpii* Rchb.

Blüten rosenrot, mit gelbem Schlund.

P. Sibthorpii Rchb. p. 402.

P. vulgaris β *rubra* Sibthorp. fl. graeca t. 184.

P. acaulis var. *Sibthorpii* Pax p. 109.

Griechenland. Bei Konstantinopel (v. s.).

2. P. elatior L. (S. 125).

Spreite der Laubblätter runzelig, unterseits meist etwas graugrün (bes. im jüngeren Zustande), eiförmig oder eiförmig-länglich, an der Spitze meist abgerundet, seltener spitzlich, meist plötzlich in den geflügelten Blattstiel verschmälert, oder selbst am Grunde schwach herzförmig, unregelmässig gezähnt. Zähne klein, zuweilen winzig, spitz, manchmal mit einem aufgesetzten Spitzchen auf den Zähnen. Blattrand wellig, oft etwas umgebogen. Länge des ganzen Blattes 5—23 cm, Breite 2—7 cm.

Blütenschaft etwas länger bis mehr als doppelt so lang als die Blätter, selten kürzer, 1—20blütig. Länge 6—30 cm. Blütenstand einseitswendig. Blütenstiele 5—23 mm lang.

Hüllblätter oft etwas trockenhäutig, lanzettlich oder aus eiförmiger Basis pfriemlich, 4—6 mm lang, das unterste bisweilen beträchtlich länger.

Kelch walzenförmig, meist enganschliessend, seltener etwas bauchig, scharfkantig; Kanten stets grün, der übrige Teil blassgelb. Kelch 8—15 mm lang, auf $^1/_3$—$^2/_5$, seltener bis $^1/_2$ eingeschnitten, Kelchzähne lanzettlich, oder eiförmig-länglich, oder seltener dreieckig, meist mehr oder weniger lang zugespitzt.

Oberfläche der grünen Teile: Blätter auf den Adern oberseits spärlicher, unterseits und am Blattrand dicht mit langen gegliederten Haaren bedeckt, ebenso der Schaft, die Blütenstiele, die Hüllblätter, die Kanten und Ränder des Kelches; je älter das Blatt, desto kahler erscheint es, besonders oberseits. Haare bis $^1/_2$, seltener bis 1 mm lang, oft hakig gebogen. Dazwischen stehen äusserst kurze Drüsenhärchen.

Blüten schwefelgelb, geruchlos oder zuweilen etwas wohlriechend, sehr selten mit so deutlichem Geruch wie *P. officinalis*. Schlund mit einem mehr oder weniger deutlichen, grünlichgelben bis hellorangefarbenen Ringe. Saum weit trichterförmig oder flach, Radius desselben 7—15 mm (sehr selten sind kleinblütige Pflanzen). Kronzipfel unmerklich bis auf ⅛ ausgerandet. Kronröhre so lang als der Kelch bis 1½ mal so lang als derselbe.

Staubkolben der kurzgriffligen Blüten wenig unter dem Schlunde. Fruchtkapsel cylindrisch, nach oben etwas schmäler, die Kelchzipfel etwas überragend, ca 11—13 mm lang, 5—5,5 mm breit.

P. veris β elatior Linné spec. plant. I p. 143.

P elatior Jacquin Misc. Austr. I p 158. — Lehm. p. 33. — Rchb. p. 401. — Duby p. 36. — Koch p. 674. — Gr. Godr. p. 480. — Rchb. fil. t. 49 p. 41. — Pax p. 106. — Fl. ital.

P. carpathica Fuss Flora trannssylv. 534.

Fast durch ganz Europa von der Ebene bis ziemlich über 2000 m ü. M. (in Bayern und Tirol bis 2200 m ü. M.): Im östlichen gebirgigen Spanien, Frankreich, mit Ausnahme des Mittelmeergebietes (v. s.), England, Skandinavien (v. s.), Dänemark, Holland, Belgien, Deutschland (v. v.), Schweiz (v. v.), österreichische Monarchie (Cisleithanien und Transleithanien) (v v.), im nordöstlichen, gebirgigen Italien, Bulgarien, mittleres und südliches Russland.

Eine etwas stärker behaarte, in Siebenbürgen wachsende Form ist *P. carpathica* Fuss.

Subsp. **P. intricata** Gr. Godr. (S. 125).

Spreite der Laubblätter etwas kraus, unterseits kaum graugrün, länglich, an der Spitze meist abgerundet, ganz allmählich in den Blattstiel verschmälert, unregelmässig geschweift-gezähnelt mit stumpfen, selten spitzen Zähnchen, zuweilen fast ganzrandig. Blattrand sehr stark umgebogen. Länge des ganzen Blattes 3,5—11 cm, Breite 0,9—2,8 cm.

Blütenschaft bald etwas länger, bald kürzer als die Blätter.

Oberfläche der grünen Teile ziemlich dicht und kurzhaarig. Haare auf den Adern der unteren Blattfläche dichter und länger, ebenso am Schaft und den Blütenstielen (bis ¼ und ⅓ mm).

Kronröhre so lang bis oft 1¾ mal so lang als der Kelch.

Fruchtkapsel so lang als der Kelch.

P. intricata Gr. Godr. p. 445. — Fl. ital.

P. elatior var. intricata Pax p. 107.

Auf trockenen Wiesen im gebirgigen südlichen Europa bis 2300 m ü. M. Spanien: Pyrenäen (v. s.), Arragonien, Katalonien, Sierra Nevada. Frankreich: östliche Pyrenäen. Italien: Seealpen (v. v.), Ligurien, Abruzzen, Lombardei, Venetien. Südtirol (v. s.). Bosnien.

3. P. officinalis L. (S. 125).

Spreite der Laubblätter runzelig, eiförmig oder länglich, an der Spitze meist abgerundet, seltener spitzlich, meist plötzlich, seltener ziemlich allmählich in den geflügelten Blattstiel verschmälert, ebenfalls seltener fast herzförmig, ausnahmsweise länglich-lanzettlich und ganz allmählich in den Blattstiel verschmälert; unregelmässig geschweift-gezähnelt, mit kleinen, oft winzigen stumpfen Zähnen. Blattrand wellig, manchmal etwas umgebogen. Länge des ganzen Blattes 5—23 cm, Breite 2—7 cm.

Blütenschaft so lang bis mehr als doppelt so lang als die Blätter, 2—25, selten bis 40 blütig. Länge 6—27 cm.

Blütenstiele 4—25 mm lang.

Hüllblätter weisslich-gelb, aus eiförmiger Basis pfriemlich, 4—8 mm lang, das unterste zuweilen länger.

Kelch glockenförmig, aufgeblasen, geschärft-kantig, weisslich-gelb; Kanten ebenfalls blass oder nur selten undeutlich grün. Kelch 9—15 mm lang, auf $^1/_5$—$^1/_3$ eingeschnitten; Kelchzähne breit eiförmig-dreieckig, kurz zugespitzt und oft mit einem aufgesetzten Spitzchen.

Oberfläche der grünen Teile kurzhaarig-sammtig, grünlich bis graugrün. Die Haare sind dichter und länger auf der unteren, grünlichen oder graugrünen Blattfläche, den Blütenstielen, Hüllblättern und Kelchen; Haare durchschnittlich $^1/_4$ mm bis selten $^1/_3$ mm lang, gegliedert; dazwischen äusserst kurze Drüsenhärchen.

Blüten dottergelb, im Süden auch heller, wohlriechend, seltener geruchlos. Über dem Schlunde 5 orangefarbene Flecken. Saum glockig-konkav, selten fast flach; Radius desselben 4—7, selten bis 10 mm. Kronzipfel auf $^1/_5$—$^1/_4$ ausgerandet. Kronröhre so lang bis $1^1/_4$ so lang als der Kelch.

Staubkolben der kurzgriffligen Blüten wenig unter dem Schlunde.

Fruchtkapsel oval, halb so lang als der Kelch.

P. veris α officinalis Linné spec. plant. I p. 143.

P. officinalis Jacquin Misc. austr. I p. 159. — Duby p. 36. — Koch p. 674. — Gr. Godr. p. 480. — Rchb. fil. t. 49 p. 41. — Pax p. 109. — Fl. ital.

P. veris Lehm. p. 27. — Rchb. p. 401.

Verbreitung von *P. officinalis* mit den Varietäten. Fast durch ganz Europa, mehr auf trockenen Lokalitäten, von der Ebene bis 1800 m ü. M. (v. v.). Gebirgige Gegenden des nördlichen Portugal und nordöstlichen Spanien (viel seltener im zentralen und südlichen Spanien), Frankreich (selten im Mittelmeergebiet), England, Niederlande, Skandinavien (v. s.) mit Ausschluss von Lappland, Dänemark, Deutschland (v. v.), Schweiz (v. v.), österreichische Monarchie (Cisleithanien und Transleithanien) (v. v.), im gebirgigen Oberitalien (v. v.) und auf den Apenninen bis in die Abruzzen, Thracien, im mittleren und südlichen Russland.

Var. **pannonica** Kerner (S. 125).

Blattspreite oval oder länglich, meist ziemlich allmählich in den geflügelten Blattstiel verschmälert, auf der unteren Fläche graufilzig oder fast weisslich. Haare nicht oder wenig verzweigt, bis $^2/_5$ mm lang, dicht mit einander verflochten. Kronsaum im allgemeinen etwas flacher als bei der Hauptart, Radius 4—11 mm. — Sonst alles wie bei *P. officinalis*.

P. pannonica Kerner Schedae ad floram exsic. austro-hung. p. 46.

P. veris β inflata Rchb. p. 401.

P. inflata (non Lehmann) Kerner Österr. bot. Zeitschrift 1875 p. 16.
P. officinalis var. *inflata* Pax p. 110.

Vertritt nach Kerner die Hauptart in Ungarn, wo *P. officinalis* mangelt. Häufig in Niederosterreich, und überdem zerstreut im Gebiete der *P. officinalis* und *P. Columnae*, so: Steiermark (Pleschkogel v s.), Garchinger Heide bei München (v. v.), Cottische Alpen (v. s.), Seealpen (v v.), Apenninen (v. s.), Griechenland (v. s.).

Subsp. **P. Columnae** Tenore (S. 126).

Blattspreite meist eiförmig, selten länglich-oval, herzförmig, seltener abgerundet, plötzlich in den schmalgeflügelten oder ungeflügelten Blattstiel verschmälert, auf der unteren Fläche weiss- und dicht filzig. Haare lang, verzweigt, verbogen und sehr dicht miteinander verflochten. Kronsaum im allgemeinen etwas flacher als bei der Hauptart, Radius 5—12 mm. Sonst alles wie bei *P. officinalis*.

P. Columnae Tenore, Fl. Napol. I p. 54 t. 13.
P officinalis var. *Columnae* Pax p. 110.
P. suaveolens Bertoloni Journal de bot. de Paris 1813 p. 76, fl. ital. II. p. 375. — Lehm. p. 25. — Rchb. fil. p. 41 t. 50. — Koch p. 674. — Fl. ital.
P. veris γ suaveolens Rchb. p. 401.
P. officinalis var *suaveolens* Gr. Godr. p. 448.

Im Süden von Europa: Spanien, Pyrenäen (v. s.), südlichstes Frankreich, Seealpen (v. v.), Apenninen (v. s.), Solothurn in der Schweiz (v s.), Istrien (v. s.), Kroatien (v. s.), Bosnien, Serbien, Montenegro, Türkei und Griechenland (v. s.).

Var. **Tommasinii** Gr. Godr. (S. 126).

Kronsaum schwefelgelb (wie bei *P. elatior*) mit 5 orangefarbenen Flecken, fast flach. Sonst ganz wie *P. Columnae*.

P. Tommasinii Grenier et Godron p. 449. — Rchb. fil. p. 41 t. 61. — Fl. ital.

Mte. Maggiore bei Fiume (v. s.) und Pic de l'Hiéris in den Pyrenäen (nach Gr. Godr.).

Die 4 Formen *officinalis*, *pannonica*, *Columnae* und *Tommasinii* gehen durch unmerkliche Übergänge in einander über, so dass man manche Pflanzen ebenso gut zu der einen als zu der andern stellen kann.

Die Grösse und Form der Blumenkrone soll nach Kerner bestimmte Verschiedenheiten zeigen, der Durchmesser des Saumes betrage bei

P. officinalis androdynam. Bl. 9—11 mm, gynodynam. Bl. 10—12 mm.					
P. pannonica	»	» 12—15 »	»	» 14—16 »	
P. Columnae	»	» 14—18 »	»	» 15—19 »	

Diese Grössenverschiedenheiten rühren nach Kerner vorzüglich von der Form der Blumenkrone her, indem dieselben bei *P. officinalis* am engsten, bei *P. suaveolens* am weitesten ist, ebenso sind die gynodynamen

Blumenkronen bei der gleichen Form etwas weiter als bei der androdynamen.

Was die wahre Grösse der Blumen, d. h. die Länge der Kronzipfel
oder mit anderen Worten der Radius von der Mitte des Schlundes bis
zur Spitze der Zipfel betrifft, so finde ich sie bei den verschiedenen
Varietäten ziemlich zwischen den nämlichen Grenzen wechselnd, und ich
finde ferner, dass in der nämlichen Gegend ohne Rücksicht auf die
Bekleidung der unteren Blattfläche die Form und Grösse der Blüten im
allgemeinen die nämliche ist. So kommt auf der Garchinger Heide bei
München mit Rücksicht auf das Indument der unteren Blattfläche *P. pannonica* vor, welche die gleichen Blüten hat wie *P. officinalis* auf anderen
Standorten in der Umgegend. So haben ferner *P. officinalis, P. pannonica*
und *P. Columnae* in Valdieri und Limone beim Col di Tenda die nämlichen Blüten.

Kerner vereinigt *P. Columnae* und *P. Tommasinii*, indem die Form-
unterschiede der Blumenkrone durch die Verschiedenheit zwischen androdynamen und gynodynamen Blüten erklärt werden. Dies stimmt nicht
mit den Beobachtungen, die Dr. Correns auf mein Ansuchen auf dem
Mte. Maggiore bei Fiume anstellte. Derselbe schickte mir zahlreiche
Pflanzen und teilte mir mit, dass daselbst gemischt zwei Formen vorkommen, die nur durch die Blüten verschieden und durch zahlreiche
Übergänge verbunden sind. Die eine hat glockenförmige, dottergelbe
Blumenkronen, genau wie *P. officinalis*, nur etwas ansehnlicher und etwas
weniger konkav, ist also *P. Columnae*, die andere hat etwas grössere,
flache oder fast ganz flache, schwefelgelbe Kronen wie *P. elatior*, ist also
P. Tommasinii. In beiden Blüten befindet sich der nämliche eckige Ring
von demselben orangefarbenen Ton, welcher in den hellen Blüten viel
stärker absticht. Beide Formen kommen androdynam und gynodynam
vor und können somit nicht als die Geschlechtsverschiedenheiten einer
und derselben Pflanze aufgefasst werden. — Dass diese Verhältnisse früheren
Beobachtern nicht so deutlich entgegengetreten sind, mag daher rühren,
weil die Glieder der Übergangsreihe häufiger vorkommen als die Endglieder, welche neben jenen numerisch sehr zurücktreten.

Die systematische Bedeutung von *P. Tommasinii* ist mir nicht klar;
Reichenbach pat. stellt sie als *β Columnae* zu *P. elatior;* Grenier
Godron vermuten, es könnte ein Bastard sein, andere haben sie geradezu
als *P. elatior + Columnae* aufgeführt. Jedenfalls ist die Pflanze der
P. Columnae sehr nahe verwandt, und wenn sie hybriden Ursprungs sein
sollte, so wäre es ein zu *P. Columnae* zurückkehrender Bastard, der von
P. elatior bloss die Blumenkronen behalten hätte. *P. elatior* mangelt
aber auf dem Mte. Maggiore, jedenfalls auf den Standorten, welche
P. Columnae und *P. Tommasinii* inne haben. Es wären weitere Nach-
forschungen in der Richtung nach Kroatien hin, sowie überhaupt im
Gebiete der *P. Columnae* erwünscht.

9*

Hybride Primeln der Sektion Primulastrum.

P. acaulis + elatior (P. digenea Kerner).

Spreite der Laubblätter eiförmig, verkehrteiförmig, eiformig-länglich
bis länglich, plötzlich bis ganz allmählich in den geflügelten Blattstiel
verschmälert, seltener am Grunde fast herzförmig. Blütenschaft sehr kurz
bis bedeutend länger als die Blätter, 1—15 cm lang; mit den Schäften,
namentlich den kürzeren, kommen zuweilen auch aus dem Rhizom entspringende Blütenstiele vor. Blütenstiele 1—9 cm lang. Die von den
kürzesten Schäften entspringenden Blütenstiele sind ebenso lang wie die
unmittelbar aus dem Rhizom kommenden. Hüllblätter blass, aus breiterer
Basis lineal, 3—12 mm lang. Kelch walzenförmig oder etwas bauchig.
Kelchzähne oft lang zugespitzt. Oberfläche der grünen Teile: Blätter,
Schaft und Blütenstiele teils mehr wie bei *P. elatior*, teils wie bei
P. acaulis behaart. Haare oft über 1 mm lang. Blüten blassgelb (wie bei
P. acaulis) bis schwefelgelb (wie bei *P. elatior*), bald so gross wie erstere, bald
so klein wie letztere, meistens die Mitte haltend zwischen den beiden
Arten. Schlund bald mit orangegelben Flecken (wie bei *P. acaulis*), bald
mit einem grüngelben Ring (wie bei *P. elatior*). Kronsaum flach oder
fast flach, Radius desselben 7—16 mm

> *P. acaulis + elatior* Reuter, Rchb. fil p. 41.
> *P. acaulis var. caulescens* Auct.
> *P. pseudoacaulis* Schur Exsicc.
> *P. digenea* Kerner Österr. bot. Zeitschrift 1875 p. 79. — Pax p 112.
> *P. Falkneriana* Porta Exsicc. 1884
>
> *P. Anisiaca* Stapf in Schedae ad flor. exsicc. Austro-hung. IV
> p. 45 — Pax p. 112.

Schweiz: Jura am Genfersee (v. s.). Oberbayern (v. v.). Nord- und
Südtirol (v. s.). Ober- und Niederösterreich (v. s.).

Da die primären Bastarde zwischen *P. acaulis* und *P. elatior* fruchtbar sind und sich mit den Stammarten kreuzen, so ergibt sich daraus
das nämliche Verhalten aller hybriden Produkte, wie z. B. bei *P. Auricula + viscosa* und *P. glutinosa + minima*. Sie stellen eine vollkommene
Übergangsreihe zwischen den beiden Stammarten dar. Alle einzelnen
Merkmale zeigen ebenfalls diese Übergangsreihe und kommen auch in
den verschiedensten Kombinationen vor.

Ich ziehe *P. acaulis var. caulescens* (*P. pseudo-acaulis* Schur.) zur hybriden
Reihe, weil sie sich in dieselbe genau einfügt und weil sie, soviel mir
bekannt, bloss mit Bastarden vorkommt. Sie soll von *P. acaulis + elatior*
verschieden sein durch grössere Blüten und breit eiförmig-rohrigen Kelch.
Es gibt aber auch Bastarde, welche in den übrigen Merkmalen der
P. elatior schon ziemlich nahe kommen und genau die Blüten von
P. acaulis haben.

Die Kernersche Schule unterscheidet auch hier zwei hybride Arten
(Schedae ad fl exsicc. austro-hung p. 44 und Pax).

1. *P. digenea* (*subaucalis* + *elatior*). Schaft beiläufig so lang als die Blätter.

2. *P. anisiaca* (*superacaulis* + *elatior*). Neben dem Schafte noch grundständige (schaftlose) Blütenstiele.

Ich habe andere Merkmale der beiden zu ungleicher Zeit aufgestellten und beschriebenen Bastard-Arten weggelassen, da sie einander nicht widersprechen. Diese Einteilung ist künstlich, da sie Pflanzen trennt, die in allen übrigen Merkmalen vollkommen übereinstimmen.

Es folgt hier eine kurze diagnostizierte Übersicht der hybriden Formen, welche ich am Kochelsee in Oberbayern beisammen gefunden habe.

1. Blätter wie bei *P. acaulis*. Schaft sehr kurz (1—5 cm). Blütenstiele sehr lang. Blüten wie bei *P. acaulis*. Diese Form kommt auch mit grundständigen Blütenstielen vor.

2. Wie vorige, aber: Kronsaum wenig dunkler, manchmal auch etwas kleiner. Kommt auch mit grundständigen Blütenstielen vor.

3. Wie 1 und 2, aber Kronschlund mehr wie bei *P. elatior*. Kommt auch mit grundständigen Blütenstielen vor.

4. Blätter wie bei *P. acaulis*. Schaft 12—14 cm. Blütenstiele bis 3,5 cm. Blüten in Grösse und Farbe wie bei *P. acaulis* oder etwas kleiner. Schlund hingegen wie bei *P. elatior*. Kommt auch mit grundständigen Blüten vor.

5. Blätter mehr wie bei *P. elatior*, Schaft so lang als die Blätter, Blütenstiele bis 5 und 6 cm lang. Blätter mehr wie bei *P. acaulis*.

6. Blätter wie bei *P. elatior*, eiförmig, plötzlich in den Blattstiel verschmälert. Schaft so lang als die Blätter, Blütenstiele wenig länger als bei *P. elatior* (ca. 2 cm), Blüten gross, ganz wie bei *P. acaulis*, nur wenig dunkler.

7. Blätter länglich bis eiförmig, allmählich oder plötzlich in den Blattstiel verschmälert. Schaft so lang oder wenig kürzer als die Blätter, Blütenstiele kurz. Blüten wie bei *P. acaulis*, nur etwas kleiner.

8. Pflanze ganz wie bei *P. elatior*, aber Blüten heller und Schlund mehr orange.

9. Wie vorige, aber Blüten gross, hellgelb. Schlund wie bei *P. elatior*.

10. Blätter mehr allmählich verschmälert. Schaft sehr lang. Blüten so klein wie bei *P. elatior*, aber heller.

Bei der Charakterisierung der Formen dieser Aufzählung habe ich die Behaarung weggelassen, weil dieselbe wenig verschieden und sehr variabel ist.

Ich habe übrigens nur solche Formen aufgenommen, die sich in frischem Zustande gut unterscheiden liessen, und die Zwischenformen zwischen denselben weggelassen. Da ich nur eine einzige Exkursion nach Kochel unternommen habe, zweifle ich nicht, dass bei weiteren Besuchen noch mehr Formen aufgefunden werden könnten.

Porta in Sched. unterscheidet eine *P. Falkneriana*. Blätter und Schaft mehr wie bei *P. elatior*, Blüten wie bei *P. acaulis*. Hierher gehören meine Formen 5, 6, 7.

P. acaulis + officinalis (P. variabilis Goup.).

Spreite der Laubblätter eiförmig, eiförmig-länglich oder länglich, allmählich oder plötzlich in den geflügelten Blattstiel verschmälert, am Rande unregelmässig gezähnt. Schaft 1—15 cm lang, meist ungefähr so lang als die Blätter; mit den Schäften kommen selten auch aus dem

Rhizom entspringende, lange Blütenstiele vor. Blütenstiele, die von einem Schaft getragen werden, 1—8 cm, die aus dem Rhizom entspringenden bis 10,5 cm lang. Hüllblätter aus eiförmiger Basis pfriemlich, 5—11 mm lang. Kelch meist blass, seltener mit schwachen, grünen Streifen auf den Kanten, etwas glockenförmig und aufgeblasen, oder walzenförmig, 12—18 mm lang, auf $^1/_4$—$^1/_3$ eingeschnitten. Kelchzähne dreieckig, kurz zugespitzt bis lanzettlich mit langer Spitze.

P. acaulis + officinalis.

P. brevistyla D. C. Fl. franc. V p. 383. — Rchb. fil. p. 41 t. 62. — Kerner Österr. bot. Zeitschrift 1875 p. 77. — Pax p. 112.

P. variabilis Goupil, Ann. soc. Paris 1825 p. 294. — Gr. Godr. p. 448.

P. intermedia Facch. Fl. v. Südtirol p. 19 (ex Kerner).

P. flagellicaulis Kerner, Österr. bot. Zeitschrift 1875 p. 79. — Pax l. c.

Frankreich sehr verbreitet und häufig (v. s.). Westschweiz (v. s.). Nord- und Südtirol (v. s.). Gebirge der Lombardei: Sasso di Ferro am Lago maggiore (v. v.). Alpen von Venetien. Nieder-Österreich (v. s.). Skandinavien (v. s.).

P. officinalis scheint, wie sie systematisch der P. acaulis ferner steht als P. elatior, ebenso eine geringere geschlechtliche Affinität zu P. acaulis zu haben. Am Kochelsee wenigstens, wo P. officinalis, P. elatior und P. acaulis miteinander vorkommen, fand ich eine Menge P. acaulis + elatior, aber nicht ein Exemplar von P. acaulis + officinalis. Gleichwohl sind die primären Bastarde fruchtbar und kreuzen sich mit den Stammarten und den abgeleiteten Bastarden. Dadurch entsteht eine Bastardreihe zwischen P. acaulis + officinalis, ganz ähnlich wie P. acaulis + elatior, nur vielleicht mit dem Unterschiede, dass, während bei P. acaulis + elatior die rhizomständigen Blütenstiele nicht gerade selten vorkommen, dieselben bei P. acaulis + officinalis dagegen selten zu sein scheinen.

Für die Bastardreihe stelle ich mit den französischen Autoren den Namen P. variabilis Goupil voran, weil der frühere P. brevistyla D. C. auf einem unrichtigen Urteil beruht.

Kerner l. c. unterscheidet 2 hybride Arten:

1. P. brevistyla (subacaulis + officinalis). Der Schaft so lang oder wenig länger als die mit ihm gleichzeitig entwickelten grundständigen Blätter. Die Inflorescenz 5—13 blütig, die längsten Blütenstiele $^1/_4$—$^1/_2$ so lang als der Schaft. Schaft und Blütenstiele dicht flaumig von abstehenden Härchen, die aber nicht länger sind als der Querdurchmesser der Blütenstiele. Kelchzipfel halb so lang als die Kelchröhre.

2. P. flagellicaulis (superacaulis + officinalis). Der Schaft kürzer als die mit ihm gleichzeitig entwickelten grundständigen Blätter, die Inflorescenz 2—7 blütig, die längsten Blütenstiele $^1/_2$—2 mal so lang als der Schaft. Die Haare des Schaftes und der Blütenstiele weniger reichlich, aber mehr verlängert als jene der P. brevistyla und immer etwas länger als der Querdurchmesser der Blütenstiele. Kelchzipfel fast so lang als die Kelchröhre. Querdurchmesser des Kronsaumes 2 cm.

Letztere kannte K e r n e r bloss von 2 Standorten in Niederösterreich Ich besitze sie mehrfach aus Frankreich, darunter auch Exemplare, deren Blütenstiele teilweise aus dem Rhizom entspringen

Alle Varietäten von *P. officinalis* bastardieren sich mit *P. acaulis*. Es gibt also noch *P. acaulis + pannonica, P. acaulis + Columnae* und *P. acaulis + Tommasinii.* Die Unterschiede zwischen diesen Bastarden untereinander und zwischen ihnen und *P. acaulis + officinalis* sind analog denjenigen zwischen den Stammeltern. Sie nehmen ab, je mehr sich die Bastarde der *P. acaulis* nähern, und verschwinden zuletzt. Sie nehmen zu, je mehr sich die Bastarde dem andern der Stammeltern nähern, und erlangen zuletzt die volle Grösse. Ich halte deshalb eine Beschreibung jeder einzelnen Form für überflüssig.

b) *P. a c a u l i s + p a n n o n i c a (P. a u s t r i a c a* Wettstein).

P. a c a u l i s + p a n n o n i c a, P a c a u l i s + i n f l a t a.

P. a u s t r i a c a Wettstein in Schedac ad Fl. austro-hung. IV p. 49 — Pax p. 113.

Unterösterreich.

c) *P. a c a u l i s + C o l u m n a e (P. t e r n o v i a n a* Kerner).

P. acaulis + Columnae, P. acaulis + suaveolens.

P. t e r n o v i a n a Kerner Österr bot. Zeitschrift 1869 und 1875 p. 77 — Pax p. 113.

P bosniaca Beck, Fl. v. Süd-Bosnien p. 126.

P. Schmidelyi Gremli.

P Brandisii (superacaulis + Columnae) Wiesbaur Österr. bot. Zeitschrift 1882 p. 282

P. travniensis (supercolumnae + acaulis) Wiesbaur l. c.

Görz bei Triest, Mte. Maggiore (v. s.). Solothurn in der Schweiz. Cottische Alpen in Piemont (v. s.).

d) *P. a c a u l i s + T o m m a s i n i i.*

Mte. Maggiore bei Fiume (v. s.) leg. Correns.

P. elatior + officinalis (P. media Peterm.).

Die beiden Stammarten kreuzen sich selten, und es sind nicht viele unzweifelhafte Bastarde bekannt, obgleich *P. elatior* und *P. officinalis* auf der Nordseite der Alpen in einer breiten Zone beisammen wachsen. So sind sie in den Umgebungen Münchens und in der nördlichen Schweiz sehr häufig; sie grenzen daselbst entweder bloss aneinander, indem *P. officinalis* die mageren, trockenen und mehr sonnigen, *P. elatior* die feuchteren oder fetteren und mehr schattigen Stellen bewohnt, oder sie wachsen auf mittleren Standorten durcheinander. Gleichwohl war es mir weder hier noch im niederen Gebirge möglich, eine hybride Pflanze aufzufinden, und wenn auch in diesen Gebieten Bastarde gebildet werden, so müssen sie jedenfalls äusserst selten sein. Ich kenne daher *P. elatior + officinalis* bloss aus getrockneten Exemplaren.

Die Unterschiede zwischen den beiden Stammarten sind ziemlich gering und beruhen, da Grösse und Habitus die nämlichen sind, in Gestalt und Farbe der Blüten, in der Form der Kelche und in der Behaarung. An getrockneten Exemplaren, an denen die Merkmale der Blüte mehr oder weniger verloren gehen, kann man nicht mehr als einen in der Mitte stehenden Bastard unterscheiden. Von den nach der einen oder andern Seite sich annähernden Formen lässt sich nicht mit Sicherheit entscheiden, ob sie hybrid sind oder einer Stammart angehören. An frischen Exemplaren mag dies leichter sein wegen der bestimmteren Feststellung der Gestalt und Farbe der Blüten. Immerhin mangelt bei getrockneten, sowie bei frischen Exemplaren der in der Frucht beruhende Hauptunterschied zwischen *P. elatior* und *P. officinalis.* Da mir die Kenntnis der frischen Exemplare abgeht, so unterlasse ich es, eine Beschreibung des Bastardes zu geben.

Unter den Stammarten erkennt man *P. elatior + officinalis* durch eine mehr oder weniger mittlere Bildung in der Form und Farbe der Blumenkrone, im Kelch und in der Behaarung der grünen Teile. Es dürfte auch solche Bastarde geben, die in den einen Merkmalen der *P. elatior*, in den anderen der *P. officinalis* gleichen, wie es *P. acaulis + officinalis* gibt, welche die Blüten von *P. acaulis* hat, in den übrigen Organen aber mehr *P. officinalis* ist. Durch Kultur wird zu ermitteln sein, wie sich die Fruchtkapsel beim Bastarde verhält.

P. elatior + officinalis.

P. media Petermann Fl. lips. (1838) p. 77. — Kerner Österr. bot. Zeitschrift 1875 p. 80. — Pax p. 112.

P. aleutrensis Porta in Sched. *P. leudrensis* in Sched.

Holstein, Thüringen, Sachsen, Schlesien, Unterösterreich (v. s.), Oberbayern, Nord- und Südtirol (v. s.), Schweiz (v. s.), Frankreich, Skandinavien (v. s.).

Ob alle geographischen Angaben richtig seien, muss ich dahingestellt lassen. Ich habe von guten Pflanzenkennern Pflanzen unter dem Namen *P. elatior + officinalis* erhalten, die ich nicht von einer der beiden Stammarten unterscheiden konnte. Von Porta besitze ich aus den Jahren 1887 und 1888 als *P. intermedia* Peterm. Pflanzen aus dem Ledrothal, die der *P. officinalis* äusserst nahe stehen, aus den gleichen Jahren ebenfalls vom Ledrothal unter dem Namen *P. Aleutrensis* Pflanzen, die von einer kleinen *P. elatior* kaum zu unterscheiden sind. Pax sagt von *P. leudrensis* Porta Exsicc. 1883, sie nähere sich mehr der *P. officinalis.*

Von den möglichen Bastarden von *P. elatior* mit den Varietäten von *P. officinalis* ist nur einer beschrieben worden.

　　　b) *P. elatior + pannonica* (*P. fallax* Richter).

P. elatior + pannonica = P. elatior + inflata (nach Pax p 112).

P. fallax Richter botan. Zentralblatt XXX (1887).

Unterösterreich (v. s.).

Conspectus systematicus

specierum europaearum generis

Primula e

hybridis exceptis.

I. Auriculastrum.

Folia vernatione involutiva, plus minus carnosa, levia, stomata superficiei superioris numerosa, inferioris pauca vel nulla. — Calyx haud angulosus, haud costatus. — Flores rosei vel violacei vel lutei, heterostyli,
antherae circiter corollae tubi dimidio a stigmatibus distantes. Corollae
faux non plicata. — Bracteae involucrales breves vel longulae, ovales vel
lineares. — Capsula brevis, globosa vel ovalis. — Glandulae fariniferae
vel deficientes, vel praecipue ad superiores partes plantae exstantes. —
Rhizoma lignosum. —

Incolae montium mediae Europae meridionalisque, excepta *P. Palinuri.*

A. Luteae. Flores lutei, faux tubusque interior corollae limbo
concoloria, limbus ample infundibuliformis, sensim in tubum angu-
status.

Typ. I. Spec. 1. **P. Auricula** *L.* Rhizoma fruticulosum. — Folia
subcarnosa, obovata, dentata vel integra, limbo cartilagineo, manifesto cincta. — Partes virides plantae pilis glanduliferis, minutis
(plerumque $^1/_{10}$—$^1/_6$ mm longis) obsitae, in superficie foliorum
raris, ad margines eorum, ad bracteas, ad calyces copiosioribus,
glandulae decolores. Farina nunc in tota plantae superficie, nunc
in summa tantum planta, nunc solum in interiore calycis superficie et in fauce corollae. — Bracteae involucrales breves, pedunculis aliquoties breviores. — Calyx brevis (2—6,5 mm longus),
corollae tubo accumbens. — Flores lutei, illis subspeciei plerumque dilutius tincti. Antherae florum brevistylorum in fauce
corollae vel $^1/_3$ tubi infra faucem sitae. — Syn: P. lutea Vill.

In montibus Europae mediae. In Silva nigra, monte Jura, in
Apennino, Aprutianis, praecipue in Alpibus Delphin., Sabaud.,
Pedem., Lombard., Venet., Helvet., Bavar., Tirol., Salisb., Austr.,

Styr., Carinth., Carn., in Carpathis Hungariae et Transsilvaniae, in Croatia. Serbia 450—2500 m s. m. — Calcicola. — (v. v.)

Var. **albocincta.** Margo foliorum farina alba tectus. — *P. Auricula v. marginata Kern.* — In radicibus alpium meridionalium rarius. — (v. v.)

Var. **nuda.** Farina tantummodo superficiem interiorem calycis obtegens. — In montibus dolomiticis Tirolis. — (v. v.)

Var. **monacensis.** Folia angusta, paulo usque ad triplum latiora petiolo lato. — Planta farinosa vel viridis. — In uliginosis prope Monachium, relicta ex tempore glaciali, 520 m s. m. — (v. v.)

Subspec. **P. Balbisii Lehm.** Partes virides plantae farina carent. Pili glanduliferi longiores (ad ¹/₃ mm longi), ad foliorum margines densi, in superficie foliorum et in superioribus plantae partibus interdum rariores. — Flores saturate lutei. — Syn: *P. ciliata Mor.* P. Auricula v. ciliata Kch. In montibus Tirolis australis, in Venetia et in Apennino. — (v. s.)

Typ. II. Spec. 2. **P. Palinuri Pet.** Rhizoma fruticulosum, praelongum. — Folia crassa, subcarnosa, obovata vel oblonga, vix cartilagineo-marginata, dentata, dentibus plerumque acutis, inter se approximatis. — Partes virides plantae pilis glanduliferis minutis (plerumque ¹/₁₀ usque ad ¹/₆ mm longis) vestitae, superiores (scapus, pedunculi, bracteae, calyces potissimum) farina obtectae. — Bracteae involucrales foliaceae, pedunculos aequantes vel superantes. — Calyx longulus (5—9 mm), dentes corollae tubo accumbentes. — Antherae florum brevistylorum in fauce tubi sitae. — Capsula calycem aequans vel paulo superans.

In promontorio Palinuri Italiae. — (v. s. et vc.)

B. *Purpureae Brevibracteae.* Flores rosei, lilacini vel violacei. — Bracteae involucrales breves, late obovatae vel ex lata basi oblongae, pedunculis duplo vel aliquoties breviores, infima raro longior et foliacea. — Laciniae corollae ad ¹/₄, rarius ¹/₃ emarginatae. — Calyx plerumque brevis. — Plantae plerumque multiflorae. — Stomata in inferiore foliorum superficie minus numerosa quam in superiore, raro etiam nulla.

Typ. III. Spec. 3. **P. marginata Curt.** Rhizoma fruticulosum, praelongum (ad 30 cm). — Folia caesio-viridia, haud cartilagineo-marginata, oblonga vel obovata, sensim in petiolum brevem angustata, apice acuto vel obtuso vel rotundato, toto margine abunde dentata, dentibus angustis, inter se approximatis. — Prima aetate tota fere planta, rhizomate excepto, glandulis fariniferes obsita, serius glabra, margo tantum foliorum linea alba farinosa cinctus. — Scapus saepe foliis longior, 2—19-florus. — Pedunculi longi. — Calycis dentes corollae tubo adpressi. — Flores caeruleo-lilacini, rarius rosei, faux et tubus interior corollae limbo concoloria. Limbus late infundibuliformis, a tubo non manifeste distinctus. Radius limbi circiter 7—14 mm longus. Farina in corollae fauce copiosa. Antherae florum brevistylorum in fauce vel paulo infra sitae. — Capsula multo vel rarius paulo longior calyce. — Syn: P. Auricula All. *P. crenata Lam.* P. microcalyx Lehm.

In Alpibus Delphinatus et Pedemontii. 800—2000 m s. m. — Calcicola. — (v. v.)

Typ. IV. Spec. 4. **P. carniolica Jacq.** Rhizoma multiceps. — Folia subviridia, margine cartilagineo cincta, saepe undulata, obovata vel elliptica vel oblongo-lanceolata, sensim in petiolum saepe longum angustata, rarius paene subito contracta, apice rotundato vel obtuso vel acuto, integerrima vel repanda, rarius repando-dentata, glaberrima, interdum in margine pilis glanduliferis raris, brevissimis (circiter ¹/₇ mm longis) sparsa. — Scapus foliis multo longior, 1—8-florus. — Pedunculi longi. — Calycis dentes corollae tubo subadpressi. — Flores roseo-lilacini, faux tubusque interior limbo-corollae concoloria. Limbus late infundibuliformis, a tubo non manifeste distinctus. Radius limbi 5—12 mm longus. Faux corollae farinosa. Antherae florum brevistylorum in fauce vel paulo infra sitae. — Capsula vulgo dimidio, rarius paulo longior calyce. — Syn: P. integrifolia Scop. P. Freyeri Hladn. P. multiceps et Jellenkiana Freyer.

In montibus circa Idriam Carniae. Circiter 1100 m s. m. — Calcicola. — (v. s. et vc.)

Typ. V. Spec. 5. **P. latifolia Lap.** Rhizoma fruticulosum, longum (ad 20 cm). — Folia subviridia, subflaccida, olentia, haud cartilagineo-marginata, ovalia, rotundo-ovalia, oblongo-cuneata vel lanceolato-cuneata, in petiolum plerumque longum sensim angustata vel rarius contracta, apice rotundato vel acuto, a medio margine vel supra medium ad apicem versus acuto-dentata vel repando-denticulata vel integerrima, superficies margoque pilis glanduliferis brevibus (¹/₈—¹/₄ mm longis) densius tecta. Glandulae parvulae, decolores, exsiccando chartam non rubefacientes. — Scapus plerumque foliis longior, 1—25-florus. — Pedunculi plerumque longi. — Calycis dentes corollae tubo adpressi. — Flores secundi, nutantes, violacei vel rubro-violacei, faux tubusque interior corollae limbo concoloria. Limbus infundibuliformis, a tubo non manifeste distinctus. Radius limbi c. 7—10 mm longus. Farina in corollae fauce rara, necnon parcissima in calyce. Antherae florum brevistylorum in fauce vel paulo infra sitae. — Capsula calyce vix vel dimidio longior. — Syn: *P. viscosa All. part.* P. hirsuta Vill. *P. graveolens Hegetschw.*

In Pyrenaeis et Alpibus Delphin., Sabaud., Pedem., Lombard., Rhaet., Tirol. confinis. 650—2800 m s. m. — Graniticola et schisticola. — (v. v.)

Var. cynoglossifolia. Folia ovalia vel oblonga, integerrima. — In Alpibus maritimis (Pedem.). — (v. v.)

Var. cuneata. Folia oblongo vel lanceolato-cuneata. — In Alpibus rhaeticis. — (v. v.)

Typ. VI. Spec. 6—11. Rufiglandulae. Rhizoma brevius, minus fruticosum quam specierum antecedentium. — Folia haud cartilagineo-marginata. — Tota stirps glanduloso-villosa, nusquam farinosa, glandulae vel vivae rufae vel exsiccando chartam rubefacientes. — Flores rosei vel lilacini vel purpurei, faux alba pilisque glanduliferis brevibus vestita. Limbus major, postremum planus, a tubo manifeste distinctus. Radius limbi 5—15 mm longus. Antherae florum brevistylorum in medio tubo vel supra medium tubum, nunquam in ejus fauce sitae. — Capsula nunc calycis dimidium aequans nunc paulo eum superans. — Graniticolae et schisticolae.

Spec. 6. P. pedemontana Thom. Folia obovata vel lanceolato-oblonga, sensim, rarius paene subito in petiolum angustata, integerrima vel repando-dentata, rarius manifeste dentata, superficies fere glabrae, margo pilis glanduliferis brevissimis (^{1}/$_8$ — ^{1}/$_4$ mm longis) dense obtectus. Glandulae majusculae, cinnabarinae vel rarius purpureae. — Scapus foliis plerumque longior, 1—25-florus. — Pedunculi breviusculi vel longiusculi. — Calycis dentes corollae tubo subadpressi. — Capsula calycem aequans. — Syn: P. glandulosa Bonj. P. villosa β glandulosa Duby. P. viscosa All. var. pedemontana Arcang.

In Alpibus Pedemontii et Sabaudiae confinis. 1400—2600 m s. m. Falso Helvetiae Lombardiaeque incola tribuitur. — (v. v.)

A ceteris Rufiglandulis foliis paene nitidis et rubro-marginatis glandulisque brevissime stipitatis semper fere primo aspectu discernitur.

Spec. 7. P. apennina sp. n. Folia oblonga vel ovalia, integra vel ad apicem versus dentata, dentibus parvis inter se approximatis, superficies margoque pilis glanduliferis brevibus (^{1}/$_{20}$ — ^{1}/$_8$ mm longis) obsitae. Glandulae majusculae, purpureae. — Scapus foliis paulo vel duplo longior. — Pedunculi breviusculi (3—10 mm longi). — Calycis dentes corollae tubo subadpressi. — Capsula calyce ^{1}/$_3$ — ^{1}/$_6$ brevior.

In Apennini septentrionalis monte Orsajo. — (v. s.)

Habitu similis specimini macro P. pedemontanae necnon P. viscosae.

Spec. 8. **P. oenensis Thom.** Folia nunc oblongo-vel lanceo-lato-cuneata, nunc obovata, rarius subrotunda, modo sensim in petiolum angustata, modo fere subito contracta, apice rotun-dato vel truncato, a medio margine vel ad apicem versus dentata, dentibus parvis, inter se approximatis, nunquam om-nino integra, superficies margoque pilis glanduliferis brevibus ($^1/_6$—$^1/_3$ mm longis) dense obsitae. Glandulae majusculae, rufae vel rarius purpureae. — Scapus foliis plerumque longior, 1—7-florus. — Pedunculi breves (1,5—5 mm longi). — Calycis dentes corollae tubo adpressi. — Capsula calycem aequans. — Syn: *P. daonensis Leyb.* P. Stelviana Vulp. P. cadinensis Port. P. Plantae Brügg.

In alpibus Lombardiae, Tirolis meridionalis et occidentalis, Helvetiae maxime orientalis. 1600—2800 m s. m. — (v. v.) Ceteris Rufiglandulis humilior.

> Var. **Judicariae.** Folia cuneata, grosse dentata, apice non truncato. — Planta major. — In monte Magiassone Judicariae. — (v. s.)

Spec. 9. **P. villosa Jacq.** Folia obovata vel oblonga, rarius oblongo-lanceolata, sensim in petiolum plerumque brevem angustata, rarius paene subito contracta, apice obtuso vel rotundato, rarius subtruncato, a medio margine vel ad apicem versus dentata, dentibus parvis, inter se approximatis, nonnun-quam integerrima, superficies margoque pilis glanduliferis lon-giusculis ($^1/_4$—$^1/_2$, rarius $^3/_4$ mm) densius tecta. Glandulae parvae, rubrae. — Scapus plerumque foliis longior, 1—12-florus. — Pedunculi breves (1—7 et 9 mm longi). — Calycis dentes corollae tubo adpressi vel paulo distantes. — Capsula calycem plerumque paulo superans. — Syn: —.

In Alpibus Styriae et Carinthiae frequens. 1600—2200 m s. m. — (v. v.)

> Var. **norica Kern.** Folia pilis brevioribus parcius tecta, plerumque truncata et angusta. — In montibus a fluvio Murr ad meridiem versus, ab alpe Zirbitz ad occidentem spectantibus. — (v. s.)

Subspec. **P. commutata Schott.** Folia tenuiora, plerumque oblonga, longe petiolata, minus dense villosa, dentibus saepe inaequalibus, grossis, magis distantibus. — Capsula calyce plerumque paulo brevior. — Prope castellum Herber-stein Styriae. 400 m s. m. — (v. s. et vc.)

Spec. 10. **P. cottia Widm.** Folia obovata vel late ovalia, rarius oblongo-lanceolata, sensim in petiolum angustata, raro fere subito contracta, apice obtuso vel acuto, a medio mar-gine, rarius in toto fere margine dentata, superficies margoque pilis glanduliferis ($^1/_3$—$^3/_4$ mm, rarius 1 mm) longis densissime obsitae. Glandulae parvae, rubicundae. — Scapus plerumque foliis longior, 2—11-florus. — Pedunculi breves (2—7 et 9 mm longi). — Calycis dentes corollae tubo subadpressi vel paulo distantes. — Capsula calyce paulo longior.

In Pedemontii Alpibus cottiis. 1600 — 2000 m s. m. — (v. s. et vc.)

P. cottiam P. villosae ac P. commutatae, quibus habitu et characteribus ceteris proxime accedit, varietatis loco subjungere non audeo, quia ejus stationes ab illarum patria latis regionibus, species distinctas (P. viscosam et P. oenensem) alentibus distant. Natura intima forsan arctiori vinclo cum P. viscosa connexa est, a qua differt. scapo longiore, foliis magis sensim in petiolum angustatis, pilis longioribus, glandulis magis coloratis, pedunculis brevioribus, calycis dentibus corollae tubo accumbentibus, capsula pro calyce longiore.

Spec. 11. **P. viscosa Vill.** Folia subrotunda, obovata vel ovalia, plerumque subito in petiolum longiorem aut breviorem contracta, rarius sensim angustata, apice rotundato vel obtuso, a medio margine vel in toto fere margine dentata, superficies margoque pilis glanduliferis brevibus vel longiusculis ($^1/_6$—$^1/_3$ mm) dense obsita. Glandulae parvulae, decolores vel flavae vel aureae, rarius rubicundae. — Scapus foliis brevior vel rarius paulo longior, 1 — 17-florus. — Pedunculi plerumque longi. — Calycis dentes plerumque longi, a corollae tubo distantes. — Capsula calyce $^1/_2$—$^1/_4$ brevior. — Species variabilis, tamen in Pyrenaeis, ut videtur, uniformis (folia subrotunda, scapus brevior, magni calycis dentes lati, bracteae exteriores saepe foliaceae). Alia forma memorabilis, *frigida* (P. exscapa Hegetschw,), in alpibus altissimis exstat (humilis, folia vix vel haud petiolata, scapus brevissimus, plerumque uniflorus). — Syn: *P. hirsuta All. part.* P. villosa Kch. *P. ciliata Schrk. P. confinis* et *pallida Schott.* P. exscapa Hegetsch. *P. decipiens Stein.*

In Pyrenaeis et Alpibus Delphin., Sabaud., Pedem. (solum in alp. pennin.), Lombard., Helvet., Tirol., Salisb. 200—2800 m s. m. — (v. v.)

Var. **angustata.** Folia oblonga, sensim in petiolum angustata. — In jugo Maloja Rhaetiae. — (v. v.)

Typ. VII. Spec. 12. **P. Allionii Loisl.** Rhizoma longum, suffrutescens, foliis siccis multorum annorum obtectum. — Folia subcarnosa, caesio-viridia, paulum olentia, haud cartilagineo-marginata, subrotunda vel oblonga, integra vel denticulata. — Partes virides plantae pilis glanduliferis densissime tectae, haud farinosae. Glandulae decolores. — Scapus vix 1 mm longus, 1—7-florus. — Pedunculi 2—4 mm longi. — Calyx 3—6 mm longus, dentes

corollae tubo adpressi. — Flores rosei, faux alba et pilis glanduliferis brevibus conspersa. Limbus postremum planus, a tubo manifeste distinctus. Radius limbi 6—9 mm longus. Antherae florum
brevistylorum ¹/₅ tubi infra faucem sitae. — Capsula calyce
brevior vel rarius illum aequans. — Syn: —

In rupibus Alpium Pedemontii (inter oppida Nizza et Cuneo).
700—1900 m s. m. — Calcicola. — (v. v.)

P. Allionii non potest jungi intra eandem sectionem cum
P. tirolensi, a qua differt: bracteis involucralibus brevibus, pedunculis longioribus, seminum epiderme papillosa aliisque notis.

C. *Purpureae Longibracteae.* Flores rosei, lilacini, viola-
cei vel cyanei. — Bracteae involucrales longae, lanceolatae
vel lineares, plerumque pedunculis longiores, rarius ovales vel oblongae, tum pedunculos breves multo superantes. — Laciniae corollae
ad ¹/₅—¹/₂ incisae. — Calyx plerumque longus. — Glandulae decolores, haud fariniferae. — Plantae plerumque pauciflorae. —
Stomata inferiorem superficiem foliorum deficientia.

Typ. VIII. Spec. 13. **P. tirolensis Schott.** Rhizoma suffrutescens,
foliis siccis multorum annorum obtectum — Folia subcarnosa,
obscure viridia, paulum olentia, haud cartilagineo·marginata,
parva, subrotunda vel oblonga, fere integra vel denticulata,
dentibus cartilagineo-mucronatis. — Partes virides plantae pilis
brevibus glanduliferis dense obsitae. — Scapus 0,4—2 cm longus,
1—2-florus. — Pedunculi fere nulli. — Bracteae involucrales
lanceolatae vel lineares, plerumque dimidium calycum vel summos
calyces attingentes. — Calyx 4—7 mm longus, dentes corollae tubo
accumbentes. — Flores roseo-lilacini, faux albida, pilis glanduliferis longiusculis obtecta. Limbus late infundibuliformis, a tubo
non manifeste distinctus. Radius limbi 5—12 mm longus. Laciniae corollae ad ¹/₃—¹/₂ emarginatae. Antherae florum brevistylorum paulo vel ¹/₄ tubi infra faucem sitae. — Capsula dimidium
calycis paulo superans. — Syn: P. Allionii Kch.

In Alpibus Tirolis australis et Venetiae, ad rupes. 1000—2300
m s. m. — Calcicola. — (v. s. et vc.)

Typ. IX. Spec. 14. **P. Kitaibeliana Schott.** Rhizoma suffrutes·
cens. — Folia subglaucescentia, olentia, haud cartilagineo-marginata, magna, elliptico-ovalia vel oblongo-lanceolata, integra vel
denticulata. — Partes virides plantae pilis glanduliferis brevibus
obsitae. — Scapus foliis paulo brevior, 1—2-florus. — Pedunculi
circiter 4 mm longi. — Bracteae involucrales circiter basim caly·
cum attingentes. — Calyx 8—12 mm longus, dentes plerumque
a corollae tubo paulo distantes. — Flores rosei, faux albida,
pilis glanduliferis longiusculis obtecta. Limbus fere planus. Radius
limbi 9—13 mm longus. Laciniae corollae ad ¹/₃—¹/₂ emarginatae.

Antherae florum brevistylorum circiter ¹/₃ tubi infra faucem sitae. — Capsula dimidium calycis àequans. — Syn: P. viscosa W. K.

In Croatiae montibus et Velebit et Kapella. 350—1500 m s. m. — Calcicola. — (v s. et vc.)

Typ. X. Spec. 15. **P. integrifolia L.** Rhizoma breve. — Folia mollia, laete viridia, nitida, haud cartilagineo-marginata, semper integerrima, elliptica vel oblonga, pilis glanduliferis (usque ad ³/₅ mm) longis, articulatis sparse tectae. — Scapus brevior vel duplo longior foliis, 1—3-florus. — Pedunculi fere nulli. — Calyx 5—9 mm longus, dentes obtusi vel rotundati, corollae tubo subadpressi. — Bracteae involucrales basim calycum semper superantes, rarius summos calyces attingentes. — Flores sordide roseo-lilacini, faux pilis glanduliferis longis obtecta, et ea et tubus interior limbo concolor. Limbus late infundibuliformis. Radius limbi 8—13 mm longus. Laciniae corollae ad ¹/₄—²/₅ emarginatae. Antherae florum brevistylorum circiter ¹/₂ tubi infra faucem sitae. — Capsula ¹/₃—¹/₂ calycis aequans. — Syn: *P. Candolleana Rchb*

In pratis alpinis Pyrenaeorum, Helvetiae orientalis, regionis »Vorarlberg« dictae et Tirolis confinis. 1500—2500 m s. m. — Calcicola et schisticola. — (v. v.)

Typ. XI. Spec. 16—19. **Cartilagineo-marginatae.** Plantae speciosae. — Rhizoma multiceps. — Folia coriaceo-carnosa, rigidula, nitida, integerrima, margine cartilagineo manifesto cincta, glabra vel ad margines pilis glanduliferis brevibus sparsa. — Partes superiores virides plantarum vel glabrae vel pilis glanduliferis minutis sparsae. — Pedunculi 2—30 mm longi. — Bracteae involucrales lineares. — Flores rosei vel lilacini, faux pilis glanduliferis brevibus sparsa, et ea et interior corollae tubus albidus. Antherae florum brevistylorum ¹/₆—¹/₃ tubi infra faucem sitae. — Calcicolae.

Spec. 16. **P. Clusiana Tausch.** Folia haud punctata margine cartilagineo angusto cincta, laete virida, ovalia vel oblongo-ovalia, apice rotundato, obtuso vel acuto. — Partes virides plantae, excepta foliorum superficie, pilis glanduliferis brevibus (usque ad ¹/₅ mm longis) obsitae. — Scapus 1—4-florus. — Pedunculi plerumque 1—10 mm longi. — Bracteae involucrales plerumque longiores pedunculis. — Calyx 7—14 mm longus, dentes ovales, semper fere obtusi, a corollae tubo paulo distantes. — Flores rosei. Limbus late infundibuliformis. Radius limbi 10—20 mm longus. Laciniae corollae ad ²/₅—¹/₂ incisae. — Capsula circiter dimidium calycis attingens. — Syn: P. integrifolia L. part. Jacq. P. glaucescens Rchb. P. spectabilis α ciliata Kch.

In Alpibus Bavariae orientalis, Salisburgiae, Styriae septentrionalis. 650—2200 m s. m. — (v. v.)

Spec. 17. **P. Wulfeniana Schott.** Folia haud punctata, margine cartilagineo lato cincta, glaucescentia, elliptica vel oblonga, apice acuto, glabra, margo foliorum pilis glanduliferis minutis (usque ad $^1/_{30}$ mm longis) obtectus, sicut calyces. — Scapus 1—3-florus. — Pedunculi 2—8 mm longi. — Bracteae involucrales plerumque pedunculis longiores. — Calyx 7—14 mm longus, dentes obtusi, corollae tubo adpressi. — Flores roseo-lilacini. Limbus late infundibuliformis. Radius limbi 12—17 mm longus. Laciniae corollae ad $^1/_3$—$^2/_5$ incisae. — Capsula circiter $^3/_4$ calycis aequans. — Syn: P. glaucescens et integrifolia Rchb. part.

In Alpibus Venetiae, Carinthiae, Carniae. 1800—2100 m s. m. — (v. s. et vc.)

Spec. 18. **P. calycina Duby.** Folia haud punctata, margine cartilagineo latissimo et paulum eroso cincta, glaucescentia, lanceolata vel elliptico-lanceolata, apice acuto, glaberrima. — Partes superiores virides plantae pilis glanduliferis minutis sparsae. — Scapus 2—6-florus. — Pedunculi 2—20 mm longi. — Bracteae involucrales lineares, acutae, 5—28 mm longi, calycis dentes saepe superantes. — Calyx 8—18 mm longus, dentes lanceolati, acuti, rarius obtusi — Flores rosei vel purpurei vel liliacini. Limbus infundibuliformis. Radius limbi 12—15 mm longus Laciniae corollae ad $^1/_5$—$^2/_5$ emarginatae. — Capsula $^2/_5$—$^3/_5$ calycis aequans. — Syn: *P. glaucescens Mor.*

In montibus Lombardiae a lacu Larico usque ad regionem Judicariam. 800—2400 m s. m. — (v. v.)

Var. **longobarda Porta.** Planta minor — Calyx brevior (6—8 mm longus), dentes obtusi. — In monte Cadi dicto. — (v. s.)

Spec. 19. **P. spectabilis Tratt.** Folia pellucido-punctata, margine cartilagineo lato cincta, viridia, glutinosa, oblonga vel ovali-rhomboidea, apice acuto vel obtuso, pilis glanduliferis minimis in scrobiculos superficiei superioris foliorum insitis, ad margines foliorum sparse dispositis, sicut in partibus superioribus viridibus plantae. — Scapus 1—7-florus. — Pedunculi 2—20 mm longi — Bracteae involucrales lineares, acutae, plerumque breviores pedunculis. — Calyx 7—11 mm longus, dentes lanceolati, acuti vel obtusi, corollae tubo paulo distantes. — Flores rosei vel lilacini. Limbus late infundibuliformis. Radius limbi 11—16 mm longus. Corollae laciniae ad $^1/_4$—$^1/_3$ incisae. — Capsula $^1/_3$—$^1/_2$ calycis attingens. — Syn P. integrifolia Tsch. *P. Polliniana Mor.*

In Alpibus Tirolis meridionalis Italiaeque confinis. 500—2200 m s. m. — (v. s. et vc.)

Typ. XII. Spec. 20. **P. minima L.** Planta nana. — Rhizoma multi-ceps. — Folia subcarnosa, rigidula, nitida, haud cartilagineo-marginata, cuneata vel obtriangularia, apice truncato, rarius ar-cuato, dentibus 3—9, acuminato-mucronatis munito, glabra, margo foliorum partesque superiores virides plantae pilis glanduliferis minutis conspersae. — Scapus brevis, rarius foliorum longitudinem aequans, 1—2·florus. — Pedunculi fere nulli vel usque ad 3 mm longi. — Bracteae involucrales lanceolatae, apice acuminato vel mucronulato, plerumque paulo breviores calycibus. — Calyx viridis, 6—9 mm longus, dentibus mucronatis. — Flores rosei, faux tubusque interior corollae glanduloso-villosa, alba. Limbus latus, postremum planus, a tubo manifeste distinctus. Radius 7—16 mm longus. Laciniae corollae obcordatae, bifidae, usque ad $^2/_5$—$^1/_2$ incisae. Antherae florum brevistylorum plerumque in medio tubo sitae. — Capsula vix dimidium calycis attingens. — Syn: P. Sauteri Schultz.

In pratis alpinis Tirol., Bavar. orient., Salisb., Austr., Styr., Carinth., Ital. orient. et sept., in Sudetis et in Carpathis Hun-gariae et Transilvaniae, in montibus Serbiae, Bulgariae, Thraciae. In Alpibus 1600—2700 m s. m., in Sudetis 880—1420 m s. m. — Schisticola. — (v. v.)

Typ. XIII. Spec. 21. **P. glutinosa Wulf.** Rhizoma multiceps. — Folia subcarnosa, glutinosa, vix nitida, ad apicem versus paulum cartilagineo-marginata, superficie punctata, lanceolato-cuneata vel oblongo-lanceolata, apice obtuso vel rotundato, margo raro in-teger, plerumque denticulatus, dentibus 7—9. Folia glabra, pilis minutis, in scrobiculos superficiei superioris insitis. — Scapus plerumque dimidio longior foliis, rarius brevior, 1—6·florus. — Pedunculi fere nulli. — Bracteae involucrales ovales, apice rotun-dato, calyces aequantes vel superantes. — Calyx rubiginosus, dentes ovales, obtusi, corollae tubo adpressi. — Flores primo cyanei vel saturate violacei, serius violacei, valde olentes. Corolla supra faucem annulo obscuro praedita. Faux tubusque interior limbo dilutius tincta, pilis glanduliferis densius tecta. Limbus a tubo manifeste distinctus, infundibuliformis, angustus. Radius limbi 5—10 mm longus. Corollae laciniae usque ad $^1/_3$—$^2/_5$. in-cisae. Antherae florum brevistylorum aut in aut sub fauce sitae. — Capsula calyce paulo brevior. — Syn: —.

In pratis alpinis Helvetiae orient., Tirol. septent. et austr., Carinth., Carn., Salisb., Styr., Ital. septentr. et orient. 2000—2600 m s. m. — Schisticola. — (v. v.)

Typ. XIV. Spec. 22. **P. deorum Vel.** Rhizoma resinam olens. — Folia paulum carnosa, coriacea, rigidula, margine cartilagineo manifesto cincta, supra punctata, oblonga vel lanceolata, apice acuto, integerrima, glabra, pilis glanduliferis minimis, in scrobiculos superficiei superioris insitis. — Partes superiores plantae (scapus, bracteae, calyces) glandulosae, nigrae. — Scapus foliis triplo quadruplove longior, 5—10-florus. — Pedunculi 2—5 mm longi. — Bracteae involucrales oblongo - lineares, saepe summos calyces attingentes. — Calyx 3 — 4 mm longus, ad dimidium incisus, dentes angusto-triangulares, acuminati. — Flores secundi, nutantes, rubro-violacei, faux tubusque interior corollae limbo concoloria. Limbus infundibuliformis, a tubo non manifeste distinctus. Radius limbi 6—7 mm longus. Laciniae corollae usque ad $^1/_5$ emarginatae. Antherae florum brevistylorum $^1/_4$ tubi infra faucem sitae. — Capsula (nondum matura) in calyce inclusa. — Syn: —.

In Bulgariae monte »Rilo« dicto. 2500 m s. m. — Soli syenitici incola. — (v. s.)

II. Aleuritia.

Folia vernatione revolutiva, crassiusculo-membranacea, rugulosa, stomata superficiei superioris pauca vel nulla, inferioris numerosa. — Calyx angulosus. — Flores carnei, vel homostyli vel heterostyli, in his stigmata et antherae inter se approximata. — Corollae faux plicata, fornicibus brevibus, distincte coloratis. — Bracteae involucrales plerumque basi saccato-incrassata. — Glandulae fariniferae praecipue in inferiore superficie foliorum et in interiore calyce stipatae. — Rhizoma breve.

In montibus pascuisque Europae praecipue borealis.

I. *Legitimae*. Fornices in corollae fauce lati, cerini — Bracteae involucrales basi saccato-incrassata. — Folia crassiuscula, plerumque angusta.

A **Breviflorae.** Tubus corollae luteus, non longior 10 mm. — Calycis dentes ovales vel oblongae. — Plantae heterostylae.

Spec. 1. **P. sibirica Jacq.** Folia subrotunda vel ovalia, subito in petiolum contracta. — Bracteae involucrales ovales vel oblongae, acutae vel breviter acuminatae, basi valde (usque ad 2 mm) incrassata. — Farina nulla. — Calyx cylindricus. — Flores plerumque majores, minus numerosi quam speciei sequentis, pallido-lilacini. Radius 4—8 mm longus. Laciniae corollae ad $^1/_3$—$^1/_2$ incisae — Syn P. finnmarchica Jacq. P norvegica Retz.

In Scandinavia boreali et Fennia. — (v. s.)

Spec. 2 **P. farinosa L.** Folia obovato-oblonga, vel oblonga, sensim in petiolum angustata. — Bracteae involucrales ex basi lata lineares vel subulatae, basi leviter (usque ad $^1/_2$ mm) incrassata. — Farina in inferiore superficie foliorum, ad su-

10*

periorem scapum inferioremque calycem copiosa. — Calyx·
cylindricus — Flores plerumque minores quam speciei antecedentis, plerumque numerosi, carnei, rarius purpurei. Radius
plerumque 5—6 mm. Laciniae corollae late usque ad ¹/₂ incisae. ·
— Semina atro-brunnea. — Syn: *P. scotica Hook.*

In tota Europa, excepta parte maxime australi, usque ad
2300 m s. m. — (v. v.)

Var. **lepida Duby.** Folia haud farinosa. — Syn: P.
farinosa var. denudata Koch.

Var. **exigua Vel.** Folia haud farinosa vel farina parca
conspersa. — Flores minus numerosi quam speciei typicae. — Semina pallida. — In Bulgaria. — (v. s.)

Subspec **P. stricta Whlnbg.** Partes virides plantae haud
farinosae, excepta inferiore calycis parte — Calyx plus
minusve ventricosus. — Flores minuti, minus numerosi
quam speciei typicae. Laciniae corollae paulum emarginatae.
— Syn: P. stricta Hornem. P Hornemanniana Lehm. part.

In Scandinavia boreali, Fennia, Rossia boreali. — (v. s.)

B. **Longiflorae.** Tubus corollae purpureus, 20 mm longus vel
longior, rarius 16 mm longus. — Calycis dentes lanceolati. —
Plantae homostylae, antherae omnium florum in fauce corollae
sitae, stigmata exserta.

Spec. 3. **P. longiflora All.** Folia obovato-oblonga vel oblonga, sensim in petiolum angustata. — Farina in inferiore
superficie foliorum, ad superiorem scapum inferioremque calycem copiosa. — Calyx cylindricus. — Flores minus numerosi
quam speciei antecedentis, carneo-purpurei. Corollae laciniae
ad ¹/₃—²/₅ incisae. Radius 6—12 mm. — Syn: —

In Alpibus Helvet., Ital. bor., Tirol., Styr., Carinth.,
Carn., in Carpathis Hungar , Transsilv., in Bosn., Monten.
1900—2700 m s. m — (v. v.)

II. *Illegitimae.* Fornices in corollae fauce minus manifesti. —

Bracteae involucrales basi non incrassata. — Folia tenuia.

Spec. 4. **P. frondosa Janka.** Folia ovalia vel lanceolato-
linearia, subtus farina plerumque copiosa conspersa. — Bracteae
involucrales lanceolato-lineares. — Calyx ovato-cylindricus. —
Flores magnitudine P. farinosae. Laciniae corollae ad ¹/₃—²/₅
incisae. — Syn: —

In montibus Thraciae borealis. — (v. s.)

III. Primulastrum.

Folia vernatione revolutiva, membranacea, rugosa, stomata superficiei
superioris haud numerosa vel pauca, inferioris numerosa. — Calyx longulus, costatus, costis prominulis. — Flores flavi vel lutei, heterostyli,

antherae circiter corollae tubi dimidio a stigmatibus distantes. — Corollae faux haud vel vix plicata. — Bracteae involucrales ex ovata basi subulatae. — Pili partim tantum glanduliferi, nunquam fariniferi, plerumque longi, articulati. — Rhizoma epigaeum, radicans

In tota Europa, excepta zona septentrionali, frequens, praecipue in campis, sed Alpes usque ad 2000 m s. m. ascendit.

Spec 1. **P. acaulis L.** Folia oblongo-ovata, in petiolum alatum angustata, apice rotundato vel obtuso, irregulariter dentata vel denticulata, margo venaeque superficiei inferioris villosa, sicut petioli, pedunculi, anguli calycis. Pili usque ad 2 mm longi, longiores diametro pedunculorum. — Scapus nullus. — Pedunculi 1—25, radicales (ex rhizomatis cacumine inter folia orientes), 3,5—13 cm longi. — Bracteae involucrales lineares, circiter 2 cm longae. — Calyx viridis, cylindricus (haud inflatus), angulosus, ad ¹/₃—²/₅ incisus, dentes lanceolati vel lineares, plerumque longe acuminati, corollae tubo adpressi. — Flores inodori, dilute sulfurei, maculis quinque croceis in fauce notati. Corolla hypocrateriformis. Radius limbi 12—20 mm longus. — Capsula ovalis, ²/₃ calycis attingens. — Syn P. veris γ acaulis L., *P. vulgaris Huds.*, *P. silvestris Scop.*, *P. grandiflora Lam*

Per totam fere Europam usque ad 1500 m s. m. In Lusit., Hispan., Gallia, Britan., Scand. mer, Dan., Holland., Belg., Germ., Helv., imper Austr., Ital., montibus Balkan, Russ. mer. — (v. v.)

Var. **balearica Willk.** Folia subtus fere glabra. — Flores albi. — In insulis balearicis.

Var. **Sibthorpii Rchb.** Flores rosci fauce alba. In Thracia prope Byzantium. — (v. s.)

Spec. 2. **P. elatior L.** Folia ovata vel ovato-oblonga, plerumque subito in petiolum alatum contracta, apice plerumque rotundato, rarius acuto, irregulariter dentata vel denticulata, dentibus acutis, margo venaeque superficiei inferioris villosa, sicut petioli scapus, pedunculi angulique calycis. Pili usque ad ¹/₂—1 mm longi, longitudine diametri pedunculorum. — Scapus 1—20-florus. — Pedunculi 5—23 mm longi. — Calyx viridis, cylindricus, rarius paulum inflatus, angulosus, ad ¹/₃—¹/₅ incisus, dentes lanceolati vel ovato-oblongi, plus minusve acuminati, corollae tubo adpressi vel paulum distantes. — Flores inodori vel non nunquam paulum suaveolentes, sulfurei, faux annulo viridi-luteo notata. Corolla late infundibuliformis. Radius limbi 7—15 mm longus. — Capsula cylindrica, calycem paulo superans. — Syn: P. veris β elatior L., P. carpathica Fuss.

Per totam fere Europam, locis humidiusculis, a planitie usque ad 2000 m s. m. et ultra. In Hispan., Gallia, Britan., Holland.,

Belg., Scand., Dan., Germ., Helv., imper. Austr., Ital. bor., Bulg., Rossia med. et mer. — (v. v.)

Subspec. **P. intricata Gr. Godr.** Folia oblonga, in petiolum alatum angustata, pilis brevioribus (usque ad $^1/_4$ — $^1/_3$ mm longis). — Capsula calycem aequans. — In Hisp., Gall., Ital., Tirol. austr., Bosn. — (v. v.)

Spec. 3. **P. officinalis L.** Folia ovata vel ovato-oblonga, plerumque subito in petiolum alatum contracta, rarius fere cordata, apice plerumque rotundato, rarius acuto, irregulariter denticulata, dentibus obtusis, subtus velutina, sicut scapus, pedunculi angulique calycis. Pili densi, breves ($^1/_4$—$^1/_3$ mm longi), multo breviores diametro pedunculorum. — Scapus 2—40-florus. — Pedunculi 4—25 mm longi. — Calyx albo-virescens vel lutescens, campanulatus, inflatus, valde angulosus, ad $^1/_5$—$^1/_3$ incisus, dentes late ovati vel triangulares, breviter acuminati. — Flores suaveolentes, rarius inodori, lutei, maculis quinque croceis in fauce notati. Corolla campanulato-concava, rarius fere plana. Radius limbi 4—7, rarius usque ad 10 mm longus. — Capsula ovalis, dimidium calycis attingens. — Syn: P. veris α officinalis L., P. veris Lehm.

Per totam fere Europam, locis siccis, a planitie usque ad 1800 m s. m. In Lusitan. septentr., Hispan., Gallia, Britan., Holland., Belg., Scand., Dan., Germ., Helv., imper. Austr., Ital. bor., Thracia, Ross. med. et merid.; subspec. et var. inclusis. — (v. v.)

Var. **pannonica Kern.** Folia ovalia vel oblonga, plerumque sensim in petiolum alatum angustata, subtus cinereo- vel albido-tomentosa. — Syn: P. inflata Kern. — In Hung., Austr., Styr., Bav., Ital., Graec. — (v. v.)

Subspec. **P. Columnae Ten.** Folia ovata vel cordata, subito in petiolum alatum contracta, subtus niveo-tomentosa, pilis longis, intricatis. — Corolla plerumque planior quam speciei typicae. Radius limbi 5—12 mm longus. — Syn: *P. suaveolens Bert.*

In Hispan., Gallia, Ital., Helv., Istr., Croat., Bosn., Serb., Montenegro, Thrac., Graec. — (v. v.)

Var. **Tommasinii Gr. Godr.** Corolla sulfurea, quinque maculis croceis in fauce notata. — In Istriae Monte Maggiore et Galliae Pic de l'Hieris. — (v. s.)

Der Kürze halber habe ich die folgenden immer wieder aufgeführten Autoren in der nachstehenden Weise citiert:

Lehmann, Monographia generis Primularum. 1817 . . . . = Lehm.
Reichenbach, Flora germanica excursoria 1830 . . . . . . = Rchb.
Duby in De Candolle Prodromus VIII. 1844 . . . . = Duby
Koch, Synopsis Florae germanicae et helveticae. Ed. II. 1844 . . = Koch
Grenier et ·Godron, Flore de France. II. 1850 . . . . = Gr. Godr.
Reichenbach fil., Icones florae germanicae et helveticae. XVII. 1855 = Rchb. fil.
Pax, Monographische Übersicht über die Arten der Gattung Primula.
(Separatabdruck) = Pax
Parlatore und Caruel, Flora italiana. VIII. 1889 . . . . = Fl. ital.

Verzeichnis der Namen.

Verzeichnis der Namen. 153

Die schräg gedruckten Zahlen des Namensverzeichnisses beziehen sich auf die lateinische Übersicht.